"十二五"普通高等教育本科国家级规划教材
住房城乡建设部土建类学科专业"十三五"规划教材
教育部高等学校建筑环境与能源应用工程专业教学
指导分委员会规划推荐教材

建筑设备安装工程经济与管理

(第三版)

王智伟 主编

刘艳峰 赵 蕾 编

中国建筑工业出版社

图书在版编目（CIP）数据

建筑设备安装工程经济与管理/王智伟主编；刘艳峰，赵蕾编．—3版．—北京：中国建筑工业出版社，2019.11（2021.6重印）
"十二五"普通高等教育本科国家级规划教材　住房城乡建设部土建类学科专业"十三五"规划教材　教育部高等学校建筑环境与能源应用工程专业教学指导分委员会规划推荐教材
ISBN 978-7-112-24415-7

Ⅰ.①建… Ⅱ.①王…②刘…③赵… Ⅲ.①房屋建筑设备-建筑经济定额-高等学校-教材 Ⅳ.①TU723.3

中国版本图书馆CIP数据核字（2019）第245855号

本书以理论与实践并重的方式，详细地介绍了建筑设备安装工程经济与管理的知识。其主要内容包括：基本建设概论，建设项目投资估算方法及项目评估，建筑设备安装工程定额，建筑设备安装工程计价，建筑设备安装工程预算，建筑设备安装工程施工图预算，建筑设备安装工程招标、投标，建筑设备安装施工合同，建筑设备安装工程施工组织设计，建筑设备安装工程项目管理，建筑设备安装企业管理等。本书内容广泛，具有较高的实用性。

为了有效促进与支撑该纸质版教材内容的深入学习与全面掌握，本书配套提供了与纸质版教材各章教学内容相应的"知识演示与互动学习"的电子课件，浏览方法参见封底说明。

本书可作为高等学校建筑环境与能源应用工程专业的教材，也可作为相关专业及有关工程技术人员的参考用书。

*　*　*

责任编辑：齐庆梅　胡欣蕊
责任校对：芦欣甜

"十二五"普通高等教育本科国家级规划教材
住房城乡建设部土建类学科专业"十三五"规划教材
教育部高等学校建筑环境与能源应用工程专业教学指导分委员会规划推荐教材
建筑设备安装工程经济与管理
（第三版）
王智伟　主编
刘艳峰　赵　蕾　编

*

中国建筑工业出版社出版、发行（北京海淀三里河路9号）
各地新华书店、建筑书店经销
霸州市顺浩图文科技发展有限公司制版
北京圣夫亚美印刷有限公司印刷

*

开本：787×1092毫米　1/16　印张：17¼　字数：427千字
2020年1月第三版　　2021年6月第十四次印刷
定价：**49.00**元（赠教师课件）
ISBN 978-7-112-24415-7
（34898）

版权所有　翻印必究
如有印装质量问题，可寄本社退换
（邮政编码　100037）

第三版前言

本书是在《建筑设备安装工程经济与管理》(第二版)的基础上再次修订而成的。在修改过程中，考虑到建设项目的经济活动中，工程项目的投资估算对其工程造价的最终确定有着主导性的作用，增编了建设项目决策阶段的有关建设项目的可行性研究与建设项目投资估算的内容，并形成了第三版教材中新的第 2 章 (建设项目投资估算方法及项目评估) 内容。同时依据有关新规范、新标准，对第二版有关章节的相应内容进行了必要的修订，尤其依据国家颁布实施的《建设工程工程量清单计价规范》GB 50500—2013 和《通用安装工程工程量计算规范》GB 50856—2013 等，对第二版教材中原第 3 章 "建筑设备安装工程计价"和原第 5 章 "建筑设备安装工程施工图预算"有关内容进行了修订。本次纸质版教材的修订工作由王智伟教授负责完成，参与修订工作的人员还有陈垚、杨红、王笙、田佳。

为了有效促进与支撑第三版纸质教材内容的深入学习与全面掌握，组织编写制作了与第三版纸质教材各章教学内容相应的"知识演示与互动学习"的电子课件。该配套使用的电子课件是由西安建筑科技大学王智伟教授承担主编制人，参加编制的人员还有丁书久、岳泓辰、赵哲、许彤阳、陈垚、田佳、王笙、杨晨辉、邢琳。

配套电子课件与附录的浏览方法可参见封底说明。

第三版纸质教材的修订以及配套电子课件的编制出版，得到了中国建筑工业出版社齐庆梅编审、胡欣蕊编辑的持续鼓励及大力支持和帮助，也得到了长安大学吴乐颂老师的无私帮助，在此一并表示由衷感谢。

第二版前言

本书是在原第一版教材《建筑设备安装工程经济与管理》的基础上修订而成的。在修订过程中，为适应工程计价的"政府宏观调控、企业自主报价、市场竞争形成价格"新机制，增编了工程量清单计价的内容，删减了定额计价的部分内容。在第二版教材中，编者重新编写了第 3 章（建筑设备安装工程计价）和第 5 章（施工图预算与工程量清单计价示例），并修订了其余各章节的相应内容，且在每章正文后增编了思考题与习题。

本书绪论、第 1~4 章由王智伟教授负责修订编写，第 5 章由赵蕾教授负责修订编写，第 6~10 章由刘艳峰教授负责修订编写。全书由西安建筑科技大学王智伟教授负责统稿并主编，由北京市安装公司杨怡正高级工程师主审。第二版教材的修订出版，得到了中国建筑工业出版社齐庆梅编辑的大力支持和帮助，在此表示衷心的感谢。

编者

2011.2

第一版前言

《建筑设备安装工程经济与管理》是建筑环境与设备工程专业一门实用性较强的专业课。本课程是在学完了《建筑设备施工技术》课程的基础上,通过"学与练"的教学活动,使学生了解基本建设概况,学习安装工程定额的基本知识,掌握安装工程概预算编制方法、招标投标程序及方法、合同订立及管理、施工组织设计、项目控制与协调、安装企业管理等实用技术,培养社会实践与工程实践能力,为从事工程建设工作奠定基础。

随着建筑设备施工技术的迅速发展,新材料、新工艺、新方法等不断涌现,安装施工水平大大提高,为此,建设部于2000年颁布实施《全国统一安装工程预算定额》,地方也相继颁布实施了相应的"全国统一安装工程预算定额地方价目表",本书建筑设备安装工程定额及预算方面的内容,就是根据最新的安装工程预算定额编写的。同时随着计划经济向市场经济的转型,特别是我国21世纪初已加入WTO,全面接受国际惯例已成为一种历史的必然。因此,本书还编写了与之相适应的内容:建筑设备安装工程中招标投标、合同订立与履行、相关法规、项目控制与协调等。此外,本书在编写的内容上,还突出了实用技术的特点,在建筑设备安装工程经济与管理的两方面,编写了典型建筑设备安装工程施工图预算实例、招投标文件范本示例、施工合同示范文本、施工组织设计示例等,以增强可读性及应用性。

本书由西安建筑科技大学王智伟(绪论、第1~4章)、刘艳峰(第6~10章)、赵蕾(第5章)共同编写。全书由王智伟副教授主编,由北京市安装公司杨怡正高级工程师主审。

本书的编写是在建筑环境与设备工程学科专业指导委员会组织和指导下进行的,在编写的过程中,得到了该专业指导委员会领导及委员的大力支持和帮助,尤其在内容的编写上,为本书提出了许多宝贵意见;西安建筑科技大学刘耀华教授也认真审阅了全书,并提出了许多改进意见。在此一并表示衷心感谢。

由于编者的学识和经验有限,书中难免有许多缺点和不妥之处,恳请各位师生和广大读者批评指正。

编者
2003.7

目 录

绪论 1
 电子课件说明 3
第 1 章 基本建设概论 4
 1.1 基本建设概念及作用 4
 1.2 基本建设程序 4
 1.3 基本建设项目划分 7
 1.4 基本建设费用组成 8
 电子课件说明 9
 思考题与习题 9
第 2 章 建设项目投资估算方法及项目评估 10
 2.1 建设项目的可行性研究概述 10
 2.2 建设项目投资估算 11
 2.3 建设项目经济性评估方法 21
 电子课件说明 29
 思考题与习题 29
第 3 章 建筑设备安装工程定额 30
 3.1 建筑设备安装工程定额概述 30
 3.2 建筑设备安装工程施工定额 36
 3.3 建筑设备安装工程预算定额 39
 3.4 建筑设备安装工程概算定额及概算指标 50
 电子课件说明 51
 思考题与习题 51
第 4 章 建筑设备安装工程计价 52
 4.1 定额计价 52
 4.2 工程量清单计价 60
 4.3 定额计价模式与清单计价模式比较 77
 电子课件说明 82
 思考题与习题 82
第 5 章 建筑设备安装工程预算 83
 5.1 设计概算 83
 5.2 施工图预算 89
 5.3 施工预算 92

5.4 竣工结算 99
电子课件说明 103
思考题与习题 103

第6章 建筑设备安装工程施工图预算 104
6.1 建筑设备安装工程施工图预算的编制 104
6.2 建筑设备安装工程工程量清单计价 126
6.3 工程造价软件简介 152
电子课件说明 153
思考题与习题 153

第7章 建筑设备安装工程招标、投标 164
7.1 概述 164
7.2 建筑设备安装工程招标 166
7.3 建筑设备安装工程投标 169
7.4 招标投标的有关法规 175
7.5 建筑设备安装工程招投标文件范本示例 176
电子课件说明 176
思考题与习题 176

第8章 建筑设备安装施工合同 177
8.1 概述 177
8.2 建筑设备安装施工合同示范文本 179
8.3 FIDIC土木施工合同条款 185
8.4 建筑设备安装施工合同谈判与订立 187
8.5 施工合同履行 189
8.6 合同的变更、解除及合同争议处理 191
8.7 工程索赔与反索赔 193
8.8 施工合同的管理 195
8.9 安装施工合同的有关法规 196
电子课件说明 196
思考题与习题 196

第9章 建筑设备安装工程施工组织设计 197
9.1 概述 197
9.2 流水施工 199
9.3 施工进度计划编制方法 204
9.4 建筑设备安装工程施工组织设计 213
9.5 建筑设备安装工程施工组织设计示例 223
电子课件说明 231
思考题与习题 232

第10章 建筑设备安装工程项目管理 234
10.1 建筑安装工程项目管理概述 234

10.2 建筑安装工程项目计划管理·· 235
10.3 建筑安装工程项目组织·· 237
10.4 建筑安装工程项目控制及协调·· 240
电子课件说明·· 245
思考题与习题·· 245

第11章 建筑设备安装企业管理·· 246
11.1 安装企业管理概述·· 246
11.2 企业管理理论的发展··· 250
11.3 企业管理现代化··· 252
11.4 安装企业管理内容·· 255
11.5 安装企业管理的国际化·· 257
电子课件说明·· 263
思考题与习题·· 263

附录··· 264

参考文献·· 265

绪　　论

1. 建筑设备安装工程经济与管理的作用

建筑设备安装工程经济与管理是一门涉及建设项目中建筑设备安装工程的经济与管理的课程。建设项目是固定资产的投资项目。固定资产的投资项目包括以新建、扩建等扩大生产能力、提高人民物质文化生活水平为目的的基本建设项目和以改造技术、增加产品品种、提高产品质量、治理"三废"、劳动安全、节约资源等为主要目的的技术改造项目。建筑设备安装工程，简称安装工程，一般是指室内外给排水工程、暖通空调工程、电气照明工程中建筑设备系统安装施工工程，即通常所说的"水、暖、电"三项安装工程。它们是基本建设的组成部分。

随着计划经济向市场经济的转型，特别是我国 21 世纪初已加入 WTO，全面接受国际惯例已成为一种历史的必然。因此，我国基本建设的实施应尽快同国际接轨，完善市场机制，使建设项目社会化、制度化、法律化。

安装工程经济主要阐述安装工程造价的计价体系和计价方法。我国基本建设制度规定：初步设计要有概算，施工图设计要有预算，工程竣工要有决算，即所谓的"三算"。并随着工程造价计价方式的改革与推进，我国住房和城乡建设部于 2013 年 7 月 1 日颁布实施的《建设工程工程量清单计价规范》GB 50500—2013 规定，全部使用国有资金投资或国有资金投资为主的大中型建设工程，在招投标过程中，工程造价的确定应采用工程量清单计价。

我国工程造价计价体系，采用的是过程计价体系，主要包括：建设项目可行性研究阶段，采用投资估算造价；项目初步设计阶段，采用概算造价；施工图设计阶段，采用预算造价；招投标阶段，采用工程量清单计价的合同造价；施工验收阶段，采用编制竣工决算的工程实际造价。该计价体系的建立，其目的是为保证工程造价计算的准确性和投资控制的有效性。合理准确地确定工程造价，就是遵循一定的经济规律，按照一定的程序和方法合理估算和计算建设工程各阶段的各类工程造价，并且运用技术的和经济的方法对各类工程造价进行有效的控制，以使建设工程的投资取得较好的经济效益和社会效益。

我国工程造价计价方法，主要有定额计价法和工程量清单计价法。定额计价法是国家通过颁布统一的计价定额或指标，对建筑产品计价进行有计划的管理，它是一种与计划经济相适应的工程造价管理方法。工程量清单计价法是一种有别于定额计价模式的新计价模式，它是一种由市场定价的模式，即建筑产品的买卖双方在建筑市场上根据供求关系、信息状况、自身条件等进行自由竞价，最终形成能够签订工程合同价格的方法。在工程造价计价改革的实施阶段，这两种计价方法仍会在不同工程项目的不同条件下使用，但随着市场形成工程造价机制的不断完善，在建设工程招投标工程中，工程造价的确定将会全面推行使用工程量清单计价法，与国际通行做法接轨。

安装工程管理主要阐述安装工程招标与投标、安装施工合同、施工组织、工程项目管理、安装企业管理等。这些相关内容贯穿在整个安装工程施工的过程之中，各自发挥着重要的作用。

安装工程招标，是指发包人（建设单位）按照法定的招标程序对拟建工程项目由自己或委托咨询公司等编制招标文件，招引或邀请承包人（施工单位）进行投标，以便能够选择到工期短、造价低、工程质量好和社会信誉高的承包人（施工单位）。建筑安装工程招标与投标，是建筑产品市场的主要竞争形式，是法人之间的经济活动，是受国家法律保护的。这种竞争形式，改变了过去一直用行政分配手段来封闭建筑市场，造成建筑业不景气、经济效益下降的状况。因此建筑安装工程招标与投标，是建筑业管理机制和经营方式的一项重大改革。

安装工程合同是一种经济合同。它是建筑单位和施工单位按国家有关政策和法令在平等互利、协调一致的基础上签订的经济契约。这种经济契约是企业推行经营责任制的纽带和法律保证。建设单位和承包单位的经济关系是以合同方式结合起来的，并明确具体地规定了双方的责、权、利。缔约双方都必须严格认真地履行。任何一方违反合同条款而给另一方造成经济损失的，必须赔偿。这样共同保证建设项目计划的实施和完成。

施工组织的主要任务是根据施工图和建设单位对工期的要求，选择经济合理的施工方案，即是对安装工程进行施工组织设计。它是指依据施工图筹划如何有计划有步骤地进行施工，以及如何合理地组织安排人力、物力、财力，顺利地完成施工安装任务。所以施工组织设计，是进行施工安装工作必要的技术经济文件，是施工安装企业实行科学管理的重要环节。

工程项目管理，重点强调工程项目投资控制管理、质量控制管理、进度控制管理以及协调管理，确保工程项目目标的实现，即投资少、质量好、工期短。

安装企业管理，随着计划经济时代的结束，市场经济的建立、发展及不断完善，已由过去"粗放型"管理模式，到现在开始实行"集约型"管理模式，推行"项目法"管理与施工，即把每个项目的各项管理工作承包给各基层单位或班组，同时授予基层责、权、利，对每个工程项目设"项目经理"，由项目经理全面负责。科学地引入激励机制，进行项目的经济核算，职工的工资奖金和项目效益挂钩。采用这种管理方法，能保证和缩短工期，促进机械化和科学化施工，能重视增产节约，减少浪费，降低生产成本，提高企业劳动生产率，从而提高企业的经济效益和社会效益。

2. 建筑设备安装工程经济与管理的相互关系

本课程是以基本建设中建筑设备安装工程实施过程为纽带，将建筑设备安装工程经济与管理的内容联系起来。建筑设备安装工程属于基本建设的范畴，其实施过程同基本建设一样，一般经历五个阶段：前期决策阶段、设计工作阶段、建设准备阶段、项目施工阶段、竣工验收交付使用阶段。这五个阶段的工作，既具有相对的独立性，又具有内在的联系。

一般情况，前期决策阶段，包括项目的可行性研究、项目评估与决策、编制设计任务书等；设计工作阶段，包括初步设计、技术设计、施工图设计、编制总概算及施工图预算等；建设准备阶段，包括征地拆迁、"三通一平"、组织招投标、签订施工合同等；项目施工阶段，包括施工组织、施工过程、质量控制、进度控制、成本控制等；竣工验收交付使用阶段，包括验收准备、竣工预验收、竣工验收、竣工资料移交、交付使用及维护等。由以上五个阶段的工作内容来看，本课程的内容是贯穿在建筑设备安装工程实施过程中。

建筑设备安装工程经济方面的内容：安装工程定额的使用、概预算的编制等，是属于设计工作阶段的内容。建筑设备安装工程管理方面的内容：安装工程招标与投标、安装施工合同等，主要是属于建设准备阶段的工作内容；安装工程的施工组织、安装工程的项目管理等，主要是属于项目施工阶段的工作内容；安装企业的生产经营管理，是属于后三个阶段，即建设准备阶段、项目施工阶段、竣工验收交付使用阶段的工作内容。建筑设备安装工程经济与管理的相互关系，可直观地用图0-1表示。

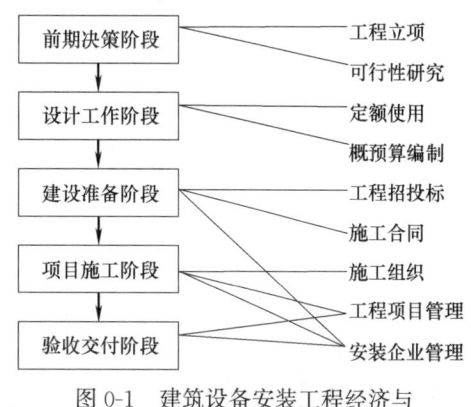

图0-1 建筑设备安装工程经济与管理的相互关系

一个建设项目的实施，是由多个建设主体参与完成的。他们主要是建设单位、设计单位、施工单位、监理公司、建设银行等。不同的建设主体，参与建设的阶段往往不同，而且工作的侧重点也不同。建设单位，主要负责前期决策阶段、建设准备阶段、竣工验收交付使用阶段的工作，并参与其他各阶段的工作。设计单位，主要负责设计阶段的工作，并参与其他有关各阶段的工作。施工单位，主要负责项目施工阶段中施工组织的工作，并参与其他有关各阶段的工作。监理公司，主要负责项目施工阶段中工程项目的控制与协调，并参与其他有关各阶段的工作。建设银行，主要负责在项目建设过程中与银行有关的相应工作。

3. 本课程学习的任务及方法

本课程是建筑环境与设备工程专业一门实用性较强的专业课。本课程的任务是在学习完了《建筑设备施工技术》课程的基础上，通过本课程的教学，使学生了解基本建设概况，学习安装工程定额的基本知识，掌握安装工程概预算编制方法、招标投标程序及方法、合同订立及管理、施工组织设计、项目控制与协调、安装企业管理等实用技术，培养社会实践与工程实践能力，为从事工程建设工作奠定基础。

本书共有11章内容，分安装工程经济与管理两部分。前6章侧重安装工程经济方面的知识；后5章侧重安装工程管理方面的知识。在教学过程中，除了课堂上系统讲授工程经济与管理方面的内容外，对工程经济方面的知识，还可结合课程设计或毕业设计的课题内容，进行工程量、直接费、工程造价的计算，编制施工图预算，对工程设计方案进行技术经济比较；对工程管理方面的知识，还可结合认识实习或生产实习的任务要求，现场参观学习安装企业的生产经营与管理的经验，在施工现场，对施工组织、工程项目管理等进行积极参与，理论联系实际，这样可以获得更好的教学效果。

电子课件说明

在有关绪论的电子课件中，包括"知识演示与互动学习"两大部分。在"知识演示"的第一部分中，主要涉及《建筑设备安装工程经济与管理》课程的说明、课程内容的梳理、建筑设备安装工程项目全寿命周期管理概述以及各章介绍。在"互动学习"的第二部分中，根据有关绪论的"知识演示"所呈现内容的层次与水平，将问题分为三类：基础性问题、系统性问题、挑战性问题，并给出了相应的参考答案要点。通过PPT课件的动画、链接等功能，实现对有关绪论内容的"知识演示"与"互动学习"。

第1章　基本建设概论

1.1　基本建设概念及作用

1.1.1　基本建设概念

基本建设是国民经济各部门为建立和形成固定资产的一种综合性的经济活动。所谓固定资产包括生产性和非生产性两类，生产性固定资产是指工农业生产用的厂房和机器设备等；非生产性固定资产是指各类生活福利设施和行政管理设施。而综合性的经济活动，它包括：建设项目的投资决策、建设布局、技术决策、环保、工艺流程的确定和设备选型、生产准备和试生产，以及对工程建设项目的规划、勘察、设计和施工的监督等活动。

1.1.2　基本建设作用

基本建设是扩大再生产以提高人民物质、文化生活水平和加强国家综合实力的重要手段。它的具体作用是：

（1）为国民经济各部门提供生产能力；

（2）影响和改变各产业部门内部之间、各部门之间的构成和比例关系；

（3）使全国生产力的配置更趋合理；

（4）用先进的技术改造国民经济；

（5）基本建设还为社会提供住宅、文化设施、市政设施，为解决社会重大问题提供了物质基础。

因此，基本建设是发展国民经济的物质技术基础，它在国家的社会主义现代化建设中占据着重要地位，有着十分重要的作用。

1.2　基本建设程序

基本建设是把投资转化为固定资产的经济活动。基本建设程序是人们在长期进行基本建设经济活动中，对基本建设客观规律所作的科学总结。因而，从事任何一项基本建设活动，都必须遵循这些规律，即严格按照程序办事。

基本建设程序的实施一般包括如下步骤：

1.2.1　建设项目可行性研究

建设项目的可行性研究是依据国民经济的发展计划，对建设项目的投资建设，从技术和经济两个方面，进行系统的、科学的、综合性的研究、分析、论证，以判断它是否可行，即在技术上是否可靠，经济上是否合理。

建设项目的可行性研究是计划任务书编制的基础。其内容主要包括有：

（1）建设项目的背景、必要性和依据；

（2）建设项目的国内、外市场需求预测分析；
（3）拟建项目的规模、产品方案、工艺技术和预备选择的技术经济的比较和分析；
（4）资源、能源动力、交通运输、环境等状况分析；
（5）建设条件和地址方案的比较和选择；
（6）企业组织、劳动定员和人员培训的估算数；
（7）投资估算、资金来源及筹措；
（8）社会效益、经济效益及环境效益的综合评价。

1.2.2 计划任务书编制

计划任务书又称任务书，是确定基本建设项目的基本文件，也是编制设计文件的主要依据。

计划任务书应由主管部门组织计划、设计等单位进行编制。计划任务书的内容，对大中型工业建设项目，一般应包括以下几项：

（1）建设项目的目的和依据；
（2）建设规模，产品方案，生产工艺或方法；
（3）矿产资源，水文地质，燃料、水、电、运输条件；
（4）资源综合利用，环境保护及可持续发展的要求；
（5）建设地点与占用土地的估算；
（6）建设总投资控制额；
（7）建设工期要求；
（8）生产劳动定额控制数；
（9）抗震、防空、防洪要求；
（10）预期技术水平与经济效益等。

按照国家有关规定，大中型建设项目的计划任务书，按照隶属关系由主管部门或省、直辖市、自治区提出审查意见，报国家发展和计划委员会批准。有些重点项目需由国家发展和计划委员会报国务院批准。一般性建设项目可由主管部门或省、直辖市、自治区审批。

1.2.3 厂址选择

根据计划任务书的要求，通过对可供选择的拟建地区、地点的技术经济分析比较，由建设单位和勘察、设计单位共同落实建设项目的具体地区（选点）和厂址（定址）。

厂址的选择，一般应考虑如下基本要求：

（1）符合生产力合理布局的要求，使拟建项目与原有企业在地区分布上更好地配合、协作，有利于生产；
（2）满足拟建项目对原料、燃料、动力供应、用水及运输条件的需要；
（3）符合当地工业区域规划及满足职工生活的要求；
（4）满足环境保护及可持续发展的要求；
（5）考虑地质、水文、节约用地以及建设项目的扩建和发展的要求。

按照国家的规定，对新建工业区和大型建设项目的选址报告，由国家建设管理部门审查批准；对小型项目，按隶属关系由主管部门或省、直辖市、自治区审查批准。

1.2.4 编制设计文件

设计文件是安排建设项目和组织工程施工的主要依据。建设项目的计划任务书和厂址选择报告经批准后，主管部门应指定或委托设计单位，按计划任务书规定内容，认真编制设计文件。建设项目一般采用两段设计：初步设计和施工图设计。重大工程项目进行三段设计：初步设计，技术设计和施工图设计。对有些工程，因技术较复杂，可把初步设计的内容适当加深，即扩大初步设计。

（1）初步设计

初步设计是一项带有规划性质的轮廓设计。它的内容包括：建厂规模、产品方案、工艺流程、设备选型及数量、主要建筑物和构筑物、"三废"治理、劳动定员、建设工期等。同时，在初步设计阶段，还应编制建设项目总概算，确定工程总造价。

（2）技术设计

技术设计是初步设计的深化。它的内容包括：进一步确定初步设计所采用的产品方案和工艺流程，校正初步设计中设备的选择和建筑物的设计方案以及其他重大技术问题。同时，在技术设计阶段，还应编制修正的总概算。一般修正的总概算不得超过初步设计的总概算。

（3）施工图设计

施工图设计是初步设计和技术设计的具体化。它是施工单位组织施工的基本依据。其内容包括：具体确定各种型号、规格、设备及各种非标准设备的施工图；完整表现建筑物外形、内部空间分割、结构体系及建筑群组成和周围环境配合的施工图；各种运输、通信、管道系统、建筑设备的设计等。同时，在施工图设计阶段，还应根据施工图编制施工图预算，施工图预算必须低于总概算。施工单位依据施工图预算承包工程。

1.2.5 基本建设计划

建设项目的初步设计及总概算经批准后，即可列入年度基本建设计划。建设单位根据批准的初步设计、总概算和总工期，编制企业的年度基本建设计划。合理分配各年度的投资额使每年的建设内容与当年的投资额及设备材料分配额相适应。配套项目要同时安排，相互衔接，保证施工的连续性。

1.2.6 建设准备

根据批准的设计文件和基本建设计划，就可以对建设项目进行建设准备了。建设准备工作主要包括：

（1）组织设计文件的编审；
（2）安排年度基本建设计划；
（3）申报物资采购计划；
（4）组织大型专用设备预订和安排特殊材料的订货；
（5）落实地方材料供应；
（6）办理征地拆迁手续；
（7）提供必要的勘察测量资料；
（8）落实水、电、道路等外部建设条件和施工力量等。

1.2.7 基本建设施工

建设准备完成后，建设单位用招标方式选定施工单位并签订合同。施工单位根据设计单位提供的图纸，编制施工组织设计及施工预算。按照施工图纸，有计划地进行施工，确保工程质量并按期完工。

1.2.8 生产准备

在施工单位进行全面施工的同时，建设单位应积极做好各项生产准备工作，以保证工程建成后能及时试车投产。生产准备工作的内容包括：培训生产人员，组织生产人员参加生产设备的安装、调试和验收；制定严格的组织生产管理制度和岗位生产操作规程；准备原材料、能源动力以及生产工具、器具等。

1.2.9 竣工验收交付使用

建设项目按照批准的设计文件所规定的内容建设完工后，可进行竣工验收。竣工验收的程序，一般分为两个阶段：

（1）单项工程验收。单项工程验收是指一个单项工程完工后，可由建设单位组织验收。

（2）全部验收。全部验收是指整个项目全部工程建成后，则必须根据国家有关规定，按工程的不同情况，由负责验收的单位组织建设单位、施工企业、监理和设计单位，以及建设银行、环境保护和其他有关部门共同组成验收委员会或小组进行验收。

对工业项目，需经负荷试运转和试生产的考核；对非工业项目，若符合设计要求，能正常使用，就可及时组织验收并交付使用；对大型联合企业，可分期分批验收。

1.3 基本建设项目划分

基本建设项目划分，是为了便于建设项目预算的编审以及基本建设计划、统计、会计和基本建设拨款等各方面工作的开展。

基本建设是由一个个基本建设项目组成的，而基本建设项目，又是由若干个部分组成的。按基本建设项目所组成部分的内容不同，从大到小，从粗到细，可将它划分为：建设项目、单项工程、单位工程、分部工程、分项工程。

1.3.1 建设项目

基本建设项目，简称建设项目。它是指具有计划任务书和总体设计，经济上实行独立核算，行政上具有独立组织形式的建设单位。通常是以一个企业、事业单位或独立工程作为一个建设项目。例如，在工业建设中，一般是以一个工厂或一座矿山或一条铁路等作为一个建设项目；在民用建筑中，一般是以一个学校或一个医院或一个商场等作为一个建设项目。

1.3.2 单项工程

单项工程，也称为工程项目。它是指具有独立的设计文件，竣工后可以独立发挥生产能力或工程效益的工程。它是建设项目的组成部分。一个建设项目，可以是一个单项工程，也可能包括许多单项工程。在工业项目中，例如一个工厂由几个车间组成，每个能独立生产的车间作为一个单项工程；在民用项目中，例如一个学校由教学楼、图书馆、学生宿舍等组成，每个能独立发挥工程效益的建筑作为一个单项工程。

1.3.3 单位工程

单位工程，一般是指不能独立发挥生产能力或效益，但具有独立施工条件的工程。它是单项工程的组成部分。实际组织施工中，通常是根据工程的内容和能否满足独立施工的要求,将一个单项工程划分为若干个单位工程。例如一个车间的土建工程、电气工程、工业管道工程、水暖工程、设备安装工程等均为一个单位工程。

1.3.4 分部工程

分部工程,通常是按建筑物的主要部位或安装对象的类别划分的。它是单位工程的组成部分。例如土建工程分为基础、混凝土、砖石等分部工程。安装工程分为供暖工程、燃气工程、通风工程、空调工程、自动化控制仪表安装工程等分部工程。

1.3.5 分项工程

分项工程,在建筑安装工程中,一般是按工程工种划分的。它是分部工程的组成部分。例如供暖工程分部工程,可分为各种管径的管道安装、阀门安装、散热器安装等分项工程;空调工程分部工程,可分为各种通风管道的制作安装,各种风口的制作安装等分项工程。分项工程是建设预算最基本的计量单位,是建筑安装工程的工程量或工作量的计算基础。它是为了确定工程造价而划定的基本计算单元。基本建设项目划分,它们之间的关系如图 1-1 所示。

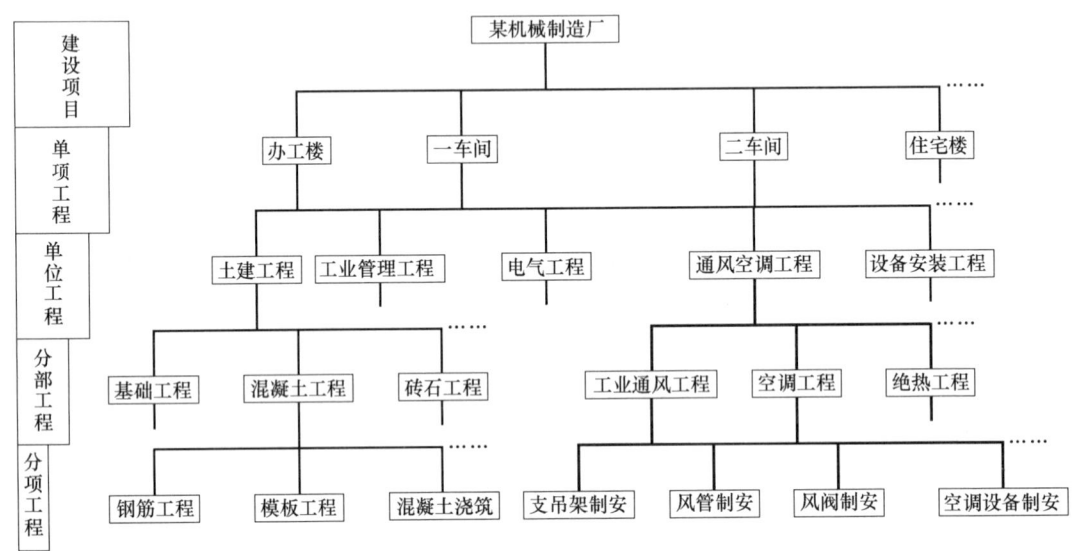

图 1-1 建设项目划分示意图

1.4 基本建设费用组成

基本建设费用,或称基本建设投资,或称基本建设工程造价,它是用于支付各项基本建设工程的费用。根据其费用的性质,基本建设费用一般由建筑工程费用、设备安装工程费用、设备购置费用、工器具及生产用具购置费用、其他费用等五部分组成。

(1) 建筑工程费用:用于新建、改建或扩建的各种建筑物、道路、码头、管网、电网以及防洪、防空设施等所需费用;

(2) 设备安装工程费用:用于各项机械、管线和电气设备安装的费用;

(3) 设备购置费用:指工业企业生产所用的各种机械设备和电气设备的购置费用;

(4) 工具、器具及生产用具购置费用:指工业企业必须配备的达到固定资产标准的各种工具、器具及生产用具等的购置费。不够固定资产标准的，只限于新建或扩建工业企业项目才能列入；

(5) 其他费用：除上列建筑安装费用和设备、工器具购置费用以外的一些费用。它包括有：用于勘察设计、土地征用、建设单位管理、研究试验、生产职工培训、联合试运转等项的费用。

工程竣工以后，基本建设投资的大部分（一般为60%以上）转化为企业的固定资产，即企业从事生产经营活动所必需的厂房建筑及各种机器设备等。对基本建设费用作以上分类，为的是有利于区分生产和非生产性投资，考察机械和电气设备投资比例的可行性，尽量扩大生产性投资，从而增加生产能力，更好地获得基建投资的效益；同时，也可根据它购置设备，准备施工机械及材料，组织好施工力量，加快基本建设的进度，缩短建设周期。

电子课件说明

有关第1章"基本建设概论"的内容，编写制作了"PPT1 基本建设项目概览"的电子课件，课件中包括有"知识演示与互动学习"两大部分。在"知识演示"的第一部分中，首先介绍了基本建设程序的发展历程，包括国内基本建设程序的发展历程、现行国内外基本建设程序的对比；其次，从技术经济的宏观层面介绍基本建设项目的基础知识，主要涉及基本建设概念、基本建设的程序、基本建设的特征、基本建设项目的组成及其费用构成。在"互动学习"的第二部分中，根据有关第1章的"知识演示"所呈现内容的层次与水平，将问题分为三类：基础性问题、系统性问题、挑战性问题，在这三类问题中包括：名词解释、填空题、选择题、判断题、概述题、思考题等，并给出了相应的参考答案要点。

思考题与习题

1. 基本建设的概念及其作用是什么？
2. 基本建设程序的基本内容及其实施步骤是什么？
3. 基本建设项目是如何划分的？项目划分的意义是什么？
4. 基本建设费用组成是什么？各部分费用涉及的内容是什么？
5. 举例说明基本建设项目的划分，并说明该项目各组成部分的关系。

第 2 章 建设项目投资估算方法及项目评估

2.1 建设项目的可行性研究概述

2.1.1 可行性研究必要性

从建设项目经历时期来看，建设项目可分为三个时期：投资前期、建设期、生成经营期。项目投资前期，主要包括：初步可研、项目建议书、项目可行性研究、投资决策等；项目建设期，主要包括：项目设计、施工与安装、试运行与竣工验收等；投产、达产及运营。

项目可行性研究是发生在建设项目的投资前期，它对建设项目的投资影响是决定性的，它对建设项目的投资决策是最重要的依据，因此，项目可行性研究是在项目投资前期一项重要研究工作。而且，项目可行性研究，对建设期、生成经营期的各种活动，也将产生重要的、深远的影响。因此，建设项目的实施，必须做好建设项目的可行性研究。

2.1.2 可行性研究主要内容

建设项目的可行性研究，主要是指运用科学的技术与经济的方法，对建设项目需求的必要性与可实现性、技术方案先进性、经济指标合理性、社会效益显著性等进行综合分析论证，并完成建设项目可行性研究报告，为建设项目的投资决策提供重要依据。

建设项目可行性研究，主要包括四大部分内容：市场需求研究、技术方案研究、经济效益评估研究、社会效益评价研究，其中，建设项目的经济效益评估内容与方法，是本门课程需要阐述清楚的，而其他三部分的内容与方法，主要由所学的其他专业课程去掌握。

建设项目经济性评估，是建设项目可行性研究的重要内容，而建设项目投资估算方法与经济性评估方法，又是建设项目经济性评估研究中的重点与难点内容，因此，在本章的第 2 节与第 3 节中，要分别介绍建设项目投资估算方法、建设项目的经济性评估方法。

2.1.3 可行性研究的工作流程

可行性研究的工作流程主要包括：报告编制方与委托方签订委托合同；项目建设需求与供给条件研究；技术方案构建及比较研究；建设项目经济与社会效益评估研究；建设项目可行性评价研究；可行性研究报告编制、提交、修改及评审。其基本工作流程见框图 2-1。

在建设项目可行性研究及报告的编制过程中，根据其基本工作流程应遵循原则是：

（1）公正性原则。在可行性研究及报告编制中，要坚持实事求是的思想，避免将项目的可行性研究变为项目的可批性研究，基本数据采集应科学客观，运用的技术与经济评价方法应正确，建设项目评价结果应真实可信。

（2）先进性原则。技术方案的构建过程中，既要使用成熟技术的方案，也要考虑所选设备及系统的先进性及系统集成创新性，进行综合方案的比选、重构与优化，使看似不可行的项目在采用了先进技术系统后成为可行。

（3）合理性原则。在项目评价过程中，要经济性评价与社会效益评价相结合，建设项目盈利、清偿能力等微观层面评价与建设项目环境影响、节能减排效益等宏观层面评价相结合，使建设项目的评价更加充分合理。

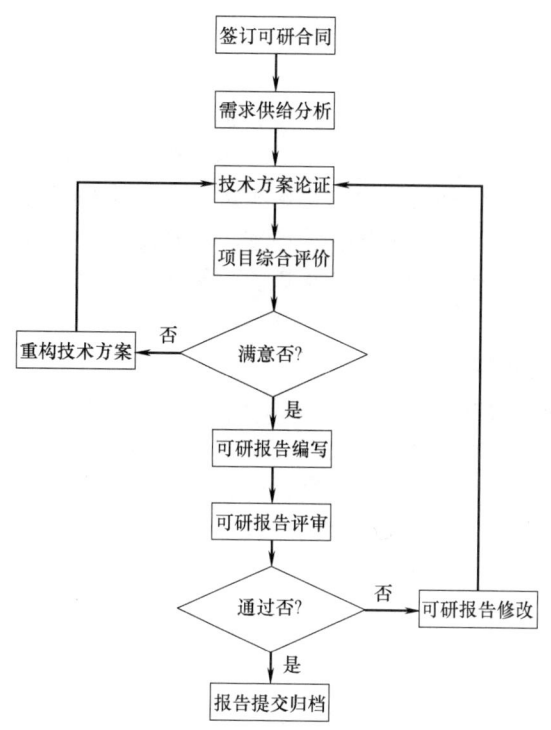

图 2-1　建设项目可行性研究基本工作流程

2.2　建设项目投资估算

2.2.1　建设项目投资估算概述

（1）投资估算概念

投资估算是指在投资前期的工程项目决策过程中，运用特定的投资估算方法，对建设项目费用支出的投资额进行预测和估计。投资估算是项目决策前期编制项目建议书和可行性研究报告的重要组成部分，是项目决策的重要经济指标依据，它不仅影响着投资前期决策的正确性，而且还对建设期的设计概算、施工图预算等产生直接影响。

（2）投资估算作用

投资估算既是建设项目投资决策重要依据，又是建设项目实施阶段投资额控制的目标值。投资估算作用主要体现在：它是建设项目前期决策的重要依据；它是项目资金筹措计划的依据；它是建设工程造价控制的重要依据；它是建设工程设计招标的重要依据；它是项目建设施工费用控制的依据。

(3) 投资估算阶段分类

投资估算按时间阶段一般可分为三类：投资机会研究及项目建议书阶段的投资估算；初步可行性研究的投资估算；详细可行性研究的投资估算。按时间阶段的从前到后，建设项目的投资估算是从投资的粗略估算过渡到投资的详细估算。投资机会研究及项目建议书阶段投资估算允许误差为±30%以内；初步可行性研究阶段投资估算允许误差为±20%以内；详细可行性研究阶段投资估算允许误差为±10%以内。

(4) 投资估算编制依据

建设项目投资估算应方法正确、依据充分。估算主要依据有：拟建工程项目的特征，如项目类型、建设规模、建设地点、建设期限、建设标准、产品定位、主要设备类型、主体建筑结构等；同类工程的价格资料，它是指经济合理的同类工程的竣工决算及其他相关的价格资料；所在地区状况，如当地气候、地理、基础设施、技术及经济发展水平、市场化程度等因素对投资估算产生影响；有关法规、政策规定，如国家经济发展战略、货币政策、财政政策、产业政策等有关规定对建设项目投资的影响。

2.2.2 建设项目投资费用构成

我国现行的建设项目投资包括固定资产投资、无形资产投资和递延资产投资。建设项目投资估算包括：建筑安装工程费、设备及工器具购置费、工程建设其他费用、预备费、建设期贷款利息等，这些投资额中用于建造和购置建筑物、构筑物和机器设备等的费用支出形成固定资产投资，而这些投资额中剩下的费用支出形成无形资产投资和递延资产投资。建设项目投资费用构成见图2-2所示。

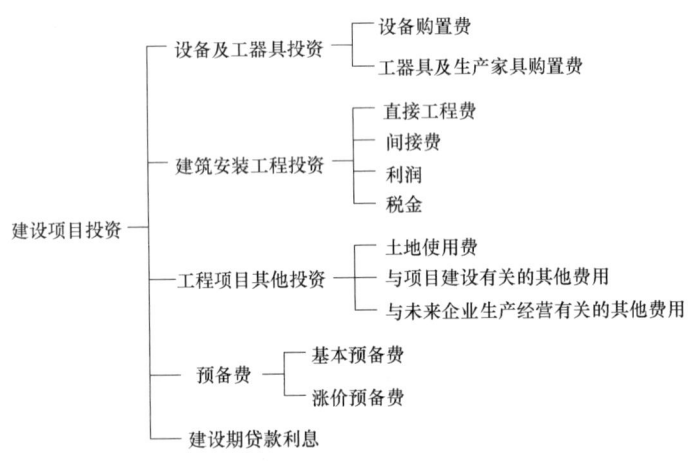

图 2-2 我国现行建设项目投资费用构成

(1) 设备及工器具投资。生产建设项目为了销售产品的生产及正常生产的维护，需要购置生产设备及工器具；房地产建设项目为了提供建筑的能源、电力等供应及其系统运行维护，也需要购置建筑服务供应设备及工器具。

(2) 建筑安装工程投资。它是指建筑工程投资和安装工程投资。生产建设项目要有生产厂房及构筑物，需要有建筑工程投资，同时生产线的建设及能源、动力系统的建设，也需要安装工程投资；针对房地产建设项目，房屋建造、能源动力构筑物建设，以及室内水、暖、电、燃气等建筑室内设备系统的建设，也需要相对应的建筑工程投资及安装工程投资。

(3) 工程建设其他投资。它是指除了设备及工器具、建筑安装投资以外的工程建设其他的费用总和,它可分为三部分:土地使用费,是指建设项目土地征用及拆迁费用、土地使用权出让相应费用等;与项目建设有关的其他费用,是指建设项目试验勘察、项目可行性研究、工程设计、施工监理等;与未来企业生产经营有关的其他费用,是指生产人员与运行维护人员培训费、生产线与建筑设备系统联合试运转费用、办公及生活家居的购置费等。

(4) 预备费。它是指建设项目由于不可预见性、不确定性等需要在投资活动中预备的费用,它包括基本预备费和涨价预备费。

(5) 建设期贷款利息。建设项目筹资,除了投入自有资金外,还常常要向银行贷款,建设期发生的贷款利息,也必须包括在建设项目投资内。

2.2.3 建设项目投资估算方法

建设项目投资估算方法有两种:一是建设项目投资概略估算法;另一种是建设项目投资详细估算法。

(1) 建设项目投资概略估算法

建设项目投资前期,初步可行性研究中的建设项目投资估算,可以采用建设项目投资概略估算法。不同的建设项目,可采用不同的投资概略估算方法,如生产规模指数法、分项比例估算法等。

生产规模指数法。该法是利用已建成的建设项目投资额和生产规模,估算同类建设项目的投资额,其计算公式表达如下:

$$C_2 = C_1 \left(\frac{x_2}{x_1}\right)^n \times C_f \tag{2-1}$$

式中 C_2——拟建项目的投资额;
　　C_1——已建同类型建设项目投资额;
　　x_2——拟建项目的生产规模;
　　x_1——已建同类型建设项目生产规模;
　　n——生产规模指数;
　　C_f——价格调整系数。

选择 n 的原则是:拟建项目主要依靠增加生产设备的数量扩大生产规模时,n 取 $0.8 \sim 1.0$;拟建项目主要依据生产设备功能和效率扩大生产规模时,n 取 $0.6 \sim 0.7$。

分项比例估算法。该法是以拟建项目的设备投资额为基数,根据已建成的同类建设项目的建筑工程费、安装工程费、其他费用占设备投资的百分比,估算出拟建项目的投资额,其计算公式表达如下:

$$C = C_e \times (1 + f_1 P_1 + f_2 P_2 + f_3 P_3) + R \tag{2-2}$$

式中 C——拟建项目的投资额;
　　C_e——拟建项目设备清单按市场价格计算的设备购置费总和;
P_1, P_2, P_3——已建成项目的建筑工程费用、安装工程费用、其他工程费用占设备购置费的百分比;

f_1, f_2, f_3——由于市场因素变化引起的综合调整系数；

R——拟建建设项目预备费、建设期贷款利息等剩余投资额估算值。

(2) 建设项目投资详细估算法

建设项目投资前期，详细可行性研究中的建设项目投资估算，可以采用建设项目投资详细估算法。该详细估算法是对拟建项目投资各费用组成项分别进行估算。

1) 设备及工器具购置费估算

设备分为国产设备和进口设备，设备购置费包括设备原价（国产设备）或抵岸价（进口设备）加上设备购置的运杂费；工器具购置费是以设备购置费为计算基数，乘以工器具费占设备购置费的比例系数来估算。

$$国产设备购置费 = 设备原价 + 设备运杂费 \qquad (2\text{-}3)$$
$$= 设备原价 \times (1 + 设备运杂费率)$$

$$进口设备购置费 = 设备抵岸价 + 设备运杂费 \qquad (2\text{-}4)$$
$$= 设备抵岸价 \times (1 + 设备运杂费率)$$

$$工器具购置费 = 设备购置费 \times 工器具费用比例系数 \qquad (2\text{-}5)$$

2) 建筑工程费用估算

建筑工程费用估算一般可以采用单位建筑工程投资估算法。

$$建筑工程费用 = 单位建筑工程量投资 \times 建筑工程总量 \qquad (2\text{-}6)$$

一般工业与民用建筑，其建筑工程费估算是单位建筑面积投资乘以总建筑面积；工业炉窑砌筑的建筑工程费用，估算为单位容积的工业炉窑砌筑投资乘以总窑砌筑投容积。

3) 安装工程费用估算

安装工程费用估算，通常可以采用安装工程的投资估算指标来计算。估算指标可以是单位价格的设备安装费，单位重量的设备安装费，安装单位工程实物量的费用等。

$$安装工程费 = 设备原价 \times 单位价格的设备安装费用 \qquad (2\text{-}7)$$

$$安装工程费 = 设备重量 \times 单位重量的设备安装费用 \qquad (2\text{-}8)$$

$$安装工程费 = 安装工程实物量 \times 安装单位工程实物量的费用 \qquad (2\text{-}9)$$

4) 工程建设其他费用估算

工程建设其他费用估算，一般是按各项费用的费率或取费标准来估算。

$$工程建设其他费用 = 土地使用费 + 与项目建设有关其他费用$$
$$+ 与企业未来生产经营有关其他费用 \qquad (2\text{-}10)$$

$$与项目建设有关其他费用 = 建设单位管理费 + 工程勘察费 + 研究试验费$$
$$+ 可行性研究费 + 工程设计费 + 工程建设监理费等$$
$$= 费用计算基数 \times \Sigma 各项费用费率 \qquad (2\text{-}11)$$

$$与企业未来生产经营有关其他费用 = 生产职工培训费 + 联合试运转费$$
$$+ 办公及生活家具费等$$
$$= 费用计算基数 \times \Sigma 各项费率 \qquad (2\text{-}12)$$

5) 预备费估算

预备费估算包括：基本预备费估算和涨价预备费估算。

基本预备费的估算方法如下：

基本预备费＝(设备及工器具费＋建筑安装费＋工程建设其他费)×基本预备费率
　　　　　＝基本预备费计算基数×基本预备费率　　　　　　　　　(2-13)

涨价预备费的估算方法如下：

涨价预备费的计算基数取为设备及工器具费、建筑安装费之和，与基本预备费的计算基数相比，该计算基数不包括工程建设其他费用。涨价预备费估算公式如下：

$$PC = \sum_{t=1}^{n} C_t [(1+f)^t - 1] \quad (2\text{-}14)$$

式中　PC——涨价预备费；
　　　C_t——第 t 年初的设备及工器具购置费、建筑工程费、安装工程费之和；
　　　f——建设期价格上涨指数；
　　　n——建设期。

6) 建设期贷款利息估算

建设期贷款利息是指贷款在建设期间发生并计入建设项目固定资产的利息。一般按复利计算方法，为了简化计算，通常假定贷款额均在建设期每年的年中支出，计算公式为：

各年应计利息＝(年初贷款本息累计＋本年贷款额/2)×年利率　　(2-15)

2.2.4　建设项目投资估算举例

由建设项目划分可知，一个建设项目通常由若干个单项工程组成，一个单项工程又由若干个单位工程组成。但有时候，一个单项工程就是一个建设项目，比如居住小区独立锅炉房建设项目，城中村改造商住楼的独立冷热源机房建设项目等。为了叙述的简便，下面分别以某独立锅炉房建设项目、某独立热泵机房建设项目为例，介绍建设项目投资估算方法的应用。

(1) 某独立锅炉房建设项目投资估算

【例 2-1】　西安市郊区某居住小区，建筑面积 140 万 m^2，该小区冬季需要供暖，热源拟采用小区燃煤蒸汽锅炉房，试估算该锅炉房这一建设项目的建设投资是多少？

【解】　首先，估算该居住小区锅炉房的锅炉容量。假定西安市居住建筑的供暖设计负荷指标取 46W/m^2，该小区供暖设计负荷估算值＝140×46＝64.4MW，考虑到管路热损失和换热器效率等，锅炉容量估算值＝供暖设计负荷＋8%附加负荷≈70MW，若选单台锅炉的容量为 20t/h 或 14MW，则该小区锅炉房需要 5 台 20t/h 的燃煤蒸汽锅炉。然后，根据建设项目投资费用构成项计算公式分别估算投资额，最后各构成项进行求和。

1) 设备及工器具购置费

锅炉设备原价＝单位容量锅炉价格×锅炉设计总容量
　　　　　　＝20×5×20
　　　　　　＝2000 万元

辅助设备原价＝锅炉设备原价×15%
　　　　　　＝300 万元

锅炉及其辅助设备购置费＝设备原价×(1＋锅炉及辅助设备运杂费)
　　　　　　　　　　　＝(2000＋300)×(1＋5%)
　　　　　　　　　　　＝2415 万元

锅炉房工器具购置费＝设备购置费×费率

$$= 2415 \times 4\%$$
$$= 96.6 \text{ 万元}$$

所以设备及工器具购置费 $= 2415 + 96.6$
$$= 2511.6 \text{ 万元}$$

2) 建筑安装费

建筑安装费是指建筑工程费与安装工程费之和，两项费用计算利用公式（2-6）和公式（2-7）。

① 建筑工程费

假设锅炉房为半地下室建筑，建筑面积大概需要 $1000 m^2$。

建筑工程费用 = 锅炉房单位面积建筑造价 × 锅炉房建筑面积
$$= 3500 \times 1000$$
$$= 350 \text{ 万元}$$

② 安装工程费用

安装工程费用 = 设备及工器具购置费 × 费率
$$= 2511.6 \times 15\%$$
$$= 376.74 \text{ 万元}$$

所以建筑安装费 = 建筑工程费 + 安装工程费用
$$= 350 + 376.74$$
$$= 726.74 \text{ 万元}$$

3) 工程建设其他费用

该锅炉房用地除了锅炉房外，还有露天储煤场用地，假设需要 $6000 m^2$（9 亩）占地面积。工程建设其他费用包括土地使用费、与项目建设有关其他费用、与企业未来生产经营有关其他费用，各项费用估算分别利用公式（2-10）～公式（2-12）。

① 土地使用费 $= 350 \times 9$
$$= 3150 \text{ 万元}$$

② 与项目建设有关其他费用 = （设备及工器具购置费 + 建筑安装费）
$$\times \sum \text{各项费用费率}$$
$$= (2511.6 + 726.74) \times 4\%$$
$$= 129.53 \text{ 万元}$$

③ 与企业未来生产经营有关其他费用 = 费用计算基数 $\times \sum$ 各项费率
$$= (2511.6 + 726.74) \times 3\%$$
$$= 97.15 \text{ 万元}$$

所以工程建设其他费用 = 土地使用费 + 与项目建设有关其他费
$$+ \text{与企业未来生产经营有关其他费}$$
$$= 3150 + 129.53 + 97.15$$
$$= 3376.68 \text{ 万元}$$

4) 预备费

预备费分为基本预备费和涨价预备费，利用计算公式（2-13）和公式（2-14）可以分别估算基本预备费和涨价预备费。

① 基本预备费＝(设备及工器具费＋建筑安装费＋工程建设其他费)×基本预备费率
　　　　　　＝(2511.6＋726.74＋3376.68)×4%
　　　　　　＝6615.02×5%
　　　　　　＝330.75 万元

② 涨价预备费＝ $PC = \sum_{t=1}^{n} C_t [(1+f)^t - 1]$

式中，C_t＝第 t 年初的设备及工器具费＋建筑安装费；f 为建设期价格上涨指数；n 为建设期。

假设该项目建设期为 2 年，投资在年初发生，2 年的投资比例分别为 60% 和 40%，建设期内年平均价格上涨率 $f=5\%$，那么该项目的涨价预备费为：

第 1 年，$PC_1 = C_1[(1+5\%)^1 - 1]$
　　　　　　＝(2511.6＋726.74)×60%×5%
　　　　　　＝97.15 万元

第 2 年，$PC_2 = C_2[(1+5\%)^2 - 1]$
　　　　　　＝(2511.6＋726.74)×40%×(1.05²－1)
　　　　　　＝132.77 万元

所以，涨价预备费：$PC = PC_1 + PC_2$
　　　　　　　　　　＝229.92 万元

因此预备费＝基本预备费＋涨价预备费
　　　　　　＝330.75＋229.92
　　　　　　＝560.67 万元

5）建设期贷款利息

假设该建设项目在 2 年的建设期内，分年度均衡进行贷款，第 1 年贷款额为 1500 万元，第 2 年贷款额为 2000 万元，年贷款利率为 8%，建设期内利息只计息不支付，利用计算公式（2-15）可以估算该项目建设期的贷款利息。

第 1 年：(0＋1500÷2)×8%＝60 万元

第 2 年：[(1500＋60)＋2000÷2]×8%＝204.8 万元

所以建设期的贷款利息＝60＋204.8
　　　　　　　　　　　＝264.8 万元

至此，该建设项目投资分项已经计算完毕，再将以上 5 部分投资额相加，则得到总投资额：

C_{total}＝设备及工器具购置费＋建筑安装费＋工程建设其他费＋预备费
　　　　＋建设期贷款利息
　　　　＝2511.6＋726.74＋3376.68＋560.67＋264.8
　　　　＝7440.49 万元

因此，该独立锅炉房建设项目投资额为 7440.49 万元。

(2) 某独立热泵机房建设项目投资估算

【例 2-2】 咸阳某商住小区，商业和居住总建筑面积 20 万 m²，商业建筑面积占 20%、居住面积占 80%，该小区建在渭河边的二级阶地，该商住小区属于高档商住楼盘，商业部分和居住部分均采用中央空调系统,该小区拟建独立的以地下水源热泵为主机的冷热源站,试估算该建设项目投资额是多少?

【解】 首先,基于估算的负荷需求确定热泵主机的总容量;然后,根据当地的水文地质资料和现场试验井的抽水、回灌试验数据以及排热或吸热负荷需求,确定打井数量及井深;最后,在确定了主机数量和容量、打井数量和深度后,依据建设项目投资的详细估算法进行该建设项目投资额的估算。

1) 热泵主机容量估算及设备选择

① 负荷估算

夏季,设计冷负荷估算,按冷负荷指标估算,即:

设计日冷负荷 = 20×(20%×90+80%×60)
      = 20×66
      = 13200kW

考虑10%附加冷负荷,热泵机组承担的设计日冷负荷为14520kW。

冬季,设计热负荷估算,仍按热负荷估算指标估算,即:

设计日冷负荷 = 20×(20%×60+80%×46)
      = 20×48.8
      = 9760kW

考虑8%附加热负荷,热泵机组承担的设计日热负荷约为10541kW。

② 主机容量及台数确定

热泵主机是冬夏两用机,设备容量的确定以负荷需求较大的季节为准,因此以夏季设计日负荷需求来确定热泵机组的选型,选择4台热泵主机,单台额定制冷量为3630kW,4台总额定制冷量为14520kW。

③ 辅助设备

冷热源机房辅助设备主要包括:冷却水泵、冷冻水泵、潜水泵、旋流除砂器、补水定压装置、电子水处理仪、补水箱、集分水器,以及配电柜、自动控制装置等。根据主机容量大小选配相应的辅助设备尺寸。

2) 抽灌井的确定

① 抽水井应抽水量

地下水出水温度17℃,夏季冷凝器进出水温差取11℃,抽水井应提供的抽水量估计值为:

应抽水量估计值 = $Q_C/(C_P \times \Delta t)$
       = 1.25×10541/(4.18×11)
       = 395kg/s
       = 1421m³/h

② 抽灌井数量及深度

依据该项目抽灌井的抽灌水试验知,当井径为700mm、井管直径为36mm,井深100m,含水层主要为粗砂砾石结构,稳定抽水出水量约为100m³/h,回灌量约为50m³/h,抽灌井1:2的比例可以满足抽出来的井水完全回灌,因此,需抽水井14口、回灌井28口,抽灌井共需42口。

3) 建设项目投资额估算

① 设备及工器具投资

热泵主机购置费估计值＝热泵单位制冷量容量价格×热泵总额定制冷量
$$=0.65\times14520$$
$$=943.8\ 万元$$

水泵、补水定压等辅助设备购置费＝热泵主机购置费×费率
$$=943.8\times20\%$$
$$=188.76\ 万元$$

配电、自控等辅助设备购置费＝（热泵主机购置费＋水泵、补水定压辅助设备购置费）×10%
$$=(943.8+188.76)\times10\%$$
$$=113.25\ 万元$$

因此，设备购置费＝热泵主机购置费＋辅助设备购置费
$$=943.8+188.76+113.25$$
$$=1245.81\ 万元$$

工器具购置费＝设备购置费×费率
$$=1245.81\times3\%$$
$$=37.37\ 万元$$

所以设备及工器具购置费＝设备购置费＋工器具购置费
$$=1245.81+37.37$$
$$=1283.18\ 万元$$

② 建筑安装投资

冷热机房建筑安装费由机房建筑工程费和机房设备安装工程费两部分构成：

机房建筑工程费＝机房单位建筑面积造价单位×机房建筑面积
$$=3200\times500$$
$$=160\ 万元$$

机房设备安装工程费＝设备及工器具购置费×费率
$$=1283.18\times40\%$$
$$=513.27\ 万元$$

所以，冷热机房建筑安装费＝机房建筑工程费＋机房设备安装工程费
$$=160+513.27$$
$$=673.27\ 万元$$

抽灌井建筑安装费＝单位井深造价×每口井深×井数量
$$=1500\times100\times42$$
$$=630\ 万元$$

所以该建设项目建筑安装费＝机房建筑安装费＋抽灌井建筑安装费
$$=673.27+630$$
$$=1303.27\ 万元$$

③ 工程建设其他投资

机房及打井位在商住小区内,土地在房地产开发时已拥有土地使用权,该工程项目不考虑土地使用费支出。

与项目建设有关其他费用＝(设备及工器具购置费＋建筑安装费)×∑各项费用费率
$$=(1283.18+1303.27)\times 5\%$$
$$=129.32 \text{ 万元}$$

与企业未来生产经营有关其他费用＝费用计算基数×∑各项费率
$$=(1283.18+1303.27)\times 3\%$$
$$=77.59 \text{ 万元}$$

所以工程建设其他投资＝与项目建设有关其他费用＋与企业未来生产经营有关其他费用
$$=129.32+77.59$$
$$=206.91 \text{ 万元}$$

④ 预备费

基本预备费＝(设备及工器具费＋建筑安装费＋工程建设其他费)×基本预备费率
$$=(1283.18+1303.27+206.91)\times 4\%$$
$$=2793.36\times 5\%$$
$$=139.67 \text{ 万元}$$

假设该项目建设期为 2 年,投资在每年平均支出,2 年的投资比例分别为 70% 和 30%,建设期内年平均价格上涨率 $f=5\%$,那么该项目的涨价预备费为:

第 1 年,$PC_1=C_1[(1+5\%)^{0.5}-1]$
$$=(1283.18+1303.27)\times 70\%\times 0.0246$$
$$=44.54 \text{ 万元}$$

第 2 年,$PC_2=C_2[(1+5\%)^{1.5}-1]$
$$=(1283.18+1303.27)\times 30\%\times (1.05^{1.5}-1)$$
$$=20.02 \text{ 万元}$$

所以,涨价预备费:$PC=PC_1+PC_2$
$$=64.56 \text{ 万元}$$

因此预备费＝基本预备费＋涨价预备费
$$=139.67+64.56$$
$$=204.23 \text{ 万元}$$

⑤ 建设期贷款利息

假设该项目在 2 年的建设期内分年度均衡进行贷款,第 1 年贷款额为 800 万元,第 2 年贷款额为 500 万元,年贷款利率为 8%,建设期内利息只计息不支付,可估算该项目建设期的贷款利息。

第 1 年:$(0+800\div 2)\times 8\%=32$ 万元

第 2 年:$[(800+32)+500\div 2]\times 8\%=86.56$ 万元

因此建设期的贷款利息＝32＋86.56
$$=118.56 \text{ 万元}$$

⑥ 建设项目总投资

因此建设项目总投资＝设备及工器具购置费＋建筑安装费＋工程建设其他费＋预备费＋建设期贷款利息
　　　　　　　　　＝1283.18＋1303.27＋206.91＋240.23＋118.56
　　　　　　　　　＝3152.15 万元

因此，该建设项目总投资额为 3152.15 万元。

2.3　建设项目经济性评估方法

2.3.1　建设项目经济性评估概述

(1) 建设项目评估对象及方法

建设项目从市场化程度来分，有竞争性建设项目、基础性建设项目、公益性建设项目。不同种类的建设项目，建设项目经济学评估方法不同。对于竞争性建设项目，项目经济性评估方法，一般采用建设项目财务评估方法；而对于基础性、公益性建设项目，通常采用国民经济评估方法。

(2) 财务评估与国民经济评估

建设项目的财务评估与国民经济评估，两者的相同之处主要有：评价方法相同，都是经济效果评估，运用相同的经济评价原理，即效益与费用比较的基本原理；评估基础工作相同，都包括需求预测、技术选择、投资估算、资金筹措等可行性研究的基础内容；评估的计算期相同，包括建设期、生产经营期、停产期。

建设项目的财务评估与国民经济评估，两者的不同之处主要有：评估层面不同，财务评估是从项目层面分析项目在财务上的收益与风险，而国民经济评估从全社会的国民经济层面分析项目的国民经济费用与收益；评估内容不同，财务评估主要评估项目的盈利能力和清偿能力，而国民经济评估仅评估盈利能力而不评估清偿能力；评估价格体系与使用参数不同，财务评估使用市场预测价格和财务评估中的行业基准折现率，而国民经济评估则使用一套专用的影子价格体系和国民经济评估中的社会折现率。

由于篇幅所限，在建设项目经济学评估中，本节只介绍建设项目的财务评估。

(3) 财务评估概念及其评价指标

所谓财务评估，是指在国家现行财税制度和市场价格体系下，分析预测建设项目的财务费用与效益，计算财务评价指标，考察建设项目的盈利能力、清偿能力和抵御风险能力，从而判断建设项目在财务上的可行性。

建设项目财务评估指标主要有：建设项目的投资回收期、建设项目的净现值、建设项目的内部收益率等。以上评估指标主要是考察建设项目的盈利能力及一定程度的偿债能力，而抵御风险能力的评估主要是要进行建设项目的不确定性分析。

建设项目的不确定性分析，包括建设项目的盈亏平衡分析、敏感性分析、概率分析等。建设项目的盈亏平衡分析，主要是确定项目的盈亏平衡点，找出平衡点两侧的盈利区域与亏损区域，控制项目亏损风险；建设项目的敏感性分析，主要是考察变动因素对项目经济收益影响的敏感性，找出敏感性强的因素，并分析其增益效应与减损效应；敏感性强的因素对项目经济效益影响事件，可能是大概率事件，也可能是小概率事件，通过建设项目的概率分析，可以确定影响因素发生作用概率大小，有针对性地控制变动因素对经济效益的负影响，更好地控制建设项目的风险。有关建设项目的不确定性分析内容，在本节不做详细描述，有兴趣的读者可以参考本书配套的有关内容的电子课件。

2.3.2 建设项目的现金流量构成及表达

(1) 现金流量与财务评估关系

现金流量是指在一个建设项目、一个企业等特定经济系统中，在一定时期内资金流入与流出的代数和，通常取流入资金为正、流出资金为负。确定现金流量时，要明确现金流入与流出发生的时点；流入与流出的现金必须是实际发生的；要明确特定经济系统的角度立场。现金流量的表示除了计算公式表达外，还可以用现金流量图和现金流量报表来表示。

建设项目的财务评估，涉及建设项目的现金流量，而建设项目的现金流量是建设项目评估中财务评估经济性指标计算的基础数据资料，因此，要正确地进行建设项目的财务评估，必须掌握建设项目现金流量构成及确定方法。

(2) 建设项目的现金流量构成及确定

为了表达简便，以 CI 表示现金流入、以 CO 表示现金流出。建设项目时间段分建设期、生产经营期、停产期。各时期的现金流量构成及表达如下：

建设期的现金流量＝$CI-CO$
    ＝0－建设投资－流通资金投入
    ＝－(建设投资＋流动资金投入)   (2-16)

生产经营期现金流量＝$CI-CO$
    ＝销售收入－经营成本－销售税金及附加－所得税
    ＝销售收入－(总成本费用－折旧－利息)－销售税金及附加－所得税
    ＝利润总和＋折旧－所得税
    ＝税后利润＋折旧   (2-17)

停产期现金流量＝$CI-CO$
    ＝销售收入＋回收固定资产余值＋回收流动资金
    －经营成本－销售税金及附加－所得税   (2-18)

(3) 现金流量构成要素内涵及关联因素

1) 建设投资

建设投资＝设备及工器具购置费＋建筑安装工程费＋工程建设其他费
 ＋预备费＋建设期贷款利息   (2-19)

2) 流动资金

流动资金是指生产经营性项目投产后，为维持正常的生产运营，用于购买原材料、燃料，支付工资及其他经营费用等所需周转资金。流动资金估算一般采用既有同类企业生产经营状况的分项估算法，以及特定项目的扩大指标法。

流动资金分项估算法计算公式如下：

流动资金＝流动资产－流动负债
    ＝(应收账款＋存货＋现金＋预付账款)－(应付账款＋预收账款)   (2-20)

扩大指标估算法，通常是按建设投资的一定比例估算。如国外化工企业的流动资金，一般是按建设投资的 15%～20% 估算的。

3）销售收入

销售收入是指向社会出售商品或提供服务所取得的货币收入,是现金流入。其计算式如下:

销售收入＝销售量×商品单价 (2-21)

4）经营成本与总成本费用

营业成本是从产品总成本费用中扣除固定资产折旧和计入成本利息后分离出来的一部分成本。经营成本是现金流出,其计算式如下:

经营成本＝外购原材料、燃料及动力费＋工资及福利费＋修理费＋其他费用 (2-22)

总成本费用＝经营成本＋固定资产折旧＋生产经营期计入成本利息 (2-23)

5）折旧及其计算

固定资产折旧是指固定资产在使用期限内其有形磨损和无形磨损的价值逐渐转移到产品成本中,并通过产品的销售以货币的形式回到投资者手中。

影响固定资产折旧的主要影响因素有:固定资产原值、固定资产净残值和固定资产使用年限。固定资产折旧方法,有直线折旧法、加速折旧法等,本节仅介绍直线折旧法中的平均年限法。假设已知固定资产原值为 P,估计净残值为 L,估计使用年限为 N,则年折旧额 D 和年折旧率 d 的计算公式分别如下:

$$D=\frac{P-L}{N} \tag{2-24}$$

$$d=\frac{D}{P}=\frac{P-L}{P\times N}=\frac{1-L/P}{N}=\frac{1-r}{N}\times 100\% \tag{2-25}$$

式中,r 为固定资产的估计残值率,一般情况下该估计残值率 r 按固定资产原值的 3%～5%计取。

6）销售税金及附加

税金是国家依法对有纳税义务的单位和个人征收的财政资金,国家采用的这种筹集资金的手段叫税收。目前,我国销售税金一般指增加税、消费税、营业税。税金附加是指城市维护建设税和教育费附加。

增值税。增值税是对在我国境内销售货物或者提供加工、修理修配劳务以及进口货物的单位和个人而征收的一种税。增值税应纳税额为:

应纳税额＝销项税额－进项税额 (2-26)

消费税。消费税是配合增值税而新增的税种,征收范围包括烟、酒、化妆品、贵重首饰及珠宝玉器、小汽车、汽油等奢侈品。

营业税。营业税是对我国境内提供营业税条例规定的劳务、转让无形资产或销售不动产的单位和个人而征收的一种税。税率采用差别比例税率。营业税的应纳税额为:

营业税应纳税额＝营业额×税率 (2-27)

城市维护建设税。它与增值税、消费税、营业税同时缴纳,其计算公式为:

城市维护建设税＝(实缴增值税＋实缴消费税＋实缴营业税)×适用税率 (2-28)

教育费附加。它与增值税、消费税、营业税同时缴纳,其计算公式为:

教育费附加＝(实缴增值税＋实缴消费税＋实缴营业税)×税率 (2-29)

因此,销售税金及附加的计算公式应为:

销售税金及附加＝增值税＋消费税＋营业税＋城市维护建设税＋教育费附加　　　(2-30)

7) 所得税

企业所得税的纳税人是指实行独立经济核算的企业。企业所得税的税率采用比例税率，税率为33％。所得税从企业实现利润中扣除，所得税计算公式为：

所得税＝实现利润×税率　　　(2-31)

8) 利润

利润是企业的盈利，企业的利润可分为销售利润、实现利润（利润总额）、税后利润，三者的关系如下：

销售利润＝销售收入－总成本费用－销售税金及附加　　　(2-32)

实现利润＝销售利润＋投资净收益＋营业外的收支净额　　　(2-33)

税后利润＝实现利润－所得税　　　(2-34)

9) 销售收入、成本、税金、利润的关系

由公式（2-33）和公式（2-34）可知，销售利润还可以表达为：

销售利润＝所得税＋税后利润－投资净收益－营业外的收支净额　　　(2-35)

为了表达方便，提出销售税后利润概念，并令其表达式如下：

销售税后利润＝税后利润－投资净收益－营业外的收支净额　　　(2-36)

因此，销售收入、成本、税金、利润的关系见图2-3所示。

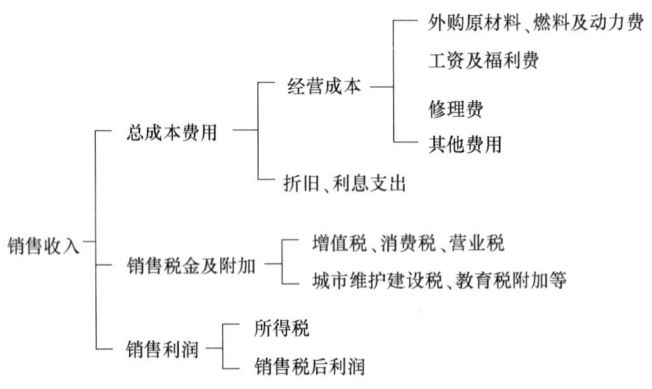

图2-3　销售收入、成本、税金、利润的关系

2.3.3　建设项目几个重要财务评估方法

(1) 投资回收期法

投资回收期是指从项目建设之日起，用项目各年的净收入将项目总资金（建设投资与流动资金之和）回收所需的期限。

投资回收期分为静态投资回收期和动态投资回收期。静态投资回收期，在计算各年的现金流量时不考虑现金流量的时间价值，不需要资金的折现计算；而动态投资回收期的计算，在计算各年的现金流量时需要考虑现金流量的时间价值，即需要资金的折现计算。

1) 静态投资回收期计算

$$\sum_{t=0}^{P_s} C_t = \sum_{t=0}^{P_s} (CI - CO)_t = 0 \qquad (2-37)$$

式中　CI——现金流入；

CO——现金流出;

C_t——第 t 年现金流量;

P_s——静态投资回收期。

静态投资回收期计算的实用公式:

$$P_s = 累计净现金流量开始出现正值年份 - 1 + \frac{|上年累计净现金流量|}{当年净现金流量} \quad (2\text{-}38)$$

2) 动态投资回收期计算

$$\sum_{t=0}^{P_d} \frac{C_t}{(1+i)^t} = \sum_{t=0}^{P_d} \frac{(CI-CO)_t}{(1+i)^t} = 0 \quad (2\text{-}39)$$

式中 i——基准折现率;

P_d——动态投资回收期。

动态投资回收期计算的实用公式:

$$P_d = 累计现金流量折现值开始出现正值年份 - 1 + \frac{|上年累计现金流量折现值|}{当年现金流量折现值}$$

$$(2\text{-}40)$$

【例 2-3】 某建设项目总投资 8800 万元,建设期为 3 年,第 1 年、第 2 年、第 3 年初的投资比例分别为 50%、30%、20%,该建设项目生产经营期的净收益如表 2-1:

生产经营期的净收益　　　　　　　表 2-1

分项	年 份						
	4	5	6	7	8	9	10
折旧	660	660	660	660	660	660	660
利息	300	268	225	145	75	36	26
税后利润	-240	786	1080	2170	2190	2220	2230
净收益	724	1719	1971	2982	2933	2925	2926

试计算静态投资回收年限。

【解】 生产经营期的每年净收益就是当年的现金流量,故列写现金流量表,见表 2-2。

某建设项目的现金流量表(万元)　　　　　　　表 2-2

现金流	年 份							
	1	2	3	4	5	6	7	8
现金流入	—	—	—	724	1719	1971	2982	2933
现金流出	4400	2640	1760	—	—	—	—	—
累计净现金流量	-4400	-7040	-8800	-8076	-6357	-4386	-1404	1529

由表 2-2 的累计净现金流量计算结果,利用静态投资回收期的实用计算公式(2-38)可以计算得到:

$$P_s = 8 - 1 + \frac{|-1404|}{2933} = 7.48 \text{ 年}$$

假设建设项目行业的静态投资回收年限容许值为8年,则该建设项目在静态投资回收期这个经济评估指标上的评估可行。

该建设项目如果投资回收年限的起算时间是从生产经营期开始,则静态投资回收期仅有4.18年。

【例2-4】 已知计算条件如例2-3所给,并考虑行业折现率为8%,试计算动态投资回收期。

【解】 利用公式(2-39)计算建设期及生产经营各年的现金流量的折现值,列写累计现金流量折现值计算表,见表2-3。

某建设项目累计现金流量折现值表(万元)　　　　表2-3

计算项	年　份									
	1	2	3	4	5	6	7	8	9	10
现金流入	—	—	—	724	1719	1971	2982	2933	2925	2926
现金流出	4400	2640	1760	—	—	—	—	—	—	—
现金流量	−4400	−2640	−1760	724	1719	1971	2982	2933	2925	2926
现金流量折现值	−4400	−2444	−1509	575	1264	1341	1879	1711	1580	1464
累计现金流量折现值	−4400	−6844	−8353	−7779	−6515	−5174	−3295	−1583	−3	1461

由表2-3的累计现金流量折现值计算结果,利用动态投资回收期的实用计算公式(2-40)可以计算得到:

$$P_d = 10 - 1 + \frac{|-3|}{1464} \approx 9 \text{ 年}$$

假设建设项目行业的动态投资回收年限容许值为9.5年,则该建设项目在动态投资回收期经济评估指标上的评估可行。

该建设项目如果投资回收年限的起算时间是从生产经营期开始的,则动态投资回收期仅有6年。

(2)净现值法

净现值是指在给定的折现率下,将建设项目的整个寿命周期内,每年发生的现金流量折现到建设期初的所有现值之和。净现值是一个经济性评估动态指标,是反映建设项目盈利能力的一个评估指标。

净现值计算公式为:

$$NPV = \sum_{t=0}^{n} \frac{C_t}{(1+i)^t} \tag{2-41}$$

式中,NPV 为建设项目的净现值,n 为建设项目整个寿命周期。这里所指的整个寿命周期,是指建设项目的建设期和寿命周期之和。建设项目的寿命周期(life cycle cost),是指建设项目正常生产经营持续的年限。

【例2-5】 某建设项目总投资5000万元,建设期为2年,第1和第2年初的投资比例分别为60%和40%,第2年的年初建成投产,项目生命周期为5年,寿命周期内每年需要支出经营成本为 850 万元,销售税金及附加每年支出 200 万元,所得税每年支出分别为 50 万元、30 万元、45 万元、20 万元、25 万元,5 年内销售收入分别为 3750 万元、3500 万元、3100 万元、3000 万元、2800 万元,设折现率为 10%,试计算该建设项目的净现值是多少?

【解】 根据题中的已知每年现金流条件,绘制出该建设项目的现金流量矢量图,见图 2-4。再根据现金流量图 2-4 和净现值计算公式(2-41),可得该建设项目净现值为:

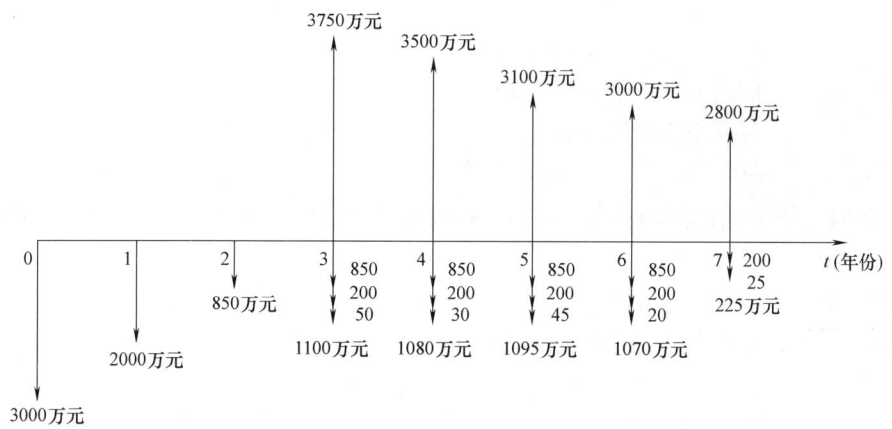

图 2-4 该建设项目整个寿命周期的现金流量图

$$NPV = (0-3000) + \frac{(0-2000)}{(1+0.1)^1} + \frac{(0-850)}{(1+0.1)^2} + \frac{(3750-1100)}{(1+0.1)^3} + \frac{(3500-1080)}{(1+0.1)^4}$$
$$+ \frac{(3100-1095)}{(1+0.1)^5} + \frac{(3000-1070)}{(1+0.1)^6} + \frac{(2800-225)}{(1+0.1)^7}$$
$$= -3000 - 1818.2 - 702.5 + 1991.0 + 1653.0 + 1245.3 + 1090.4 + 1321.9$$
$$= 1780.9 \text{ 万元}$$

经济评估可行性判定:$NPV=1780.9>0$,则该建设项目盈利能力较好,项目建设可行。

(3)内部收益率法

从净现值公式(2-41)不难看出,当建设项目的整个寿命周期 n 和每年的净现行流量 C_t 已知时,折现率 i 越大,则净现值 NPV 越小;反之,亦然。因此,当折现率大到某个程度时,净现值会等于零,这种使净现值为零的折现率 i_{IRR},即为该建设项目投资方案的内部收益率。

净现值 NPV 与折现率 i 的关系可用图 2-5 表示。

由图 2-5 可见,通过 NPV 曲线与 i 坐标轴的交点,可以找到使 $NPV=0$ 的折现率 i_{IRR},当 $i<i_{IRR}$ 时,$NPV>0$,而当 $i>i_{IRR}$ 时,$NPV<0$。

内部收益率计算公式为:

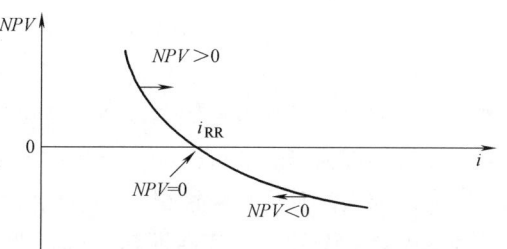

图 2-5 净现值 NPV 与折现率 i 的关系

$$NPV(i_{IRR}) = \sum_{t=0}^{n} \frac{C_t}{(1+i_{IRR})^t} = 0 \tag{2-42}$$

式中，i_{IRR} 为建设项目的内部收益率。

由于内部收益率计算方程无法直接求解，因此 i_{IRR} 的求解常常采用试算法。内部收益率的实用计算公式为：

$$i_{IRR} = i_n + \frac{NPV_n(i_{n+1} - i_n)}{NPV_n + |NPV_{n+1}|} \tag{2-43}$$

式中 NPV_n——接近 0 且为正值的净现值；

NPV_{n+1}——接近 0 且为负值的净现值；

i_n——对应于 NPV_n 的折现率；

i_{n+1}——对应于 NPV_{n+1} 的折现率。

【例 2-6】 计算的已知条件如例 2-5，折现率为未知量，试计算该建设项目的内部收益率 i_{IRR} 为多少？

【解】 利用内部收益率的计算公式（2-42），并采用试算法：给定不同的 i 值，分别计算出 NPV 值，并找到净现值接近 0 的两组值，即 NPV_n 与 i_n、NPV_{n+1} 与 i_{n+1}，再将其代入实用计算公式（2-43），便可计算求得 i_{IRR} 值。

取 $i_n = 17\%$，计算 $NPV_n(i_n)$ 值，即：

$$NPV_n(i_n) = -3000 - \frac{2000}{1.17^1} - \frac{850}{1.17^2} + \frac{2650}{1.17^3} + \frac{2420}{1.17^4} + \frac{2005}{1.17^5} + \frac{1930}{1.17^6} + \frac{2575}{1.17^7}$$

$$= 140.49 \text{ 万元}$$

再取 $i_{n+1} = 18\%$，计算 $NPV_{n+1}(i_{n+1})$ 值，即：

$$NPV_{n+1}(i_{n+1}) = -3000 - \frac{2000}{1.18^1} - \frac{850}{1.18^2} + \frac{2650}{1.18^3} + \frac{2420}{1.18^4} + \frac{2005}{1.18^5} + \frac{1930}{1.18^6} + \frac{2575}{1.18^7}$$

$$= -44.35 \text{ 万元}$$

所以 $i_{IRR} = i_n + \frac{NPV_n(i_{n+1} - i_n)}{NPV_n + |NPV_{n+1}|}$

$$= 0.17 + \frac{140.49(0.18 - 0.17)}{140.49 + |-44.35|}$$

$$= 17.76\%$$

经济可行性判定：$NPV > 0$，且 $i_{IRR} > i_c = 10\%$（行业基准折现率），则该建设项目在经济性上可行。

(4) 投资回收期、净现值与内部收益率的关系

投资回收期是从建设项目的建设投资额何时能在生产经营期收回为评价目标的，对于一个建设项目，一般而言，其投资回收期越短，项目经济的可行性越好，而当投资回收期较长、甚至超过了项目寿命周期，那么项目的经济可行性便较差、甚至不可行。因此，投资回收期这一评估指标，可以在一定程度上反映项目经济性能，但它无法给出建设项目在整个寿命周期内的具体盈利情况，而净现值这个评估指标可以反映建设项目的盈利能力。

净现值是一个动态经济性评估指标，考虑现金的时间价值，它在设定的基准折现率下，可以给出建设项目资金投入与收回差额的折现值，直接地、定量地反映建设项目的盈

利能力，是建设项目经济性评估不可缺少的重要指标。然而，该指标也有不足，净现值的计算必须在假定的折现率条件下进行，当基准折现率不准或难以可靠确定时，计算得到的净现值的准确性要受到影响，而内部收益率指标，是以折现率为变量，考察使净现值等于零时的折现率的大小，该折现率则是指建设项目的内容收益率。

内部收益率指标也是一个动态经济性指标，同样考虑现金的时间价值，该指标值越大，建设项目的盈利状况越好；否则，则越差。该指标除了能够反映建设项目的盈利能力外，还可以反映该项目能够承受银行贷款利息的限制，可以说它是一个能够反映建设项目盈利和偿债能力的综合性指标。

投资回收期、净现值与内部收益率这三个指标，均是建设项目经济性评估的重要指标，每个指标各有侧重，评估的快速性、简洁性与深入性、细致性相结合，定性评估与定量评估相结合，盈利能力与偿债能力评估相结合，是一般建设项目经济性评估必须考虑的。在运用这三个指标进行经济性评估时，一般而言，当投资回收期越短、净现值的正值越大、内部收益率值越高，该建设项目的经济效益越显著，经济的可行性越好；反之，亦然。当三个指标发生矛盾时，通常按不利情况考虑来进行项目的可行性判定。

电子课件说明

有关第 2 章"建设项目投资估算方法及项目评估"的内容，编写制作了"PPT2-1 建设项目投资估算方法及应用"和"PPT2-2 建设项目财务评估方法及应用"两个电子课件，每个电子课件均有"知识演示与互动学习"两大部分。在"知识演示"的第一部分中，在 PPT2-1 课件中，主要涉及建设项目可行性研究概览、建设项目投资估算方法及其案例分析；在 PPT2-2 课件中，主要涉及建设项目财务评价方法（包括经济分析基本要素、现金流量计算方法、确定性评价方法和不确定性分析方法）及案例分析。在"互动学习"的第二部分中，根据有关第 2 章的"知识演示"所呈现内容的层次与水平，将问题分为三类：基础性问题、系统性问题、挑战性问题，在这三类问题中包括：概述题、选择题、填空题、计算题、推导题、思考题等，并给出了相应的参考答案要点。

思考题与习题

1. 可行性研究的概念及进行可行性研究的必要性是什么？
2. 可行性研究的主要内容及其工作流程是什么？
3. 投资估算的概念、作用、分类及编制依据是什么？
4. 建设项目投资费用构成有哪些？各部分费用涉及的内容是什么？
5. 建设项目投资估算方法有哪些？各方法是如何对建设项目投资进行估算的？
6. 根据评估对象不同，建设项目经济性评估方法有哪些？
7. 现金流量的概念及其构成要素是什么？各构成要素的内涵及关联是什么？
8. 建设项目的重要财务评估方法有哪些？各方法是如何对建设项目的财务进行评估的？
9. 简述投资回收期、净现值与内部收益率的关系。

第 3 章 建筑设备安装工程定额

3.1 建筑设备安装工程定额概述

3.1.1 安装工程定额的概念

安装工程定额,是指安装企业及其生产者在正常的施工条件下,为了完成某项工程任务,必须消耗的人工、材料、机械设备和其资金的数量标准。概括地说,安装工程定额就是在安装工程中生产单位合格产品所耗费资材的标准。它是按照正常的生产技术和经营管理水平,以科学态度和实际情况相结合的方法制定的。它反映了一定社会条件下的产品和生产消费之间的数量关系。

安装工程定额的内容不仅规定了某些数据,而且还规定了它的主要施工工序和工作内容,对全部施工过程都做了综合性的考虑,例如 2000 年建设部颁发的《全国统一安装工程预算定额》(共十三部分),在第八部分给水排水、供暖、燃气工程中的管道安装工程预算定额中,对室内镀锌钢管(螺纹连接)的管道安装,不但规定了安装各种不同规格的 10m 管道所需的各种人工、材料、机械的数量和其消耗单价,同时还规定了全部安装施工过程的工作内容,见表 3-1。在第九部分通风空调工程中的薄钢板通风空调风管制作安装工程预算定额中,对镀锌薄钢板圆形风管与矩形风管(δ=1.2mm 以内咬口)的制作安装,同样规定了制作安装各种规格尺寸(不同周长)风管所需的各种人工、材料、机械的数量和其费用,以及制作安装的全部工作内容,见表 3-2。其中人工、材料、机械制作费与安装费的比例,对薄钢板风管的制作安装,其制作可采取:人工占 60%、材料占 95%、机械占 95%;其安装可采取:人工占 40%、材料占 5%、机械占 5%。

3.1.2 安装工程定额的性质

1. 安装工程定额具有科学性

安装工程定额具有科学性,它表现在:其一,定额能正确地反映安装企业生产技术水平一般状况,定额标定工作是在认真研究典型安装工程经验的基础上,实事求是地广泛搜集资料,经过科学的研究分析而进行的,定额数据的确定有可靠的科学依据;其二,定额包括了在正常施工组织条件下,为生产一定计量单位安装工程产品所需的全部工序和施工工作内容,它是一种综合性定额;其三,定额的工程内容,如人工、材料和机械台班消耗量标准,是考虑在正常施工组织条件下大多数安装企业经过努力能够达到的平均先进水平,具有先进性。

2. 安装工程定额具有法令性

安装工程定额是国家或其授权机关制定的,一经颁发就具有法律效力。定额的法令性决定了各地区、各部门都必须严格地遵守和执行,不得随意修改,以保证全国各地区的工程建设有一个统一的核算尺度。这样,才能使国家对各地区、各部门的工程设计的经济性与施工管理水平进行统一的比较和考核，才能对基本建设实行计划管理和有效的经济监督。国家制定的全国统一定额是一个综合性定额，一般工程项目的设计和施工与定额的内容是相符的，对一些设计和施工比较特殊、变化大、影响工程造价较大的重要因素，在全国统一定额使用规则中规定，可以根据设计与施工的具体情况进行调整核算。这样就使定额在法令性的原则下，又具有一定的灵活性，能够更好地符合具体安装工程的客观情况。

3. 安装工程定额具有发展可变性

定额是反映一定时期的施工安装技术水平以及机械化、工业化的程度，新材料、新工艺等的采用情况应在实践中得到检验。随着生产的发展、先进技术的推广应用，施工安装技术水平不断提高，就会突破原有定额的水平。因而，就要制定符合新的生产情况的定额及补充定额。所以，定额并不是一成不变的，它具有在一定时期内的相对稳定性。我国自新中国成立以来，对定额已经进行了多次修订，显示了我国施工安装技术和施工管理水平的不断发展和提高。

室内镀锌钢管（螺纹连接）管道安装预算定额　　　　表 3-1

工作内容：打堵洞眼、切管、套丝、上零件、调直、管道安装、水压试验。

计量单位：10m

定额编号			8—87	8—88	8—89	8—90	8—91	8—92
项目			公称直径（mm 以内）					
			15	20	25	32	40	50
	名称	单位	单价(元)	数量				
人工	综合工日	工日	23.22	0.650	0.650	0.650	0.650	0.710	0.820
材料	镀锌钢管 DN15	m	—	(10.200)	—	—	—	—	—
	镀锌钢管 DN20	m	—	—	(10.200)	—	—	—	—
	镀锌钢管 DN25	m	—	—	—	(10.22)	—	—	—
	镀锌钢管 DN32	m	—	—	—	—	(10.200)	—	—
	镀锌钢管 DN45	m	—	—	—	—	—	(10.200)	—
	镀锌钢管 DN50	m	—	—	—	—	—	—	(10.200)
	室内镀锌钢管接头零件 DN15	个	0.800	16.370	—	—	—	—	—
	室内镀锌钢管接头零件 DN20	个	1.140	—	11.520	—	—	—	—
	室内镀锌钢管接头零件 DN25	个	1.850	—	—	9.780	—	—	—
	室内镀锌钢管接头零件 DN32	个	2.740	—	—	—	8.030	—	—
	室内镀锌钢管接头零件 DN40	个	3.530	—	—	—	—	7.160	—
	室内镀锌钢管接头零件 DN50	个	5.870	—	—	—	—	—	6.510
	钢锯条	根	0.620	0.390	3.410	2.550	2.410	2.670	1.330
	尼龙砂轮片 D400	片	11.800	—	0.050	0.050	0.050	0.150	
	机油	kg	3.550	0.230	0.170	0.170	0.160	0.170	0.200
	铅油	kg	8.770	0.140	0.120	0.130	0.120	0.140	0.140
	线麻	kg	10.400	0.012	0.012	0.013	0.012	0.014	0.014
	管子托钩 DN15	个	0.480	1.460	—	—	—	—	—
	管子托钩 DN20	个	0.480	—	1.440	—	—	—	—
	管子托钩 DN25	个	0.530	—	—	1.160	1.160	—	—
	管卡子(单立管)DN25	个	1.340	1.640	1.290	2.060	—	—	—
	管卡子(单立管)DN20	个	1.640	—	—	—	2.060	—	—
	普通硅酸盐水泥 42.5 号	kg	0.340	1.340	3.170	4.200	4.500	0.690	0.390
	砂子	m³	44.230	0.100	0.100	0.100	0.100	0.220	0.250
	镀锌铁丝 8~12 号	kg	6.140	0.140	0.390	0.440	0.150	0.010	0.040
	破布	kg	5.830	0.100	0.100	0.100	0.100	0.240	0.250
	水	t	1.650	0.050	0.060	0.080	0.090	0.130	0.160

续表

定额编号			8—87	8—88	8—89	8—90	8—91	8—92
项 目			公称直径(mm 以内)					
			15	20	25	32	40	50
名 称	单位	单价(元)	数 量					
机械	管子切断机 D60-150	台班	18.29	—	—	0.20	0.020	0.020	0.060
	管子切断套丝机 D159	台班	22.030	—	0.030	0.030	0.030	0.080
基价(元)			65.45	66.72	82.92	85.58	93.25	110.13
其中	人工费(元)		42.49	42.49	51.08	60.84	62.23	62.23
	材料费(元)		22.96	24.23	30.08	33.45	31.38	45.04
	机械费(元)		—	—	1.03	1.03	1.03	2.86

定额编号			8—93	8—94	8—95	8—96	8—97
项 目			公称直径(mm 以内)				
			65	80	100	125	150
名 称	单位	单价(元)	数 量				
人工	综合工日	工日	23.22	0.880	0.950	1.140	1.470	1.590
材料	镀锌钢管 DN65	m	—	(10.150)	—	—	—	—
	镀锌钢管 DN80	m	—	—	(10.150)	—	—	—
	镀锌钢管 DN100	m	—	—	—	(10.150)	—	—
	镀锌钢管 DN125	m	—	—	—	—	(10.150)	—
	镀锌钢管 DN150	m	—	—	—	—	—	(10.150)
	室内镀锌钢管接头零件 DN65	个	8.980	1.760	—	—	—	—
	室内镀锌钢管接头零件 DN80	个	12.800	—	1.720	—	—	—
	室内镀锌钢管接头零件 DN100	个	22.640	—	—	1.630	—	—
	室内镀锌钢管接头零件 DN125	个	37.710	—	—	—	1.590	—
	室内镀锌钢管接头零件 DN150	个	55.660	—	—	—	—	1.510
	尼龙砂轮片 D400	片	11.800	0.070	0.080	0.100	0.120	
	机油	kg	3.550	0.030	0.030	0.020	0.020	0.020
	铅油	kg	8.770	0.040	0.050	0.060	0.080	0.100
	线麻	kg	10.400	0.010	0.010	0.010	0.010	0.020
	水	t	1.650	0.220	0.250	0.310	0.390	0.470
	镀锌铁丝 8~12 号	kg	6.140	0.100	0.120	0.130	0.140	
	破布	kg	5.830	0.280	0.300	0.350	0.380	0.400
	水	t	1.650	0.180	0.200	0.310	0.390	0.470
	皂化冷却液	kg	4.700	—	—	0.240	0.110	0.130
机械	管子切断机 D150	台班	42.480	0.050	0.050	0.060	0.070	0.080
	管子切断套丝机 D159	台班	22.030	0.130	0.080	—	—	—
	普通车床 D400×1000	台班	52.830	—	—	0.100	0.270	0.210
基价(元)				121.65	132.98	164.65	189.67	244.20
其中	人工费(元)			63.62	67.34	76.39	84.75	97.06
	材料费(元)			53.92	61.31	80.12	98.04	140.80
	机械费(元)			4.11	4.33	8.14	6.88	6.34

注：2000年3月17日颁布实施。

镀锌薄钢板矩形风管（$\delta=1.2$mm 以内咬口）制作、安装预算定额　　表 3-2

工作内容：1. 风管制作：放样、下料、卷圆、折方、轧口、咬口、制作直管、管件、法兰、吊拖支架、钻孔、铆焊、上法兰、组对。
2. 风管安装：找标高、打支架墙洞、配合预留孔洞、埋设吊托支架、组装、风管就位、找平、找正、制垫、垫垫、上螺栓、紧固。

定额编号			9—1	9—2	9—3	9—4
项 目			镀锌薄钢板圆形风管（$\delta=1.2$mm 以内咬口）直径(mm)			
			200 以下	500 以下	1120 以下	1120 以上
	名　称	单位	单价(元)	数　量		
人工	综合工日	工日	23.22	14.590	8.990	6.730	8.520
材料	镀锌钢板 $\delta0.5$	m²	—	(11.380)	—	—	—
	镀锌钢板 $\delta0.75$	m²	—	—	(11.380)	—	—
	镀锌钢板 $\delta1$	m²	—	—	—	(11.380)	—
	镀锌钢板 $\delta1.2$	m²	—	—	—	—	(11.380)
	角钢L60	kg	3.150	0.890	31.600	32.710	33.930
	角钢L63	kg	2.890	—	—	2.330	3.190
	扁钢<—59	kg	3.170	20.640	3.560	2.150	9.270
	圆钢 $D5.5\sim9$	kg	2.860	2.930	1.900	0.750	0.120
	圆钢 $D10\sim14$	kg	2.860	—	—	1.210	4.900
	电焊条 E4303D3.2	kg	5.410	0.420	0.340	0.150	0.090
	精制六角带帽螺栓 M6×75	10套	1.400	8.500	7.160	—	—
	精制六角带帽螺栓 M8×75	10套	7.600	—	—	5.150	3.900
	铁铆钉	kg	4.270	—	0.270	0.210	0.140
	橡胶板 $\delta1\sim3$	kg	7.490	1.400	1.240	0.970	0.920
	膨胀螺栓 M12	套	2.080	2.000	2.000	1.500	1.000
	乙炔气	kg	13.330	0.100	0.140	0.160	0.210
	氧气	m³	2.060	0.280	0.390	0.450	0.590
机械	交流电焊机 21kV—A	台班	35.670	0.160	0.130	0.040	0.020
	台式钻床 D16×12.7	台班	7.310	0.690	0.580	0.430	0.350
	法兰卷圆机L40×4	台班	33.960	0.500	0.320	0.170	0.100
	剪板机 6.3×2000	台班	82.160	0.040	0.020	0.010	0.010
	卷板机 2×1600	台班	40.760	0.040	0.020	0.010	0.010
	咬口机 1.5	台班	40.300	0.040	0.030	0.010	0.010
	电锤 520W	台班	9.030	0.060	0.060	0.040	0.040
基价(元)				480.92	378.10	345.09	408.34
其中	人工费(元)			388.78	208.75	156.27	197.83
	材料费(元)			107.34	145.40	176.48	203.55
	机械费(元)			34.80	23.95	12.34	6.96

续表

定额编号				9—5	9—6	9—7	9—8
项 目				\multicolumn{4}{c}{镀锌薄钢板圆形风管(δ=1.2mm 以内咬口)周长(mm)}
				800以下	2000以下	4000以下	4000以上
	名 称	单位	单价(元)	\multicolumn{4}{c}{数 量}
人工	综合工日	工日	23.22	9.120	6.640	4.990	6.060
材料	镀锌钢板 δ0.5	m²	—	—	(11.380)	—	—
	镀锌钢板 δ0.75	m²	—	—	—	(11.380)	—
	镀锌钢板 δ1	m²	—	—	—	—	(11.380)
	镀锌钢板 δ1.2	m²	—	—	—	—	(11.380)
	角钢L60	kg	3.150	40.420	35.660	35.040	45.140
	角钢L63	kg	2.890	—	—	0.160	0.260
	扁钢<—59	kg	3.170	2.150	1.330	1.120	1.020
	圆钢 D5.5~9	kg	2.860	1.350	1.930	1.490	0.080
	圆钢 D10~14	kg	2.860	—	—	—	1.850
	电焊条 E4303D3.2	kg	5.410	2.240	1.060	0.490	0.340
	精制六角带螺栓 M6×75	10套	1.400	16.900	—	—	—
	精制六角带螺栓 M8×75	10套	7.600	—	9.050	4.300	3.350
	铁铆钉	kg	4.270	0.430	0.240	0.220	0.220
	橡胶板 δ1~3	kg	7.490	1.840	1.300	0.920	0.810
	膨胀螺栓 M12	套	2.080	2.000	1.500	1.500	1.000
	乙炔气	kg	13.330	0.180	0.160	0.160	0.200
	氧气	m³	2.060	0.500	0.450	0.450	0.560
机械	交流电焊机 21kV—A	台班	35.670	0.480	0.220	0.100	0.070
	台式钻床 D16×12.7	台班	7.310	1.150	0.590	0.360	0.310
	剪板机 6.3×2000	台班	82.160	0.040	0.040	0.030	0.020
	拆方机 4×2000	台班	48.300	0.040	0.040	0.030	0.020
	咬口机 1.5	台班	40.300	0.040	0.030	0.020	0.020
	电锤 520W	台班	9.030	0.060	0.040	0.040	0.040
基价(元)				441.65	387.05	295.54	341.15
其中	人工费(元)			211.7	154.18	115.87	140.71
	材料费(元)			196.98	213.52	167.99	191.90
	机械费(元)			32.90	19.35	11.68	8.54

注:2000年3月17日颁布实施。

3.1.3 安装工程定额的种类

安装工程定额种类很多,它是根据施工生产的要素、定额用途和不同使用阶段、定额的不同管理范围等而制定的。

按生产要素分类,定额分为劳动定额、材料消耗定额、机械台班使用定额。

按用途和不同使用阶段分类,定额分为施工定额、预算定额、概算定额以及概算指标。

按管理范围分类,定额分为全国统一定额、地区统一定额、企业定额。

按专业分类,定额分为建筑工程定额和安装工程定额。

安装工程定额的分类及其关系如图3-1所示。在安装工程中,常用的定额有施工定额、预算定额及概算定额(指标)三种。每种定额的内容将在本章的以下几节中分别加以叙述。

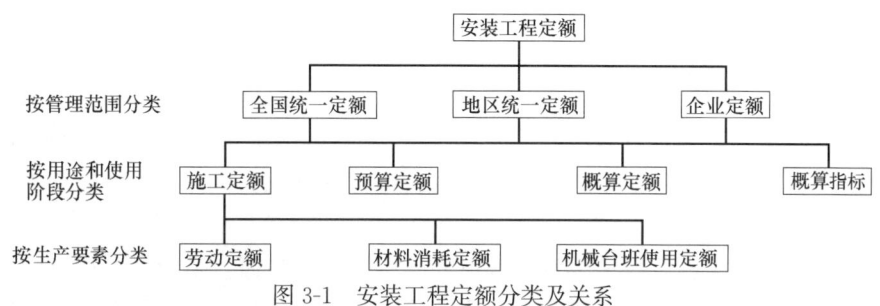

图3-1 安装工程定额分类及关系

3.1.4 安装工程定额的作用

1. 安装工程定额是组织施工安装并不断提高劳动生产率的依据和标准。
2. 安装工程定额是计划施工安装,合理安排劳动力的依据。
3. 安装工程定额是编制安装工程预算的依据,根据定额确定安装工程所需要的劳动力、材料及机械设备的数量。
4. 作为贯彻按劳分配原则的依据,运用定额计算工资及奖金。
5. 依据安装工程定额检查施工安装的生产水平及产品质量。

完成和超额完成定额,在于合理地组织施工。完不成定额,应分析原因。一般完不成定额,不是工人不努力,往往由于施工条件不成熟、计划安排不当或劳动组织不合理等所引起。所以必须经常地分析施工条件,合理安排施工,完善劳动组织,提高劳动生产率,从而定额也就能够完成和提高了。

3.1.5 安装工程定额制定原则

安装工程定额的编制是一项政策性、技术性和经济性都很强的立法工作。它的编制应根据国家对基本建设的要求和方针政策,既反映生产技术和劳动组织的先进合理水平,还要结合历年定额水平,并考虑实际情况和经济的发展趋势,使定额符合客观经济规律,以达到预期目的。因此编制安装工程定额必须遵循以下原则:

1. 集中领导、分级管理的原则

集中领导是指编制安装工程定额应根据国家的方针政策和经济发展要求,统一编制定额的方案、原则和方法,颁发全国统一的规章制度和条例细则,使国家掌握一个统一的尺度和标准,对不同地区、不同部门的设计和施工的经济效果进行有效的考核和监督。同时对于提高安装施工企业的管理水平、降低成本、提高投资效益也具有十分重要的意义。

2. 技术先进、经济合理的原则

技术先进是指安装工程定额项目的确定、施工方法和材料的选择,要采用已经成熟并推广的新技术、新机具、新材料和比较先进的经验,使先进的生产技术和先进的管理经验得到进一步的推广和应用,加快基本建设速度。

经济合理是指纳入安装工程定额的材料规格、质量和施工方法、劳动效率及施工机械的消耗量等,既要遵循国家和地方主管部门的统一规定,又要更好地调动广大职工的积极性，才能改善经济管理，改进施工方法，提高劳动生产率，降低工料和施工机械的消耗，或超额完成安装工程施工任务。

3. 简明、准确、适用的原则

简明：编制工程预算工作的繁简程度主要取决于安装工程预算定额的项目划分。如：在编制预算时，工程量计算工作的多少，就与定额项目的划分、定额计量单位的选择、工程量计算规则的确定等有着密切的关系。因此，必须使定额做到简明扼要，项目齐全，使用方便。

准确：安装工程定额是具有法令性的规范，它必须结构严谨，条文清楚易懂，不允许任意解释。各种数据指标应尽量准确，不模棱两可，以避免在执行中产生扯皮现象或发生争执。

适用：是指安装工程定额的表现形式灵活。既要通俗易懂，易于掌握和应用，又能够适应不同地区和工程的需要。如对影响工程造价较大的项目允许在定额规定的范围内进行换算和调整，以使安装工程定额符合实际，便于执行。

3.2 建筑设备安装工程施工定额

安装工程施工定额，是指在正常安装施工组织条件下，安装企业班组或个人完成单位合格安装工程产品所消耗人工、材料和机械台班的数量标准。施工定额是安装企业内部进行安装工程管理的一种定额。安装企业编制施工作业计划，编制人工、材料和机械需要计划，进行工料分析和施工队向生产班组签发工程任务单，进行经济核算，都需以施工定额为依据。同时它也是制定安装工程预算定额的基础。

施工定额是以同一性质的施工过程为标定对象。如在管道安装工程中，室外管道与室内管道安装有不同的定额；室内管道安装采用螺纹连接或焊接则定额也不同。反之，虽然室内给水排水管道、供暖管道、燃气管道的管道叫法不同或其管道的规格不同，但其施工过程的性质相同，因而可以标定为同一定额。

施工定额一般由劳动定额、材料消耗定额和机械台班使用定额三部分组成。

3.2.1 劳动定额

劳动定额，又称人工定额，是规定安装工人在正常施工组织条件下劳动生产率的平均合理指标。它是施工定额的主要组成部分，依据它企业内部组织施工，编制作业计划、签发生产任务单和考核工效、计算工资和奖金、进行经济核算。同时，它也是核定安装工程产品人工成本及编制安装工程预算的重要基础。其基本表现形式有时间定额和产量定额两种。

1. 时间定额

时间定额，就是指某种专业等级工人或生产班组，在正常的施工组织与合理使用材料的条件下，完成单位合格产品所必需的工作时间。包括工人准备和结束必需消耗的时间、基本生产时间、辅助生产时间、不可避免的中断时间以及必要的休息时间。

时间定额通常以工日或工时为计量单位，每一个工日按 8 小时计算。单位产品时间定额的计算公式为：

$$单位产品时间定额 = \frac{1}{每工产量}$$

或

$$单位产品时间定额 = \frac{班组成员工日数总和}{班组产量}$$

2. 产量定额

产量定额，是指某种专业等级工人或生产班组，在正常的施工组织与合理使用材料的条件下，在单位工日中完成合格产品数量的标准。其计算式为：

$$每工产量 = \frac{1}{单位产品时间定额}$$

或

$$班组产量 = \frac{班组成员工日数的总和}{单位产品时间额定}$$

产量定额的计量单位，是以单位时间的产品计量单位表示。如管道通常以"m"、"10m"、"100m"，钢材以"kg"、"t"，设备以"个"、"10组"等为单位。

时间定额与产量定额互为倒数关系。即：时间定额×产量定额＝1。因此，已知其中一种定额，就可以求得另一种定额。

3. 劳动定额的计算及分数表示形式

时间定额和产量定额只是表示形式不同，但都可以用于劳动定额的计算。在实际工作中，时间定额以工日为单位，便于综合计算，一般常用它计算综合工日或各工种的工日。而产量定额是以产品数量为单位，较为形象，容易理解和记忆，便于分配和安排生产任务，但它不如时间定额计算方便。因为产量定额不能直接相加减，也不能用插入法计算综合产量定额。

【例 3-1】 钢管加工。假设某工人班组在 1h 内对 $DN25$ 的管子能切断 18 个口，能套 14 个丝头，能安装 25 个零件，若以切断一个口并套丝和组装好 1 个零件算完成 1 件产品，试求小时产量定额是多少？

【解】 如果计算小时产量定额时，直接简单地将 18、14、25 这几个数字相加，显然不符合产品定义，是错误的。正确的计算应是，将各工序的时间定额相加，得到完成 1 个产品生产过程的时间定额量：

$\frac{1}{18} + \frac{1}{14} + \frac{1}{25} = 0.167$ 工时。从而小时产量定额为：$\frac{1}{0.167} = 5.988$ 件/h。

在国家安装工程统一劳动定额中，劳动定额常采用分数形式，横线上方的数字表示时间定额，横线下方的数字表示每个工日的产量或每班产量，即：

$$\frac{时间定额}{每工产量} 或 \frac{时间定额}{每班产量}$$

例如安装 10mDN15 管子的劳动定额为 $\frac{1.74}{0.574}$，其含义为：1.74 为时间定额，0.574 为一个工日的产量，即 5.74m（产量定额）。表 3-3 是 1981 年某省颁发的"建筑安装工程施工定额"中有关室内生活立支管安装的"劳动定额"与"材料消耗定额"。

3.2.2 材料消耗定额

材料消耗定额，是指在节约与合理使用材料的条件下，生产单位合格产品所必须消耗一定规格的材料、半成品或管件的数量。它包括材料的净用量和必要的施工损耗量。如在表 3-3 中的"材料消耗定额"中规定，安装 10m 室内生活立支管（螺纹连接），管材定额量为 10.15m，其中管材施工损耗量为 0.15m。计量单位同单位产品的材料所用单位，如"m"、"m^3"、"kg"等。

在施工企业管理中，材料消耗定额有着重要意义。它是实行经济核算，促进材料合理使用的依据；也是确定材料需用量，编制材料利用情况的依据。同时，也是编制安装工程预算定额的基础。

为了发挥材料消耗定额的积极作用，鼓励节约用料、节省资源，其定额标准必须先进合理。一方面应该在满足产品质量的前提下，尽可能降低材料的消耗，使定额水平保持先进性。另一方面定额水平的确定，又必须考虑到实现的可能性，使企业职工经过努力能够达到或降低定额规定的消耗标准。这样才能起到动员企业职工合理的用料和节约材料的作用，从而促进企业的施工技术和管理水平提高。

室内生活立支管安装（丝接）（劳动定额与材料消耗定额） 表 3-3

工作内容：留堵墙眼、清理管腔、切管、套丝、上零件、对口、焊接、调直、异径管制作、套管、弯管安装、挖眼接管、管道及管件安装、栽钩钉及卡子、找正、水压试验等操作过程。

编号	项目		劳动定额	材料消耗定额									
				钢管	接头零件	管卡	锯条	铅油	线麻	小线	滑石	焦炭	机油
				m	个	个	根据	kg					
2509	15	公称直径(mm 以内)	10m	1.74/0.57	10.15	按实际用量增加损耗 5%	按实际用量增加损耗 1%	0.7	0.04	0.05	0.005	0.005	2	0.025
2510	20			1.9/0.53	10.15			0.7	0.04	0.05	0.005	0.005	2	0.025
2511	25			2.32/0.43	10.15			0.7	0.06	0.04	0.01	0.01	2	0.03
2512	32			2.32/0.43	10.15			0.7	0.06	0.02	0.01	0.01	3	0.04
2513	40			2.65/0.37	10.15			0.7	0.08	0.02	0.01	0.01	3	0.05
2514	50			2.94/0.34	10.15			0.7	0.08	0.02	0.01	0.01	3	0.06

注：1. 本定额以明装为准，如暗装时间定额乘以 1.3。
2. 劳动定额栏中，斜线上方数字（分子）为时间定额，斜线下方数字（分母）为产量定额。

3.2.3 机械台班使用定额

机械台班使用定额，又称机械使用定额。它是指在正常施工组织条件下，生产单位合格产品所必须消耗的机械台班数量标准。其基本表现形式有：机械时间定额和机械产量定额两种。

1. 机械时间定额

它是指在正常施工组织条件下，班组职工操纵施工机械完成单位合格产品所必须消耗的机械台班数量标准。所谓 1 个台班，是指工人使用一台机械工作 8h，它既包括机械的运行，又包括工人的劳动。其计算公式为：

$$机械时间定额 = \frac{1}{机械台班产量定额}$$

2. 机械产量定额

它是指在正常施工组织条件下，在单位时间内，班组工人操作施工机械完成合格产量的数量,用单位时间的产品计量单位表示,如"米"(m)、"吨"(t)等。

$$机械产量定额 = \frac{1}{机械时间定额}$$

由上可见,机械时间定额与机械产量定额互为倒数关系,即:机械时间定额×机械产量定额=1。

机械台班使用定额主要是作为编制施工机械需用计划和进行经济核算的依据。同时,它也是编制安装工程预算定额的基础。

3.3 建筑设备安装工程预算定额

安装工程预算定额,简称为预算定额。它是指在正常的施工组织条件下,完成单位合格产品的分项工程或部、配件所需人工、材料和机械台班消耗数量标准。预算定额是在施工定额的基础上,由国家或其授权机关组织编制、审批并颁发执行的。它是现行基本建设预算制度中的重要内容和技术经济法规,在基本建设管理工作中占有重要的位置。

3.3.1 预算定额的作用

1. 预算定额是编制安装工程施工图预算、确定安装工程预算造价的基本依据。

当某项工程的设计方案确定以后,该工程预算造价的多少,就取决于预算定额的水平高低。如果把工程材料的耗用量规定得过大,把劳动生产率规定得过低,远低于实际能达到的标准,依据这样的预算定额编制的施工图预算,就必然会提高预算的工程造价。反之,如果定额规定的材料消耗量过低,而劳动效率规定得过高,也会使工程预算造价失去真实性,这不仅不能实现定额的要求,而且还会造成施工企业的亏损。因此,必须准确地编制预算定额。

2. 预算定额是国家对基本建设进行经济管理的重要工具之一。

由于预算定额是确定工程预算造价的依据,国家就可以通过预算定额,将全国基本建设投资和资源的消耗量,控制在一个合理的水平上,并依据这个水平根据国力和国家发展的具体情况,制定基本建设计划,加强基本建设的宏观调控与管理,以防止人力、物力、财力的浪费,加快国家建设的步伐。

3. 预算定额是对设计方案进行技术经济分析比较的工具。

工程设计方案既要符合技术先进、适用、美观的要求,又要符合经济合理的要求。即要从技术和经济两个方面来选择最佳方案。设计部门在进行设计方案的技术经济分析时,特别是在选择与推广新技术和新材料时,一定要根据预算定额所规定的人工、材料、机械台班消耗量标准和单价进行比较,使其在满足技术先进、适用、美观的前提下,从经济角度衡量是否可行和具有推广应用的经济价值。

4. 预算定额是施工安装企业进行经济核算和编制施工作业计划的依据。

预算定额所规定的工料和施工机械台班消耗量指标,是施工安装企业在施工过程中工料消耗的最高标准。企业的经济核算,必须以预算定额为标准,要想尽一切办法提高劳动生产率,降低材料和施工机械台班的消耗量,以达到盈利的目的。先进合理的预算定额,对于改善企业经营管理,加强经济核算,有着积极的促进作用。

预算定额规定了生产中的工料和施工机械台班的消耗量,可以根据它和施工图预算,编制施工作业计划,组织材料采购,预制件的加工和劳动力及施工机械的调配。

5. 预算定额是编制概算定额和概算指标的基础资料。

概算定额是在预算定额的基础上综合而成的,即每一分项概算定额都包括了数项预算定额。而概算指标比概算定额具有更大的综合性。

3.3.2 预算定额编制依据

安装工程预算定额编制的依据主要有:

1. 国家和有关部委颁布的现行全国通用的设计规范、施工及验收规范、操作规程、质量评定标准和安全操作规程等。编制预算定额时,根据这些文件的要求,确定完成各分项工程所应包括的工作内容、施工方法和质量标准等。

2. 现行的全国统一劳动定额、施工材料消耗定额和施工机械台班使用定额。首先根据劳动定额的分项、计量单位等来考虑划分预算定额的分项和计量单位,使两套定额的口径尽量一致;其次根据测算取定的各种工程量和施工定额,来确定各分项工程的劳动力、材料和施工机械台班消耗量。

3. 通用的标准图集、定型设计图纸和有代表性的设计图纸或图集。这些是确定预算定额材料消耗的重要依据。

4. 技术上已经成熟并推广使用的新技术、新材料和先进的施工方法。在编制预算时,新的科学技术成果,可以保证预算定额的先进合理性。

5. 有关可靠的科学试验、测定、统计和经验分析资料。这样可以减少预算定额编制工作的工作量,提高预算定额的准确性。

6. 国家过去颁布的预算定额及各省、直辖市、自治区现行预算定额等资料。

7. 现行的各省、直辖市、自治区的人工工资标准、材料预算价格以及机械台班预算价格等。这些作为确定预算定额单价的依据。

3.3.3 《全国统一安装工程预算定额》

2000版的《全国统一安装工程预算定额》是由建设部批准,于2000年3月17号颁布实施的,该定额依据当时有关国家的产品标准、设计规范、施工及验收规范、技术操作规范、质量评定标准和安全操作规程编制的。

1. 定额分类及其适用范围

(1) 定额分类

《全国统一安装工程预算定额》共分十三部分。第一部分《机械设备安装工程》;第二部分《电气设备安装工程》;第三部分《热力设备安装工程》;第四部分《炉窑砌筑工程》;第五部分《静置设备与工艺金属结构制作安装工程》;第六部分《工业管道工程》;第七部分《消防及安全防范设备安装工程》;第八部分《给排水、供暖、燃气工程》;第九部分《通风空调工程》;第十部分《自动化控制仪表安装工程》;第十一部分《刷油、防腐蚀、绝热工程》;第十二部分《安装工程施工仪器仪表台班费用定额》;第十三部分《安装工程预算工程量计算规则》。

应指出的是,第十二部分定额是与其前面的十一部分定额同时颁发的辅助定额。它作为各省、自治区、直辖市和国务院有关部门编制安装工程建筑概、预算定额,确定施工仪器仪表台班预算价格的依据及确定施工仪器仪表台班租赁的参考。第十三部分"计算规则"适用于安装工程施工图设计阶段编制工程预算及工程量清单,也适用于工程设计变更后的工程量计算。本规则与《全国统一安装工程预算定额》(前面十一部分)相配套,作为确定安装工程造价及其消耗量的基础。

(2)定额适用范围

《全国统一安装工程预算定额》的具体适用范围见表 3-4。

《全国统一安装工程预算定额》的具体适用范围   表 3-4

序号	定额名称	适用范围
1	机械设备安装工程	适用于新建、扩建及技术改造项目的机械设备安装工程。本部分定额若用于旧设备安装时,旧设备的拆除费,按相应安装定额的 50% 计算
2	电气设备安装工程	适用于工业与民用新建、扩建工程中 10kV 以下变配电设备及线路安装工程、车间动力电气设备及电气照明器具、防雷及接地装置安装、配管配线、电梯电气装置、电气调整试验等的安装工程
3	热力设备安装工程	适用于新建、扩建项目中 25MW 以下汽轮发电机组,130t/h 以下锅炉设备的安装工程
4	炉窑砌筑工程	适用于新建、扩建和技改项目中各种工业炉窑耐火与隔热耐火砌体工程(其中蒸汽锅炉只限于蒸发量每小时在 75t 以内的中、小型蒸汽锅炉工程),不定型耐火材料内衬工程和炉内金属件制作安装工程
5	静置设备与工艺金属结构制作安装工程	适用于新建、扩建项目的各种静置设备与工艺金属结构(如钢制压力容器,石油化工钢制塔类容器,浮头式换热器和冷凝器,钢制球形储罐,金属焊接结构湿式气柜等)的安装工程
6	工业管道工程	适用于新建、扩建项目中厂区范围内的车间、装置、站、罐区及其相互之间各种生产用介质输送管道,厂区第一个连接点以内的生产用(包括生产与生活共用)给水、排水、蒸汽、煤气输送管道的安装工程。其中给水以入口水表井为界;排水以厂区围墙外第一个污水井为界;蒸汽和煤气以入口第一个计量表(阀门)为界;锅炉房、水泵房以墙皮为界
7	消防及安全防范设备安装工程	适用于工业与民用建筑中的新建、扩建和整体更新改造的消防及安全防范设备(如火灾自动报警系统,自动喷水灭火系统,入侵报警系统,保安电视监控系统等)的安装工程
8	给水排水、供暖、燃气工程	适用于新建、扩建项目中的生活用水、排水、燃气、供暖热源管道以及附件配件安装,小型容器制作安装
9	通风空调工程	适用于工业与民用建筑的新建、扩建项目中的通风、空调工程
10	自动化控制仪表安装工程	适用于新建、扩建项目中的自动化控制装置及仪表的安装调试工程
11	刷油、防腐蚀、绝热工程	适用于新建、扩建项目中的设备、管道、金属结构等的刷油、防腐蚀、绝热工程

2. 管道工程定额执行界限划分

在第六部分《工业管道工程》预算定额和第八部分《给排水、供暖、燃气工程》预算定额中涉及有供水管道、排水管道、蒸汽管道、燃气管道以及油、气管道等。各种管道执行相应定额的界线划分如图 3-2~图 3-6 所示:

① 供水管道

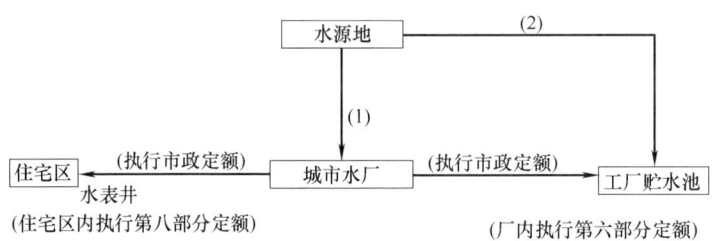

图 3-2 供水管道定额执行界线划分

图例说明：(1)、(2)为水源管道。若其为城市供水（住宅小区除外）管道时，应执行"市政工程"相应定额，否则执行第六部分《工业管道工程》定额。

② 排水管道

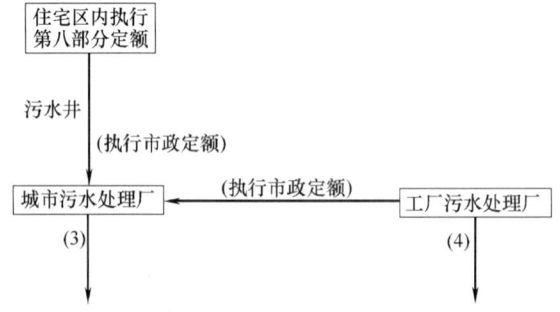

图 3-3 排水管道定额执行界线划分

图例说明：(3)、(4)为总排水管道。若其为城市排水（住宅小区除外）管道时，应执行"市政工程"相应定额，否则执行第六部分《工业管道工程》定额。

③ 蒸汽管道

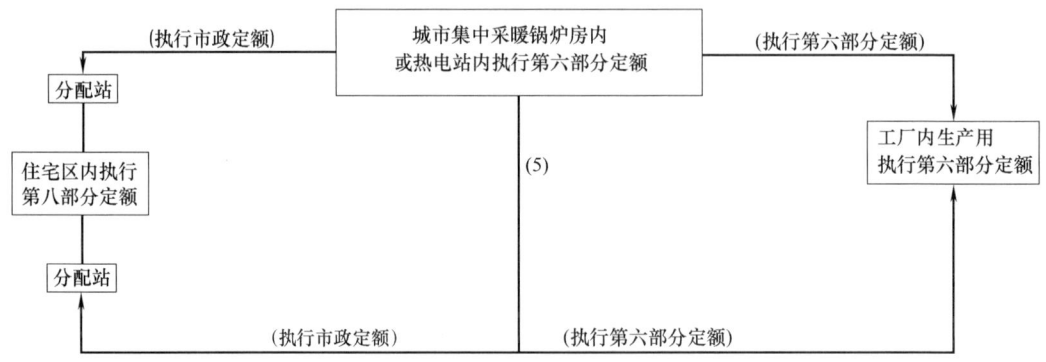

图 3-4 蒸汽管道定额执行界线划分

图例说明：(5)为蒸汽管道。若其为生产、生活共同的主管道执行第六部分定额；但若其在市区内施工则应执行市政定额。

④ 燃气管道

⑤ 油、气管道

3.3 建筑设备安装工程预算定额

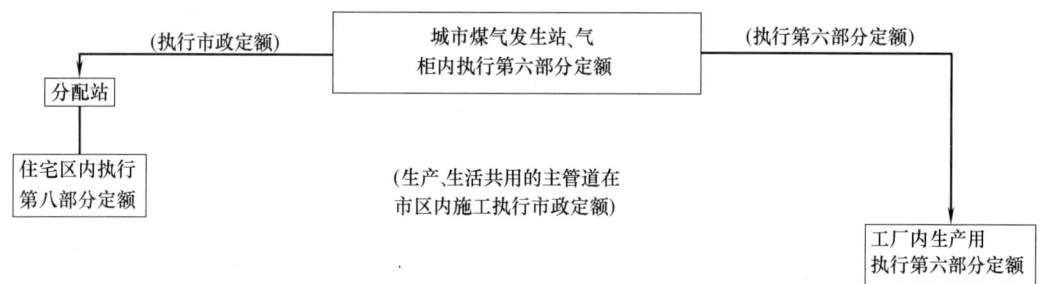

图 3-5　燃气管道定额执行界线划分

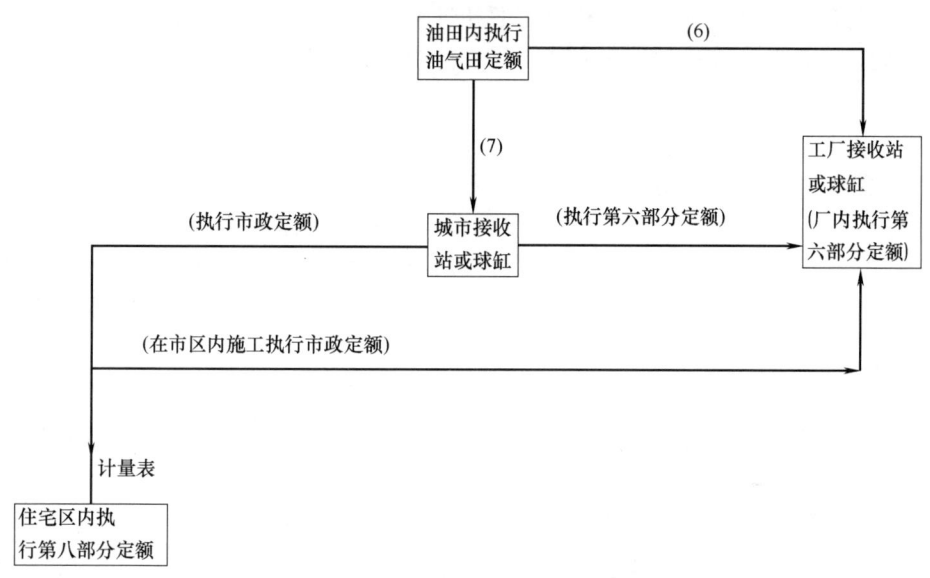

图 3-6　油、气管道定额执行界线划分

3.《通用安装工程消耗量定额》

目前《全国统一安装工程预算定额》(2000 版) 虽已被《通用安装工程消耗量定额》TY 02-31-2015 替代，但在全国范围内绝大部分的省份地区尚未发布与之相应的消耗量定额及其价目表，陕西省也不例外。尽管大部分省份包括陕西省仍然沿用《全国统一安装工程预算定额》(2000 版) 框架下的各省相应的消耗量定额及其价目表，但大部分的省份包括陕西省，通过一系列文件对综合人工单价、费率、税率、计价程序做出了适当调整，符合当下工程造价计算的实际。

3.3.4　安装工程消耗量定额

安装工程消耗量定额是由建设行政主管部门，根据目前大多数施工企业采用的施工方法、机械化装备程度、合理的工期、施工工艺和劳动组织按照正常施工条件制定的，生产一个规定计量单位安装工程合格产品所需的人工、材料、机械台班的社会平均消耗量。下面简要介绍 2004 年由陕西省建设厅颁布实施的《陕西省安装工程消耗量定额》（简称《消耗量定额》）。

1. 编制的依据

《消耗量定额》是在2000年《全国统一安装工程预算定额》的基础上，依据当时有关国家的产品标准、设计规范、施工及验收规范、技术操作规程、质量评定标准和安全操作规程，也参考了行业、地方标准以及有代表性的工程设计、施工资料和其他资料，并结合陕西省建设工程造价方面的有关标准及相关规定进行编制的。

2. 《消耗量定额》的作用

（1）它是招标人编制建设项目安装工程标底和确定最高限价的主要依据；

（2）它是投标人对建设项目安装工程投标报价的参考依据；

（3）它是投标人与中标人签订工程合同及办理工程结算中确定消耗量的主要参考依据；

（4）它是施工企业制定企业消耗量定额和自主投标报价的基础资料；

（5）它是合理确定和有效控制安装工程造价的主要依据。

3. 适用范围

《消耗量定额》适用于一般工业与民用建筑工程中的新建、扩建和改建项目中的通用安装工程项目，而不适用于专用性较强的专业安装工程和房屋修缮项目中的安装工程。按照其安装专业及相应内容，《消耗量定额》共分十四册。具体包括：第一册《机械设备安装工程》；第二册《电气设备安装工程》；第三册《热力设备安装工程》；第四册《炉窑砌筑工程》；第五册《静置设备与工艺金属结构制作安装工程》；第六册《工业管道工程》；第七册《消防设备安装工程》；第八册《给排水、供暖、燃气工程》；第九册《通风空调工程》；第十册《自动化控制仪表安装工程》；第十一册《通信设备及线路工程》；第十二册《建筑智能化系统设备安装工程》；第十三册《长距离输送管道工程》；第十四册《刷油、防腐蚀、绝热工程》。

4. 人工、材料、施工机械及仪器仪表台班消耗量的确定

（1）人工工日消耗量的确定

人工工日不分列工种和技术等级，一律以综合工日表示。其内容包括基本用工、超运距用工和人工幅度差用工。基本用工是指生产工人完成一定计量单位合格产品的施工工艺过程所消耗的基本工作时间；超运距用工是指《消耗量定额》中取定的材料、成品、半成品的水平运距超过规定的运距所增加的用工；人工幅度差用工是指各个工程之间的工序搭接、土建专业与安装专业之间的交叉、配合中不可避免的停歇时间，施工中水电维修用工，隐蔽工程验收质量检查时掘开及修复的时间，施工现场操作地点转移影响操作的时间，施工过程中不可避免的少量用工等。

（2）材料消耗量的确定

材料消耗量包括直接消耗在安装工作内容中的主要材料、辅助材料和零星材料等，并计入了相应损耗。相应损耗的内容和范围包括：从工地仓库、现场集中堆放地点或现场加工地点到操作或安装地点的运输损耗、施工操作损耗、施工现场堆放损耗。

凡《消耗量定额》中"（）"内所列的材料用量均为主材，剩下为辅材用量和零星材料用量。对基价影响很小的零星材料，由于用量很少，已计入其他材料费中。主要材料损耗率见《消耗量定额》各册所列的相应的各主要材料的损耗率表。

（3）施工机械台班、仪器仪表台班消耗量的确定

机械台班消耗量是按正常合理的机械配备和大多数施工企业的机械化装备程度条件下综合取定的。凡单位价值在2000元以内，使用年限在两年以内的，不构成固定资产的工具、用具等，未进入《消耗量定额》，应在措施项目费用中考虑并计取。

施工仪器仪表台班消耗量是按大多数施工企业的现场校验仪器仪表配备情况综合取定的。实际与《消耗量定额》不符时，招标人编制招标工程的最高限价时均不做调整，而投标人编制投标报价时可按投标企业实际情况调整。

5. 有关名词含义

(1) 安装现场指定堆放地点：是指施工组织设计中所指定的，在安装现场范围内较合理的堆放地点。

(2) 安装地点：是指设备基础及基础周围附近。

(3) 施工现场：是指建设项目总平面图范围内，一般也是指建设项目四周围墙以内的范围。

(4) 安装现场：是指距所安装设备基础100m范围内。

(5) 现场仓库：是指施工单位在施工现场内临时搭设的存放施工材料和工具的仓库。

(6) 设备出库搬运：是指将需要安装的设备从施工现场以内或者施工现场以外的建设单位仓库，运到施工单位现场仓库或者现场指定堆放地点的搬运工作。

(7) 设备厂内搬运：是指将需要安装的设备从建设项目四周围墙以内某一地点，搬运到施工单位现场仓库或者现场指定堆放地点的搬运工作。

(8) 设备场内搬运：是指将需要安装的设备从施工单位现场仓库或者现场指定堆放地点，搬运到设备安装位置的水平和垂直运输。

3.3.5 安装工程价目表

安装工程价目表是以货币形式表示安装工程中每一分项工程的单位预算价值（即直接工程费）的计算表。它是以安装工程消耗量定额规定的人工、材料和施工机械消耗指标量为依据，按照地区工资标准、地区材料预算价格和机械台班预算价格，计算单位工程每一分项工程直接工程费用文件。下面简要介绍2006年由陕西省建设厅组织编写的《陕西省安装工程价目表》（简称《价目表》）。

1. 编制的依据及作用

《价目表》是根据陕西省2004年《消耗量定额》，按照陕西地区工资标准、材料价格和机械台班价格进行编制的。它适用于陕西省范围内新建、扩建的工业管道工程、给水排水、供暖、燃气工程和通风空调工程等。它主要作为招标人编制安装工程的最高限价、确定社会平均价格的依据，也可作为投标人自主报价的参考依据。《价目表》共分十四册，与《消耗量定额》相对应。《价目表》中主要反映的是价格，不反映辅助材料、零星材料的消耗量，需与《消耗量定额》配套使用。

2. 《价目表》中费用构成及其确定

在《价目表》中安装工程分项工程的费用，由其人工费、材料费及机械费构成。

(1) 人工费的确定

在《价目表》中，人工费是指直接消耗在安装工作内容中的基本用工、超运距用工和人工幅度差用工所发生的费用。人工工日以综合工日表示，综合工日的人工费单价，每工日费用按 25.73 元计取。《价目表》中人工费的数值是按《消耗量定额》中的人工工日用量乘以综合工日的人工费单价 25.73 元计算得到的。

(2) 材料费的确定

在《价目表》中,材料费是指直接消耗在安装工作内容中的辅助材料、零星材料等,并计入了相应的损耗所发生的材料费用。在《价目表》中材料单价是按 2005 年建筑安装材料市场信息价格综合取定的。在《价目表》中所列出的材料费是指计价材料的材料费,即辅材(包括零星材料)的材料费;在《价目表》中"( )"内所列的材料用量均为主材,没有给出主材的材料费,应按当地的材料价格计算。

(3) 机械费的确定

在《价目表》中,机械费是指在正常合理的机械配备和大多数施工企业的机械化装备程度条件下直接消耗在安装工作内容中的机械台班费用。施工机械台班单价,是按 2005 年《陕西省施工机械台班参考价目表》计算的。

在《价目表》使用时应特别注意,使用主体是招标人还是投标人,其《价目表》的使用程度是不同的。招标人在编制招标工程的最高限价时,人工费、材料费、机械费均按《价目表》中的人工费、材料费、机械费计取。而投标人在编制投标报价时,人工费应参考《消耗量定额》中的人工工日用量或按企业消耗量定额中的人工工日用量乘以投标人自主确定的人工工日单价所计算得到的人工费计取;材料费应参考《消耗量定额》中的材料消耗量或按企业消耗量定额中的材料消耗量乘以投标人综合市场行情自主确定的材料价格所计算得到的材料费计取;机械费应参考《消耗量定额》中取定的施工机械、仪器仪表台班用量或按企业消耗量定额中的施工机械、仪器仪表台班用量乘以投标人综合市场行情自主确定的施工机械台班单价所计算得到的机械费计取。

3. 取费系数的应用

在《价目表》中规定的各种系数可分为二类:第一类为子目系数,包括高层建筑增加费系数、超高系数、各种换算系数。第二类为综合系数,包括脚手架搭拆系数、系统调整系数、安装与生产同时进行的施工增加系数、有害身体健康环境中的施工增加费系数等。第一类子目系数是构成第二类综合系数的计算基础。

(1) 高层建筑增加费系数的应用

1) 概念 这里的"高层建筑"是指高度在 6 层或 20m 以上的工业及民用建筑。凡多层建筑层数超过 6 层(不含 6 层及地下室),或层数虽未超过 6 层而高度超过 20m(不含 20m)的,两个条件具备其一,即为"高层建筑",应计取高层建筑增加费;单层建筑超过 20m(不含 20m)的,亦应计取高层建筑增加费。

高层建筑增加费用内容包括:人工降效、材料、工具垂直运输增加的机械台班费用;施工用水加压泵的台班费用;工人上下班所乘坐的升降设备台班费等。

高层建筑增加费用的发生范围是:室内供暖、给水排水、生活用燃气、通风空调等。

2) 计算规则

建筑物高度:是指设计室外地坪至檐口滴水的垂直高度。不包括屋顶水箱、楼梯间、电梯间、女儿墙等高度。

同一建筑物中主楼和附楼高度不同时,不分别计取,而是按主楼高度计取高层建筑增加费。

在使用高层建筑增加费率时,应包括6层或20m以下全部工程的人工费为计算基数(含地下室工程)。

单层建筑超过20m计算高层建筑增加费时,应先将总高度除以3.3m(每层高度),计算出相当于多层建筑的层次,然后再按"高层建筑增加费用系数表"(表3-5)所列的相应层数的增加费率计算。

高层建筑增加费系数(%) 表3-5

工程名称	高层建筑增加费	建筑物层数或高度(层以下或m以下)							
		9(30)	12(40)	15(50)	18(60)	21(70)	24(80)	27(90)	30(100)	33(110)
给水、排水、供暖、燃气工程	按人工费的%	20	22	31	38	45	76	81	84	90
	其中人工工资占%	12	15	16	18	20	22	23	25	27
	其中机械费占%	88	85	84	82	80	78	77	75	73
通风空调安装工程	按人工费的%	18	26	39	43	46	65	76	81	96
	其中人工工资占%	8	12	14	16	18	20	22	24	26
	其中机械费占%	92	88	86	84	82	80	78	76	74

工程名称	高层建筑增加费	建筑物层数或高度(层以下或m以下)							
		36(120)	39(130)	42(140)	45(150)	48(160)	51(170)	54(180)	57(190)	60(200)
给水、排水、供暖、燃气工程	按人工费的%	96	124	127	131	136	150	156	171	176
	其中人工工资占%	29	31	33	35	37	39	42	45	48
	其中机械费占%	71	69	67	65	63	61	58	55	52
通风空调安装工程	按人工费的%	101	116	121	138	143	148	162	168	173
	其中人工工资占%	28	30	32	34	36	38	40	43	46
	其中机械费占%	72	70	68	66	64	62	60	57	54

(2)超高系数的应用

1)操作物高度是指有楼层的按楼地面至安装物的垂直距离,无楼层的按操作地点(或设计正负零)至操作物的距离而定。超高费用(超高系数)属于超高的人工费降效性质。不同安装工程,其超高系数是不同的。

2)计算规则

第一册《机械设备安装工程》规定的超高费用:设备底座的安装标高,如超过地平面±10m时,则人工和机械乘以大于1的调整系数(表3-6)。

第一册超高调整系数 表3-6

设备底座标高±(m以内)	15	20	25	30	40	>40
取费基数	人工费					
	机械费					
调整系数	1.25	1.35	1.45	1.55	1.70	1.90

第八册《给排水、供暖、燃气工程》规定的超高增加费:操作物高度以3.6m为界限,如超过3.6m时,其超过部分(指由3.6m至操作物高度)的人工费乘以表3-7中的超高系数。

第九册《通风空调工程》规定的超高增加费:操作物高度以6.0m为界限,6.0m以上的工程,按人工费的15%计取(表3-7)。

第八册与第九册超高系数 表 3-7

	标高±(m)	3.6～8.0	3.6～12	3.6～16	3.6～20	20以上
给水排水、供暖、燃气工程	取费基数	超高部分人工费				
	超高系数	1.10	1.15	1.20	1.25	1.30
通风空调工程	标高±(m)	>6.0				
	取费基数	人工费				
	超高系数	1.15				

第十四册《刷油、防腐蚀、绝热工程》规定的超高降效增加费：以设计标高±0.0m为准，当安装高度超过±6.0m以上时，则人工和机械乘以调整系数（表3-8）。

第十四册超高调整系数 表 3-8

安装高度(m以内)	20	30	40	50	60	70	80	80以上
取费基数	人工费							
	机械费							
调整系数	1.30	1.40	1.50	1.60	1.70	1.80	1.90	2.00

3）在高层建筑物施工中，如同时又符合超高施工条件的，可同时计算高层建筑增加费和超高增加费。

（3）脚手架搭拆费用系数的应用

1）安装工程脚手架搭拆及摊销费，在各部分定额测算系数时，均已作了如下考虑：

各专业工程交叉作业施工时，可以互相利用脚手架的因素，如安装工程各专业之间，安装与土建施工之间，测算时已扣除可以重复利用的脚手架费用；安装工程用的脚手架，大部分是按简易架考虑的；安装施工如部分或全部使用土建脚手架时，应作有偿使用处理。

2）脚手架搭拆，是综合取定的系数。除规定不计取脚手架费用外，不论工程实际是否搭拆脚手架，或搭拆数量多少，均按规定系数计取脚手架费用，包干使用。

3）在同一个单项工程内有多个专业施工，凡符合计算脚手架搭拆规定的，应分别计取脚手架搭拆费用。

4）计算规则

脚手架搭拆费用等于人工费乘以脚手架搭拆费用系数。计算基数是人工费，费用系数各专业不同。脚手架搭拆费用系数见表3-9。

脚手架搭拆费用系数 表 3-9

安装工程名称		计算基数	费用系数(%)	其中		
				人工费占(%)	材料费占(%)	机械费占(%)
第六册	工业管道工程	人工费	9	25	65	10
第八册	给排水、燃气工程		6			
	供暖工程		8			
第九册	通风空调工程		7			
第十四册	刷油工程		8			
	防腐蚀工程		12			
	绝热工程		20			

在表3-9中,第六册、第八册、第九册,不分高度,在单位工程中不再按管道(通风空调)与刷油、绝热分别计算,而是以工业管道工程,给水排水、燃气工程,供暖工程,通风空调工程的不同,按对应册的综合系数计算。但对于单独承包刷油、绝热、防腐蚀工程时,其脚手架搭拆及摊销费应按第十四册规定的费用系数计取。

(4) 系统调试费系数的应用

安装工程中,建筑环境与设备工程专业所涉及的系统调试费包括:供暖工程系统调试费、通风空调工程系统调试费等。其费用内容包括:人工费、材料费和仪表使用费。系统调试费系数见表3-10。

系统调试费系数 表3-10

工程名称	计算基数	系统调试费系数(%)	其中		
			人工费占(%)	材料费占(%)	机械费占(%)
供暖工程	人工费	15	25	25	50
通风空调工程		13			

(5) 安装与生产同时进行的增加费系数

在建筑设备安装工程中,安装与生产同时进行的增加费的发生范围是给水排水工程、燃气工程,供暖工程,通风空调工程和刷油、绝热、防腐蚀工程。它是指改建、扩建工程在生产车间或装置内施工,因生产操作或生产条件限制干扰了安装工作正常进行而降效的增加费用。不包括为了保证安全生产和施工所采取的措施费用。安装与生产同时进行的增加费的计算是,计算基数是人工费,增加费系数计取为10%。

(6) 在有害身体健康环境中施工增加费系数

有害身体健康环境是指在改建、扩建工程中,由于车间、装置范围内有害气体或高分贝噪声超过国家标准,以致影响身体健康的环境,具体认定可参照表3-11~表3-13的规定执行。

在有害身体健康的环境中施工,若超过国家允许规定标准的,可按定额的规定计取在有害身体健康环境中施工增加费用。该费用为人工降效补偿费用,不包括劳保条例规定应享受的工种保健费,保健津贴应按劳动部门的有关规定办理。

在有害身体健康环境中施工增加费的发生范围是:给水排水工程,燃气工程,供暖工程,通风空调工程和刷油、绝热、防腐蚀工程等,其取费系数均为人工费的10%。当符合安装与生产同时进行和安装工程在有害身体健康的环境中施工两个条件时,降效系数合并为人工费的20%计算。

工业企业的粉尘最高容许浓度 表3-11

序号	粉尘名称	最高容许浓度(mg/m³)
1	含有10%以上游离二氧化硅(SiO_2)的粉尘(石英、石英岩等)①	2
2	石棉粉尘及含有10%以上石棉粉尘	2
3	含有10%以下游离二氧化硅的滑石粉尘	4
4	含有10%以下游离二氧化硅的水泥粉尘	6
5	含有10%以下游离二氧化硅的煤尘	10
6	铝、氧化铝、铝合金粉尘	4
7	玻璃棉和矿渣棉粉尘	5
8	烟草及茶叶粉尘	3
9	其他粉尘②	10

注:① 含有80%以上游离二氧化硅的生产性粉尘,不宜超过1mg/m³。
② 其他粉尘系指游离二氧化硅含量在10%以下,不含有毒物质的矿物性和动植物性粉尘。

常见有害气体对人体的危害程度　　　　　　　表3-12

序号	有害气体名称	空气中含量(mg/m³)	危害情况
1	一氧化碳(CO)	30 50 100 200	工业卫生容许浓度 1h后就会发生中毒症状 0.5h后就会发生中毒症状 15～20min后就会发生中毒症状
2	硫化氢(H_2S)	10 30 200～300 ＞300	工业卫生容许浓度 危险浓度 会使人流泪、头痛、呼吸困难 如抢救不及时，会使人立即死亡
3	氨(NH_3)	0.5～1 30 100 200 300	人会嗅到氨气味 工业卫生容许浓度 有刺激作用 使人感到不快 对眼睛有强烈刺激

氧气浓度对人的影响　　　　　　　表3-13

含氧量(体积)(%)	影响程度	含氧量(体积)(%)	影响程度
21以上	使人兴奋、愉快	13～16	突然昏倒
19～21	正常	13以下	死亡
17～18	心跳、发闷		

3.4　建筑设备安装工程概算定额及概算指标

安装工程概算定额（或概算指标）是设计单位在初步设计阶段确定安装工程造价，编制安装工程设计概算的依据。它也是编制概算时，计算人工、材料和机械台班需要量的依据。

3.4.1　安装工程概算定额

1. 概念

安装工程概算定额，简称概算定额。它是国家或授权机关为编制设计概算而规定生产一定计量单位的安装工程的扩大分项工程所需的人工、材料及施工机械台班的需要量。概算定额是在预算定额的基础上，合并相关的分项工程，进行综合、扩大而成。其项目划分计算是在预算定额项目划分的基础上，根据安装对象不同，分别以长度、面积或体积、台、组、件等单位进行划分计算的。例如管道工程，根据各种管道的不同用途、材质、规格、形状、刷油、绝热种类、铺设方法和连接形式的不同，采用延长米计算。通风工程一般按板材面积以"m^2"计算。

2. 作用

全国没有统一的概算定额，均由各地区编制本地区的概算定额。概算定额的作用有：

① 概算定额量作为设计部门编制初步设计概算和修正概算的依据。

② 概算定额是有关主管部门确定基本建设项目投资额、编制基本建设计划、实行基本建设包干、控制基本建设拨款、编制施工图预算和考核设计是否经济合理的依据。

③ 概算定额是编制概算指标的依据。

④ 概算定额还可以作为基本建设计划提供主要材料的参考。

因此，正确合理编制概算定额对提高设计概算质量，加强基本建设宏观经济控制与管理，合理使用建设资金，降低建设成本，充分发挥投资效果等方面都具有重要作用。

3.4.2 安装工程概算指标

1. 概念

安装工程概算指标，简称概算指标。它是一种以建筑面积（m^2、$100m^2$）或者以一座建筑物为计算单位，规定出技术经济指标和人工、材料的定额指标。它比概算定额更进一步扩大和综合，所以依据概算指标来编制概算就更加简化了。

2. 作用

概算指标的主要作用是：

① 概算指标是初步设计阶段编制设计概算，确定工程概算造价和建设单位申请投资拨款的依据。

② 概算指标是建设单位编制基本建设计划、申请主要材料的依据。

③ 概算指标还是设计单位进行技术经济分析，衡量设计水平，考核投资效果的标准。

电子课件说明

有关第 3 章"建筑设备安装工程定额"的内容，编写制作了"PPT3-1 安装工程定额引论"和"PPT3-2 安装工程定额编制方法"两个电子课件，每个电子课件均有"知识演示与互动学习"两大部分。在"知识演示"的第一部分中，在 PPT3-1 课件中，主要涉及定额的产生与发展（包括定额的历史渊源、我国定额的发展、工程定额的概念）、安装工程定额作用与性质（包括安装工程定额的作用、安装工程定额的性质）和安装工程定额体系（包括定额分类、相互关系以及各类工程定额概述）；在 PPT3-2 课件中，主要涉及安装工程定额编制方法概述以及施工定额、预算定额、概算定额、概算指标等的编制方法。在"互动学习"的第二部分中，根据有关第 3 章的"知识演示"所呈现内容的层次与水平，将问题分为三类：基础性问题、系统性问题、挑战性问题，在这三类问题中包括：名词解释、选择题、简答题、计算题等，并给出了相应的参考答案要点。

思考题与习题

1. 安装工程定额概念及其性质是什么？
2. 安装工程定额的种类及作用是什么？
3. 施工定额的概念是什么及其组成部分有哪些？
4. 预算定额的作用及其编制依据是什么？
5. 安装工程消耗量定额作用、编制依据及其适用范围是什么？
6. 安装工程价目表作用及其编制依据是什么？
7. 安装工程价目表中费用构成及其确定方法是什么？
8. 安装工程价目表中取费系数有哪些？如何应用这些取费系数？
9. 安装工程概算定额、概算指标的概念及其作用是什么？
10. 简述安装工程中施工定额、预算定额、概算定额（概算指标）之间联系与区别。

第 4 章 建筑设备安装工程计价

4.1 定 额 计 价

4.1.1 工程项目的过程计价

工程项目的建设，需要遵循基本建设项目的程序实施。基本建设项目周期长、规模大、造价高，为保证工程项目造价计算的准确性和控制的有效性，工程项目的计价实施过程计价方式，即在工程项目的建设过程中，建设的不同阶段对应有不同的工程计价形式，过程计价是个逐步深化、逐步细化和逐步接近实际造价的计价方式。工程项目建设与过程计价关系如图 4-1 所示。

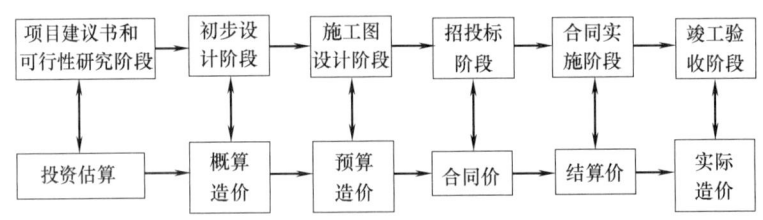

图 4-1 工程项目建设与过程计价关系

项目建设的可行性研究阶段需要投资估算。投资估算是指通过编制估算文件预先测算和确定建设项目投资额的过程。在编制项目建议书和可行性研究阶段，对投资需要量进行估算是一项不可缺少的工作内容。投资估算是决策、筹资和控制造价的主要依据。

项目建设的初步设计阶段需要有概算造价。概算造价是指在初步设计阶段，根据设计意图，通过编制工程概算文件预先测算和限定的工程造价。与投资估算造价相比，概算造价的准确性有所提高，但受估算造价的控制。概算造价的层次性十分明显，分建设项目概算总造价、各个单项工程概算综合造价、各单位工程概算造价。

项目建设的施工图阶段需要有预算造价。预算造价是指在施工图设计阶段，根据施工图纸，通过编制预算文件预先测算和限定的工程造价。它比概算造价或修正概算造价更为详尽和准确。但同样要受前一阶段所限定的工程造价的控制。

项目建设的招投标阶段需要确定合同价。合同价是指在工程招投标阶段通过签订总承包合同，建筑安装工程承包合同、设备材料采购合同，以及技术和咨询服务合同确定的价格。合同价属于市场价格，它是由承发包双方（即商品和劳务买卖双方）根据市场行情共同议定和认可的成交价格，但它并不等同于最终决算的实际工程造价。按计价方法不同，建设工程合同有许多类型，不同类型合同的合同价内涵也有所不同。

项目建设的合同实施阶段需要确定结算价。结算价是指在合同实施阶段，在工程结算时按合同调价范围和调价方法，对实际发生的工程量增减、设备和材料价差等进行调整后计算和确定的价格。结算价是该结算工程的实际价格。

项目建设的竣工验收阶段需要确定实际造价。实际造价是指竣工决算阶段，通过为建设项目编制竣工决算而最终确定的实际工程造价。

4.1.2 定额计价的性质

在不同经济发展时期，建筑产品有不同的定价主体，不同的价格形式，不同的价格形成机制，而一定的建筑产品价格形式产生，存在于一定的工程建设管理体制和一定的建筑产品交换方式之中。我国建筑产品价格市场化经历了"国家定价——国家指导价——国家调控价"三个阶段。这三个阶段工程价格形成的特点见表4-1。

三个阶段工程价格形成的特点　　　　　　　　　　　表4-1

发展阶段	定价主体	价 格 形 式	价格形成主要特征
第一阶段:国家定价	国家	概预算加签证(属国家计划价格形式)	属于国家定价的价格形式
第二阶段:国家指导价	国家和企业	预算包干价格形式(属国家计划价格形式)和工程招标投标价格形式(属国家指导性价格形式)	计划控制性、国家指导性、指导下的竞争
第三阶段:国家调控价	承发包双方	承发包双方协商形成	自发形成、自发波动、自发调节

第一阶段，国家定价阶段。在我国传统经济体制下，工程建设任务是由国家主管部门按计划统一分配，建筑业不是一个独立的物质生产部门，建设单位、施工单位的财务收支实行统收统支，建筑产品在这一时期并不具有商品性质，建筑产品价格仅仅是一个经济核算的工具而不是工程价值的货币反映。在这种工程建设管理体制下，建筑产品价格实际上是在建设过程的各个阶段利用国家或地区所颁布的各种定额进行投资费用的预估和计算，也可以说成是概预算加签证的形式。工程价格的水平完全由国家来定价，国家是这一价格形式的唯一决策主体，价格的形成属于国家定价的价格形式。

第二阶段，国家指导价阶段。随着我国经济的快速发展，特别是改革开放以后，传统的建筑产品价格形式已经逐步为新的建筑产品价格形式所取代。这一阶段是国家指导定价，出现了预算包干价格形式和工程招标投标价格形式。预算包干价格形式与概预算加签证形式相比，两者都属于国家计划价格形式，企业只能按照国家有关规定计算，执行工程价格。包干额是按照国家有关部门规定的包干系数、包干标准及计算方法计算。但是因为预算包干价格对工程施工过程中费用的变动采取了一次包死的形式，对提高工程价格管理水平有一定作用。工程招标投标价格是在建筑产品招标投标交易过程中形成的工程价格，表现为标底价、投标报价、中标价、合同价、结算价格等形式。这一阶段的工程招标投标价格属于国家指导性价格，是在最高限价范围，国家指导下的竞争价格。在这种价格形成过程中，国家和企业是价格的双重决策主体。

第三阶段，国家调控价阶段。国家调控的招标投标价格形成，是一种由市场形成价格为主的价格机制。它是在国家有关部门调控下，由工程承发包双方根据工程市场中建筑产品供求关系变化自主确定工程价格。其价格的形成可以不受国家工程造价管理部门的直接干预，而是根据市场的具体情况，承发包双方协商形成。与国家指导的招标投标价格形式相比，国家调控招标投标价格形成的主要特征是：自发形成，即价格的形成应由承发包双方根据工程自身的物质劳动消耗、供求状况等协商议定，不受国家计划调控；自发波动，即随着工程市场供求关系的不断变化，工程价格经常处于上升或者下降的波动之中；自发调节，即通过价格的波动，自发调节建筑产品的品种和数量，以保持工程投资与工程生产能力的平衡。

定额计价是以概预算定额、各种费用定额为基础依据，按照规定的计算程序确定工程造价的特殊计价方法。因此，利用工程建设定额计算工程造价就价格形成而言，主要属于国家指导价。

4.1.3 定额计价的基本程序

我国在很长一段时间内采用单一的定额计价模式形成工程价格，即按预算定额规定的分部分项子目，逐项计算工程量，套用预算定额单价（或单位估价表）确定直接工程费，然后按规定的取费标准确定措施费、间接费、利润和税金，加上材料调差系数和适当的不可预见费，经汇总后即为工程预算或标底，而标底则作为评定标的主要依据。

以定额单价法确定工程造价，是我国采用的一种与计划经济相适应的工程造价管理制度。定额计价实际上是国家通过颁布统一的计价定额或指标，对建筑产品价格进行有计划的管理。国家以假定的建筑安装产品为对象，制定统一的预算和概算定额。计算出每一单元子项的费用后，再综合形成整个工程的价格。工程计价的基本程序如图4-2所示。

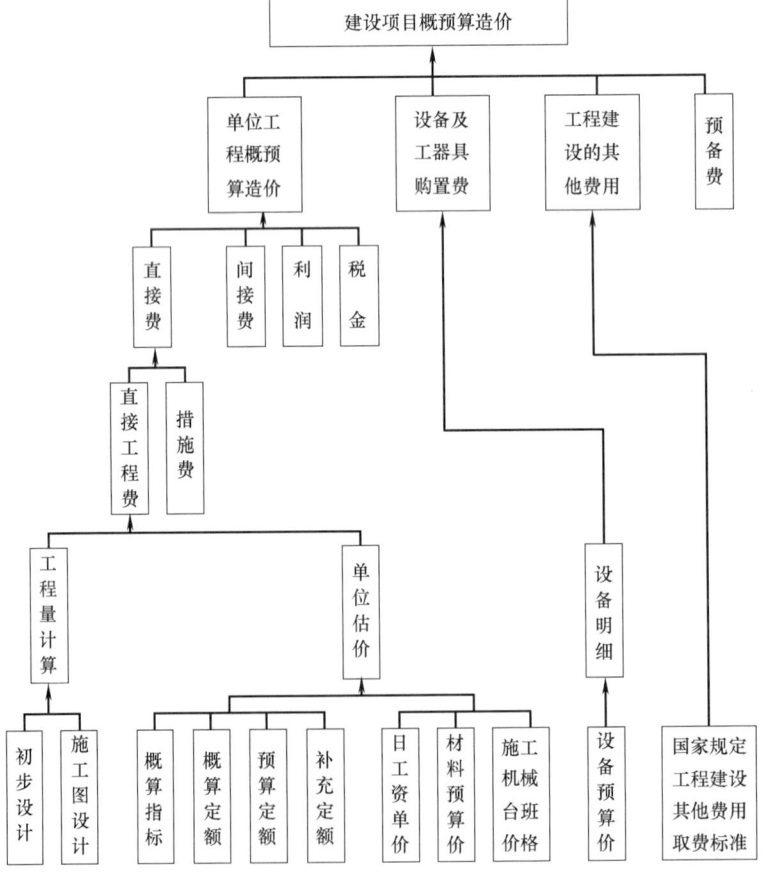

图4-2 工程计价的基本程序

从上述定额计价的过程示意图中可以看出，编制建设工程造价最基本的过程有两个：工程量计算和工程计价。为统一口径，工程量的计算均按照统一的项目划分和工程量计算规则计算。工程量确定以后，就可以按照一定的方法确定出工程的成本及盈利，最终就可以确定出工程预算造价（或投标报价）。定额计价方法的特点就是量与价的结合。概预算的单位价格的形成过程，就是依据概预算定额所确定的消耗量乘以定额单价或市场价，经过不同层次的计算达到量与价的最优结合过程。

可以进一步用下列公式表示建筑产品价格的定额计价基本方法和程序：

(1) 单位工程概预算造价

对于每一计量单位假定建筑产品，其直接工程费可以表示为：

$$直接工程费单价 = 人工费 + 材料费 + 施工机械使用费$$

其中：

$$人工费 = \sum(人工工日数量 \times 工人日工资标准)$$

$$材料费 = \sum(材料用量 \times 材料预算价格)$$

$$机械使用费 = \sum(机械台班用量 \times 台班单价)$$

$$单位工程直接费 = \sum(假定建筑产品工程量 \times 直接工程费单价) + 措施费$$

$$单位工程概预算造价 = 单位工程直接费 + 间接费 + 利润 + 税金$$

(2) 单项工程概预算造价

$$单项工程概预算造价 = \sum 单位工程概预算造价 + 设备及工器具购置费$$

(3) 建设项目概预算造价

$$建设项目概预算造价 = \sum 单项工程概预算造价 + 有关的其他费用 + 预备费$$

4.1.4 定额计价模式安装工程费用

一项按设计要求进行施工安装，经检验质量合格的建设工程，其全部工程造价是由建筑安装工程费用、设备及工器具购置费和工程其他费用等费用共同构成。其中的设备及工器具购置费是指建设单位为保证建筑物具有使用功能所发生的费用。它与建筑安装施工企业没有直接关系。如工业厂内的各类机器、设备、起重设备等，属于建设单位的固定资产，这项费用包括在基本建设概算之中。工程其他费用则是指为保证基本建设工程顺利进行所发生的有关费用。如土地征用费，居民搬迁费，青苗补偿费，设计勘探费，施工手续费，工程监理费等。这类费用根据国家和地方政府的有关规定确定费用标准。这类费用包括在基本建设概算之中，施工企业一般不计取。剩下的建筑安装工程费用，则是与建筑安装施工企业直接关系，需要计取的费用项目。建筑安装工程费用包括建筑工程费用和安装工程费用，也就是说安装工程费用是建筑安装工程费用的一部分，它是指建设单位从基本建设投资费中支付给建筑设备安装企业进行施工活动所开支的费用。

建筑设备安装工程费用内容组成，根据住房城乡建设部和财政部制定的《建筑安装工程费用项目组成》（建标〔2013〕44号）统一规定，它由直接费、间接费、利润和税金组成。

4.1.4.1 直接费

直接费由直接工程费和措施费组成。

1. 直接工程费：是指施工过程中耗费的构成工程实体的各项费用，包括人工费、材料费、施工机械使用费。

(1) 人工费：是指直接从事建筑安装工程施工的生产工人开支的各项费用。内容包括：

① 基本工资：是指发放给生产工人的基本工资。

② 工资性补贴：是指按规定标准发放的物价补贴，煤、燃气补贴，交通补贴，住房补贴，流动施工津贴等。

③ 生产工人辅助工资：是指生产工人年有效施工天数以外非作业天数的工资，包括职工学习、培训期间的工资，调动工作、探亲、休假期间的工资，因气候影响的停工工资，女工哺乳时间的工资，病假在六个月以内的工资及产、婚、丧假期的工资。

④ 职工福利费：是指按规定标准计提的职工福利费。

⑤ 生产工人劳动保护费：是指按规定标准发放的劳动保护用品的购置费及修理费，徒工服装补贴，防暑降温费，在有碍身体健康环境中施工的保健费用等。

(2) 材料费：是指施工过程中耗费的构成工程实体的原材料、辅助材料、构配件、零件、半成品的费用。内容包括：

① 材料原价（或供应价格）。

② 材料运杂费：是指材料自来源地运至工地仓库或指定堆放地点所发生的全部费用。

③ 运输损耗费：是指材料在运输装卸过程中不可避免的损耗。

④ 采购及保管费：是指为组织采购、供应和保管材料过程中所需要的各项费用。包括：采购费、仓储费、工地保管费、仓储损耗。

⑤ 检验试验费：是指对建筑材料、构件和建筑安装物进行一般鉴定、检查所发生的费用，包括自设试验室进行试验所耗用的材料和化学药品等费用。不包括新结构、新材料的试验费和建设单位对具有出厂合格证明的材料进行检验，对构件做破坏性试验及其他特殊要求检验试验的费用。

(3) 施工机械使用费：是指施工机械作业所发生的机械使用费以及机械安拆费和场外运费。施工机械台班单价应由下列七项费用组成：

① 折旧费：指施工机械在规定的使用年限内，陆续收回其原值及购置资金的时间价值。

② 大修理费：指施工机械按规定的大修理间隔台班进行必要的大修理，以恢复其正常功能所需的费用。

③ 经常修理费：指施工机械除大修理以外的各级保养和临时故障排除所需的费用。包括为保障机械正常运转所需替换设备与随机配备工具附具的摊销和维护费用，机械运转中日常保养所需润滑与擦拭的材料费用及机械停滞期间的维护和保养费用等。

④ 安拆费及场外运费：安拆费指施工机械在现场进行安装与拆卸所需的人工、材料、机械和试运转费用以及机械辅助设施的折旧、搭设、拆除等费用；场外运费指施工机械整体或分体自停放地点运至施工现场或由一施工地点运至另一施工地点的运输、装卸、辅助材料及架线等费用。

⑤ 人工费：指机上司机（司炉）和其他操作人员的工作日人工费及上述人员在施工机械规定的年工作台班以外的人工费。

⑥ 燃料动力费：指施工机械在运转作业中所消耗的固体燃料（煤、木柴）、液体燃料

（汽油、柴油）及水、电等费用。

⑦ 养路费及车船使用税：指施工机械按照国家规定和有关部门规定应缴纳的养路费、车船使用税、保险费及年检费等。

2. 措施费：是指为完成工程项目施工，发生于该工程施工前和施工过程中非工程实体项目的费用。包括内容：

（1）环境保护费：是指施工现场为达到环保部门要求所需要的各项费用。

（2）文明施工费：是指施工现场文明施工所需要的各项费用。

（3）安全施工费：是指施工现场安全施工所需要的各项费用。

（4）临时设施费：是指施工企业为进行建筑工程施工所必须搭设的生活和生产用的临时建筑物、构筑物和其他临时设施费用等。

临时设施包括：临时宿舍、文化福利及公用事业房屋与构筑物，仓库、办公室、加工厂以及规定范围内道路、水、电、管线等临时设施和小型临时设施。

临时设施费用包括：临时设施的搭设、维修、拆除费或摊销费。

（5）夜间施工费：是指因夜间施工所发生的夜班补助费、夜间施工降效、夜间施工照明设备摊销及照明用电等费用。

（6）二次搬运费：是指因施工场地狭小等特殊情况而发生的二次搬运费用。

（7）大型机械设备进出场及安拆费：是指机械整体或分体自停放场地运至施工现场或由一个施工地点运至另一个施工地点，所发生的机械进出场运输及转移费用及机械在施工现场进行安装、拆卸所需的人工费、材料费、机械费、试运转费和安装所需的辅助设施的费用。

（8）混凝土、钢筋混凝土模板及支架费：是指混凝土施工过程中需要的各种钢模板、木模板、支架等的支、拆、运输费用及模板、支架的摊销（或租赁）费用。

（9）脚手架费：是指施工需要的各种脚手架搭、拆、运输费用及脚手架的摊销（或租赁）费用。

（10）已完工程及设备保护费：是指竣工验收前，对已完工程及设备进行保护所需费用。

（11）施工排水、降水费：是指为确保工程在正常条件下施工，采取各种排水、降水措施所发生的各种费用。

4.1.4.2 间接费

间接费由规费、企业管理费组成。

1. 规费：是指政府和有关权力部门规定必须缴纳的费用（简称规费）。包括：

（1）工程排污费：是指施工现场按规定缴纳的工程排污费。

（2）社会保险费

① 养老保险费：是指企业按规定标准为职工缴纳的基本养老保险费。

② 失业保险费：是指企业按照国家规定标准为职工缴纳的失业保险费。

③ 医疗保险费：是指企业按照规定标准为职工缴纳的基本医疗保险费。

④ 生育保险费：是指企业按照规定标准为职工缴纳的生育保险费。

⑤ 工伤保险费：是指企业按照规定标准为职工缴纳的工伤保险费。

（3）住房公积金：是指企业按规定标准为职工缴纳的住房公积金。

2. 企业管理费：是指建筑安装企业组织施工生产和经营管理所需费用。内容包括：

（1）管理人员工资：是指管理人员的基本工资、工资性补贴、职工福利费、劳动保护费等。

（2）办公费：是指企业管理办公用的文具、纸张、账表、印刷、邮电、书报、会议、水电、烧水和集体取暖（包括现场临时宿舍取暖）用煤等费用。

（3）差旅交通费：是指职工因公出差、调动工作的差旅费、住勤补助费，市内交通费和误餐补助费，职工探亲路费，劳动力招募费，职工离退休、退职一次性路费，工伤人员就医路费，工地转移费以及管理部门使用的交通工具的油料、燃料、养路费及牌照费。

（4）固定资产使用费：是指管理和试验部门及附属生产单位使用的属于固定资产的房屋、设备仪器等的折旧、大修、维修或租赁费。

（5）工具用具使用费：是指管理使用的不属于固定资产的生产工具、器具、家具、交通工具和检验、试验、测绘、消防用具等的购置、维修和摊销费。

（6）劳动保险费：是指由企业支付离退休职工的易地安家补助费、职工退职金、六个月以上的病假人员工资、职工死亡丧葬补助费、抚恤费、按规定支付给离休干部的各项经费。

（7）工会经费：是指企业按职工工资总额计提的工会经费。

（8）职工教育经费：是指企业为职工学习先进技术和提高文化水平，按职工工资总额计提的费用。

（9）财产保险费：是指施工管理用财产、车辆保险。

（10）财务费：是指企业为筹集资金而发生的各种费用。

（11）税金：是指企业按规定缴纳的房产税、车船使用税、土地使用税、印花税等。

（12）其他：包括技术转让费、技术开发费、业务招待费、绿化费、广告费、公证费、法律顾问费、审计费、咨询费等。

4.1.4.3 利润

利润是指施工企业完成所承包工程获得的盈利。

4.1.4.4 税金

税金是指国家税法规定的应计入建筑安装工程造价内的营业税、城市维护建设税、教育费附加以及地方教育附加等。

（1）营业税

为了适应基本建设经济体制的改革，适应各类建筑安装企业在平等条件下竞争，有利于普遍推行建筑业的招标、投标制度，进一步维护税收政策的严肃性和统一性，国家财政部、税务局及国家计委明确规定，对国家建筑安装企业承包的建筑安装工程，修缮业务及其他工程作业所取得的收入，一律恢复征收营业税。

（2）城市维护建设税

为了加强城市的维护，扩大和稳定城市维护建设资金的来源，特设立了缴纳城市维护建设税。城市维护建设税金主要用来保证城市的公用事业和公共设施的维护和建设。国务院规定，凡缴纳产品税、增值税、营业税的单位和个人，都应按规定缴纳城市维护建设税。城市维护建设税是一种由税务部门代收的地方性税金，它分别与产品税、增值税、营业税同时缴纳。

（3）教育费附加

为了贯彻落实国家关于教育体制改革的决定，扩大地方教育经费的资金来源，加快发展地方教育事业，国务院规定设立征收教育费附加费用。像营业税、城市维护建设税一样，对缴纳产品税、增值税、营业税的单位和个人与营业税等同时征收或主动缴纳教育费附加费用。教育费附加也是由税务部门代地方征收的一种税金。

（4）地方教育附加

为实施"科教兴省"战略，增加地方教育的资金投入，促进各省、自治区、直辖教育事业发展，全国各地统一征收地方教育附加。该收入主要用于各地方的教育经费的投入补充。

4.1.4.5 安装工程费用项目汇总

安装工程费用项目汇总见表4-2。

安装工程费用项目　　　　　　　　　　　　　　　　表4-2

费用项目			费用计算基础
安装工程费	直接费	直接工程费	1. 人工费	Σ（分项工程量×定额单价）
			2. 材料费	
			3. 施工机械使用费	
		措施费	1. 环境保护费	人工费
			2. 文明施工费	
			3. 安全施工费	
			4. 临时设施费	
			5. 夜间施工措施费	
			6. 二次搬运费	
			7. 大型机械设备进出场及安拆费	
			8. 混凝土、钢筋混凝土模板及支架费	
			9. 脚手架费	
			10. 已完工程及设备保护费	
			11. 施工排水、降水费	
	间接费	规费	1. 工程排污费	人工费
			2. 社会保障费	
			3. 住房公积金	
		企业管理费	1. 管理人员工资	人工费
			2. 办公费	
			3. 差旅交通费	
			4. 固定资产使用费	
			5. 工具用具使用费	
			6. 劳动保险费	
			7. 工会经费	
			8. 职工教育经费	
			9. 财产保险费	
			10. 财务费利润	
			11. 税金	
			12. 其他	
	利润	施工企业完成所承包工程获得的盈利		人工费
	税金	1. 营业税		直接费+间接费+利润+价差
		2. 城市维护建设税		
		3. 教育费附加		
		4. 地方教育附加		

4.1.5 定额计价模式安装工程造价计算

根据住房和城乡建设部第 16 号部令《建筑工程施工发包与承包计价管理办法》的规定，发包与承包价的计算方法分为工料单价法和综合单价法，定额计价模式一般采用的是工料单价法计价程序。

工料单价法是以分部分项工程量乘以单价后的合计为直接工程费，直接工程费以人工、材料、机械的消耗量及其相应价格确定。直接工程费汇总后另加间接费、利润、税金生成工程发承包价。安装工程通常以人工费为计算基础，其计算程序见表 4-3。

安装工程造价计算程序 表 4-3

序号	费用项目	计算方法	备注
1	直接工程费	按预算表	Σ（分项工程量×定额单价）
2	直接工程费中人工费	按预算表	
3	措施费	按规定标准计算	
4	措施费中人工费	按规定标准计算	
5	直接费小计	1+3	直接工程费+措施费
6	人工费小计	2+4	
7	间接费	6×相应费率	
8	利润	6×相应利润率	
9	不含税造价合计	5+7+8	直接费+间接费+利润
10	含税造价	9×(1+相应税率)	直接费+间接费+利润+税金

4.2 工程量清单计价

4.2.1 工程计价历史沿革与发展

新中国成立以来，我国的建设工程计价历史沿革与发展大致经历了五个阶段：

第一阶段，中华人民共和国成立初期至 20 世纪 80 年代初期。引进苏联作法逐步建立起来的概预算定额计价模式，该模式是政府计划模式，建设产品价格通过计划分配建设工程任务而形成的计划价格，所有建设工程项目均按照政府主管部门统一颁布的工程建设定额进行计价，概预算定额基价是量价合一的价格，人工、材料、机械等各种建设要素价格长期保持固定不变。这种静态的计价模式与高度集中的计划经济体制是相适应的，实现了对工程造价的有效管理。

第二阶段，20 世纪 80 年代中期至 90 年代初。1984 年，建设工程招标制开始施行，建筑工程计价管理体制开始突破传统模式，这是我国建设工程计价改革的起步阶段，为适应改革开放后，价格、利率、汇率等不断变动的情况，材料价格信息建设要素市场开始建立，提出了工程造价全过程控制和动态管理的思路，缩短了工程建设定额修订周期。但这种调整仍是指令性的，与以往的概预算定额计价模式并无实质性改变。

第三阶段，20 世纪 90 年代初至 1997 年。这一阶段改革的核心思想是，改变国家对定额管理的方式，实行"量"、"价"分离，提出了"控制量、指导价、竞争费"的思路。国家对定额的人工、材料、机械等消耗量的水平要控制住，为合理确定和有效控制工程造价提供依据，确保建设工程的安全和质量。对人工单价、设备材料预算价格和施工机械台班费的价格，由国家工程造价主管部门定期发布信息，为基层提供服务。费用定额适当放开，以利于企业内部经营机制的转变和开展市场竞争的需要。制订全国统一的基础定额，实现定额项目划分、计量单位、工程量计算规则等方面的统一，并向国际惯例靠拢，以利于建立国内统一的建筑市场和适应对外开放的需要。

第四阶段，20 世纪 90 年代末至 2002 年。这一阶段改革的核心问题是工程造价计价方式的改革，提出了"宏观调控、市场竞争、合同定价、依法结算"的思路。社会主义市场经济体制逐步建立，加入世界贸易组织后，学习借鉴了国外市场经济发达国家成熟的经验。材料等要素价格完全放开，随行就市。一些地区实行了工程量清单计价、综合单价法改革的试点工作，但改革的思路与作法不尽相同。

第五阶段，2003 年至今。为适应社会主义市场经济体制，并与国际惯例接轨，推行工程量清单计价模式。2013 年住房和城乡建设部颁布实施了有关工程计价的国家标准《建设工程工程量清单计价规范》GB 50500—2013，这标志着我国建设工程计价改革，朝着建立"政府宏观调控、企业自主报价、市场竞争形成价格"新机制，迈出了关键的步伐，为逐步形成适应我国社会主义市场经济新的工程计价管理体制创造条件。

4.2.2 工程量清单计价规范及计算规范

1. 工程量清单计价的背景

背景之一：市场经济下定额计价法的局限性。定额计价法是计划经济时代的产物，这种"量价合一"的工程造价静态管理模式，在计划经济制度历史条件下，起到了确定和衡量工程造价标准的作用，规范了建筑市场。但是，计价依据的定额指令性过强、指导性不足；费率取定不合理，不利于企业公平竞争；定额计价实行"量价合一"的形式，遏制了竞争，不适应社会主义市场经济体制的要求。

背景之二：工程招投标竞争要求对现行工程计价方法进行改革。为了适应市场经济的发展，针对定额计价法存在的问题，建设部提出了"控制量、指导价、竞争费"的改革措施，工程造价管理由静态管理模式逐步转变为动态管理模式，并在工程施工发包与承包中开始实行招投标制度。但在实施工程招投标过程中，无论是业主编制标底，还是施工企业投标报价，在计价的规则上仍没有超出定额计价模式的规定范畴。由于定额的指令性限制，定额规定的量是反映社会平均消耗水平，不能准确反映各个企业技术装备水平、管理水平和劳动生产率，不能有效发挥市场机制，这与招投标制度本身的竞争机制相抵触。为了适应工程招投标由市场竞争形成价格的需要，对现行工程计价方法进行改革已势在必行。工程量清单计价将改革以工程预算定额为计价依据的计价模式。

背景之三：工程计价方法同国际接轨的需要。随着我国改革开放的进一步加快，中国经济日益融入全球市场，特别是我国加入世界贸易组织（WTO）后，行业壁垒下降，建筑市场将进一步对外开放，大量国外建筑承包企业及投资项目越来越多地进入我国市场，我国建筑企业走出国门在海外投资和经营的项目也在增加。为了适应这种对外开放建设市场的形势，就必须与国际通行的计价方法相适应，为建设市场创造一个与国际惯例接轨的市场竞争环境。工程量清单计价是国际通行的计价方法，工程量清单计价体现了控制量、企业自主报价、市场竞争形成价格，在我国实行工程量清单计价，有利于提高国内建设各方主体参与国际化竞争的能力，有利于提高工程计价的管理水平。

2. 工程量清单计价规范及计算规范简介

建设工程招标投标实行工程量清单计价是工程造价计价依据改革和规范建设工程招标投标行为的一项措施。为规范建设工程工程量清单计价行为，统一建设工程工程量清单的编制和计价方法，根据住房和城乡建设部《关于印发〈2009年工程建设标准规范制定、修订计划〉的通知》（建标函［2009］88号）的要求，由住房和城乡建设部标准定额研究所会同有关单位对《建设工程工程量清单计价规范》GB 50500—2008进行了修订并单列出附录中的工程量清单项目及计算规则，在2013年住房城乡建设部颁布实施了《建设工程工程量清单计价规范》GB 50500—2013并单列了《通用安装工程工程量计算规范》GB 50856—2013。

2013版《建设工程工程量清单计价规范》（简称《计价规范》）的内容由原08版《计价规范》的5章17节137条增加到现13版的16章54节328条，包括：新增240条，修改52条，保留36条，其中强制性条款15个。工程计价表格包括：工程量清单编制用表格，招标控制价、投标报价、竣工结算编制用表格，工程造价鉴定用表格。2013版《通用安装工程工程量计算规范》（简称《计算规范》），是为进一步适应建设市场计量、计价需要，对原08版《计价规范》的"附录C 安装工程工程量清单项目及计算规则"进行修订并增加新项目而成。

2013版《计价规范》正文共分16章，包括总则、术语、一般规定、工程量清单编制、招标控制价、投标报价、合同价款约定、工程计量、合同价款调整、合同价款期中支付、竣工结算与支付、合同解除的价款结算与支付、合同价款争议的解决、工程造价鉴定、工程计价资料与档案、工程计价表格。2013版《计算规范》正文共分4章，包括总则、术语、工程计量、工程量清单编制，并附有通用安装工程工程量清单项目及计算规则的13个附录。

该《计价规范》及《计算规范》是按照工程造价全过程控制的新思路，建立起从建设项目招投标到施工再到竣工结算阶段的工程造价过程管理机制，形成了"全过程控制、精细化管理"的新理念。

4.2.3 工程量清单编制

1. 工程量清单的概念

工程量清单表现拟建工程的分部分项工程项目、措施项目、其他项目、规费项目和税金项目名称和相应数量的明细清单。工程量清单是招标文件的组成部分，它由分部分项工程量清单、措施项目清单、其他项目清单、规费和税金项目清单组成。工程量清单是编制标底和投标报价的依据，是签订工程合同、调整工程量和办理竣工结算的基础。

工程量清单应由具有编制招标文件能力的招标人或受其委托具有相应资质的中介机构，按照招标要求和施工设计图纸要求，将拟建招标工程的全部项目和内容，依据统一的工程量计算规则、统一的工程量清单项目编制规则，计算拟建招标工程的分部分项工程数量的表格而进行编制。

2. 工程量清单的项目设置

工程量清单项目设置，其内容包括：项目编码、项目名称、项目特征、计量单位和工程内容5项。

项目编码：用12位阿拉伯数字表示。各位数字的含义是：一、二位为专业工程代码

(01—房屋建筑与装饰工程；02—仿古建筑工程；03—通用安装工程；04—市政工程；05—园林绿化工程；06—矿山工程；07—构筑物工程；08—城市轨道交通工程；09—爆破工程）；三、四位为《计算规范》附录分类顺序码；五、六位为分部工程顺序码；七、八、九位为分项工程项目名称顺序码；十至十二位为清单项目名称顺序码。

项目名称：原则上以形成工程实体而命名。项目名称如有缺项，招标人可按相应的原则进行补充，并报当地工程造价管理部门备案。

项目特征：是对项目的准确描述，是影响价格的因素，是设置具体清单项目的依据。项目特征按不同的工程部位、施工工艺或材料品种、规格等分别列项。凡项目特征中未描述到的其他独有的特征，由清单编制人视项目具体情况确定，以准确描述清单项目为准。

计量单位：采用基本计量单位，即除各专业另有特殊规定外，均按以下单位计量：以重量计算的项目——吨或千克（t 或 kg）；以体积计算的项目——立方米（m^3）；以面积计算的项目——平方米（m^2）；以长度计算的项目——米（m）；以自然计量单位计算的项目——个、套、块、樘、组、台等；没有具体数量的项目——系统、项等。各专业有特殊计量单位的，需另加说明。

工程内容：工程内容是指完成该清单项目可能发生的具体工程，可供招标人确定清单项目和投标人投标报价参考。凡工程内容中未列全的其他具体工程，由投标人按照招标文件或图纸要求编制，以完成清单项目为准，综合考虑到报价中。

3. 工程量计算规则

工程量的计算规则按专业划分。专业工程包括 9 个：房屋建筑与装饰工程，仿古建筑工程，通用安装工程，市政工程，园林绿化工程，矿山工程，构筑物工程，城市轨道交通工程，爆破工程。其中通用安装工程包括 12 个：机械设备安装工程，热力设备安装工程，静置设备与工艺金属结构制作安装工程，电气设备安装工程，建筑智能化工程，自动化控制仪表安装工程，通风空调工程，工业管道工程，消防工程，给水排水、供暖、燃气工程，通信设备及线路工程，刷油、防腐蚀、绝热工程。

对于安装工程工程数量的计算，主要通过《计算规范》附录中的工程量计算规则计算得到。工程量计算规则是指对清单项目工程量的计算规定。除另有说明外，所有清单项目的工程量应以实体工程量为准，并以完成后的净值计算。投标人投标报价时，应在单价中考虑施工中的各种损耗和需要增加的工程量。

4. 工程量清单的编制方法

（1）分部分项工程量清单的编制

分部分项工程量清单应包括项目编码、项目名称、计量单位和工程数量。分部分项工程量清单的编制，应遵循"四统一"的原则，即根据《计算规范》附录中规定的统一项目编码、项目名称、计量单位和工程量计算规则进行编制。

分部分项工程量清单的项目编码，统一采用五级编码设置，一至四级（前9位）应按《计算规范》附录中的规定设置；五级（最后3位）应根据拟建工程的工程量清单项目名称由其编制人设置，并应自001起顺序编制。

分部分项工程量清单的项目名称，应统一根据拟建工程和《计算规范》附录中的项目名称与项目特征确定。编制工程量清单，若出现《计算规范》附录中未包括的项目，编制人可暂行补充，并应报工程造价管理机构（省级）备案。

分部分项工程量清单的计量单位,应统一按《计算规范》附录中规定的计量单位确定。

工程数量的计算,应统一按《计算规范》附录中的工程量计算规则执行。工程数量的有效位数,应遵守:以"吨"为单位,应保留3位小数,第4位小数四舍五入;以"立方米"、"平方米"、"米"为单位,应保留2位小数,第3位小数四舍五入;以"台"、"个"、"件"、"套"、"根"、"组"、"系统"等为单位,应取整数。

(2) 措施项目清单的编制

现行国家《计算规范》已将措施项目纳入规范中,措施项目清单必须根据相关工程现行国家计量规范的规定编制。措施项目清单的编制需考虑多种因素,除工程本身的因素外,还涉及水文、气象、环境、安全等因素。由于影响措施项目设置的因素太多,《计算规范》不可能将施工中可能出现的措施项目一一列出。在编制措施项目清单时,因工程情况不同,出现《计算规范》附录中未列的措施项目,可根据工程的具体情况对措施项目清单做补充。

《计算规范》将措施项目划分为两类:一类是可以计算工程量的项目,如脚手架、降水工程等,就以"量"计价,更有利于措施费的确定和调整,称为"单价措施项目";另一类是不能计算工程量的项目,如文明施工和安全防护、临时设施等,就以"项"计价,称为"总价措施项目"。

表4-4和表4-5中列出了专业措施项目和安全文明施工及其他措施项目。

专业措施项目(031301) 表4-4

项目编码	项目名称	工作内容及包含范围
031301001	吊装加固	行车梁加固;桥式起重机加固及负荷试验;整体吊装临时加固件,加固设施拆除、清理
031301002	金属抱杆安装、拆除、移位	安装、拆除;位移;吊耳制作安装;拖拉坑挖埋
031301003	平台铺设、拆除	场地平整;基础及支墩砌筑;支架型钢搭设;铺设;拆除、清理
031301004	顶升、提升装置	安装、拆除
031301005	大型设备专用机具	
031301006	焊接工艺评定	焊接、试验及结果评价
031301007	胎(模)具制作、安装、拆除	制作、安装、拆除
031301008	防护棚制作安装拆除	防护棚制作、安装、拆除
031301009	特殊地区施工增加	高原、高寒施工防护;地震防护
031301010	安装与生产同时进行施工增加	火灾防护;噪声防护
031301011	在有害身体健康环境中施工增加	有害化合物防护;粉尘防护;有害气体防护;高浓度氧气防护
031301012	工程系统检测、检验	起重机、锅炉、高压容器等特种设备安装质量监督检验检测;由国家或地方检测部分进行的各类检测
031301013	设备、管道施工的安全、防冻和焊接保护	保证工程施工正常进行的防冻和焊接保护

续表

项目编码	项目名称	工作内容及包含范围
031301014	焦炉烘炉、热态工程	烘炉安装、拆除、外运;热态作业劳保消耗
031301015	管道安拆后的充气保护	充气管道安装、拆除
031301016	隧道内施工的通风、供水、供气、供电、照明及通信设施	通风、供水、供气、供电、照明及通信设施安装、拆除
031301017	脚手架塔拆	场内、场外材料搬运;塔、拆脚手架;拆除脚手架后材料的堆放
031301018	其他措施	为保证工程施工正常进行所发生的费用

注:1. 由国家或地方检测部门进行的各类检测,指安装工程不包括的属经营服务类项目,如通电测试、防雷装置检测、安全、消防工程检测、室内空气质量检测等。
  2. 脚手架按《计算规范》各附录分别列项。
  3. 其他措施项目必须根据实际措施项目名称确定项目名称,明确描述工作内容及包含范围。

安全文明施工及其他措施项目(031302)   表 4-5

项目编码	项目名称	工作内容及包含范围
031302001	安全文明施工	环境保护;文明施工;安全施工;临时施工
031302002	夜间施工增加	夜间固定照明灯具和临时可移动照明灯具的设置、拆除;夜间施工时,施工现场交通标志、安全标牌、警示灯等的设置、移动、拆除;夜间照明设备和照明用电、施工人员夜班补助、夜间施工劳动效率降低等
031302003	非夜间施工增加	为保证工程施工正常进行,在地下(暗)室、设备及大口径管道内等特殊施工部位施工时所采用的照明设备的安拆、维护及照明用电、通风等;在地下(暗)室等施工引起的人工功效降低以及由于人工功效降低引起的机械降效
031302004	二次搬运	由于施工场地条件限制而发生的材料、成品、半成品等一次运输不能到达堆放地点,必须进行二次或多次搬运
031302005	冬雨季施工增加	冬雨(风)期施工时增加的临时设施(防寒保温、防雨、防风设施)的搭设、拆除;冬雨(风)期施工时,对砌体、混凝土等采用的特殊加温、保温和养护措施;冬雨(风)期施工时,施工现场的防滑处理、对影响施工的雨雪的清除;冬雨(风)期施工时增加的临时设施、施工人员的劳动保护用品、冬雨(风)期施工劳动效率降低等
031302006	已完工程及设备保护	对已完工程及设备采取覆盖、包裹、封闭、隔离等必要保护措施
031302007	高层施工增加	高层施工引起的人工工效降低以及由于人工工效降低引起的机械降效;通信联络设备的使用

注:1. 本表所列项目应根据工程实际情况计算措施项目费用,需分摊的应合理计算摊销费用。
  2. 施工排水是指为保证工程在正常条件下施工而采取的排水措施所发生的费用。
  3. 施工降水是指为保护工程在正常条件下施工而采取的降低地下水位的措施所发生的费用。
  4. 高程施工增加:
    1) 单层建筑物檐口高度超过 20m,多层建筑物超过 6 层时,按《计算规范》各附录分别列项。
    2) 突出主体建筑物顶的电梯机房、楼梯出口间、水箱间、瞭望塔、排烟机房等不计入檐口高度。
    3) 计算层数时,地下室不计入层数。

(3) 其他项目清单的编制

其他项目清单应按照下列内容列项：

1）暂列金额：指招标人在工程量清单中暂定并包含在合同价款中的一笔款项，用于工程合同签订时尚未明确或者不可预见的所需材料、工程设备、服务的采购，施工中可能发生的工程变更、合同约定调整因素出现时的合同价款调整以及发生的索赔、现场签证确认等的费用。暂列金额应根据工程特点按有关计价规定估算。

2）暂估价：招标人在工程量清单中提供的用于支付必然发生但暂不能确定价格的材料、工程设备的单价以及专业工程的金额。暂估价包括材料暂估单价、工程设备暂估单价、专业工程暂估价。暂估价中的材料、工程设备暂估单价应根据工程造价信息或参照市场价格估算，列出明细表；专业工程暂估价应分不同专业，按有关计价规定估算，列出明细表。

3）计日工：指在施工过程中，承包人完成发包人提出的工程合同范围以外的零星项目或工作，按合同中约定的单价计价的一种方式。应列出项目名称、计量单位和暂估数量。

4）总承包服务费：指总承包人为配合协调发包人进行的专业工程发包，对发包人自行采购的材料、工程设备等进行保管以及施工现场管理、竣工资料汇总整理等服务费所需的费用。应列出服务项目及其内容等。上述未列出的项目，应根据工程实际情况补充。

(4) 规费项目清单的编制

规费项目清单应按照下列内容列项：1）社会保险费：包括养老保险费、失业保险费、医疗保险费、工伤保险费、生育保险费；2）住房公积金；3）工程排污费。上述未列出的项目，可根据省级政府或省级有关部门的规定列项。

(5) 税金项目清单的编制

税金项目清单应包括下列内容：1）营业税；2）城市维护建设税；3）教育费附加；4）地方教育附加。上述未列出的项目，应根据税务部门的规定列项。

5. 工程量清单的标准格式

(1) 工程量清单格式应由下列内容组成（表4-6～表4-19）

1）招标工程量清单封面格式；2）招标工程量清单扉页；3）工程计价总说明；4）分部分项工程和单价措施项目清单与计价表；5）总价措施项目清单与计价表；6）其他项目清单与计价汇总表；7）规费、税金项目计价表；8）发包人提供材料和工程设备一览表；9）承包人提供主要材料和工程设备一览表。

(2) 工程量清单格式的填写应符合下列规定

1）扉页应按规定的内容填写、签字、盖章，由造价员编制的工程量清单应有负责审核的造价工程师签字、盖章。受委托编制的工程量清单，应有造价工程师签字、盖章以及工程造价咨询人盖章。

2）总说明应按下列内容填写：1）工程概况：建设规模、工程特征、计划工期、施工现场实际情况、自然地理条件、环境保护要求等；2）工程招标和专业工程发包范围；3）工程量清单编制依据；4）工程质量、材料、施工等的特殊要求；5）其他需要说明的问题。

4.2 工程量清单计价

招标工程量清单封面格式　　　　　　　　　　　　　　　　　　　　表 4-6

_____工程

招标工程量清单

招 标 人：_____
　　　　　　　　　（单位盖章）

造价咨询人：_____
　　　　　　　　　（单位盖章）

年　　月　　日

招标工程量清单扉页　　　　　　　　　　　　　　　　　　　　　　表 4-7

_____工程

招标工程量清单

招　标　人：_____	造价咨询人：_____
（单位盖章）	（单位资质专用章）
法定代表人	法定代表人
或其授权人：_____	或其授权人：_____
（签字或盖章）	（签字或盖章）
编　制　人：_____	复　核　人：_____
（造价人员签字盖专用章）	（造价工程师签字盖专用章）
编制时间：　年　　月　　日	复核时间：　年　　月　　日

工程计价总说明　　　　　　　　　　　　　　　　　　　　　　　　表 4-8

工程名称：　　　　　　　　　　　　　　　　　　　　　　　　　　第　页　共　页

分部分项工程和单价措施项目清单与计价表　　　　　　　　　　　表 4-9

工程名称：　　　　　　　　　标段：　　　　　　　　　　第　页　共　页

序号	项目编码	项目名称	项目特征描述	计量单位	工程量	金额(元)		
						综合单价	合价	其中
								暂估价
				本页小计				
				合　计				

注：为记取规费等的使用，可在表中增设其中："定额人工费"。

总价措施项目清单与计价表　　　　　　　　　　　　　　　　表 4-10

工程名称：　　　　　　　　　　　标段：　　　　　　　　　　　　　第　页　共　页

序号	项目编码	项目名称	计算基础	费率(%)	金额(元)	调整费率(%)	调整后金额(元)	备注
		安全文明措施费						
		夜间施工增加费						
		二次搬运费						
		冬雨季施工增加费						
		以完工程及设备保护费						
		合　　计						

编制人（造价人员）：　　　　　　　　　　　　　　　复核人（造价工程师）：

注：1. "计算基础"中安全文明施工费可为"定额基价"、"定额人工费"或"定额人工费＋定额机械费"，其他措施项目"计算基础"可为"定额人工费"或"定额人工费＋定额机械费"。
　　2. 按施工方案计算的措施费，若无"计算基础"和"费率"的数值，也可只填"金额"数值，但应在备注栏说明施工方案出处或计算方法。

其他项目清单与计价汇总表　　　　　　　　　　　　　　　　表 4-11

工程名称：　　　　　　　　　　　标段：　　　　　　　　　　　　　第　页　共　页

序号	项目名称	金额(元)	结算金额(元)	备注
1	暂列金额			详见表 4-12
2	暂估价			
2.1	材料(工程设备)暂估价/结算价			详见表 4-13
2.2	专业工程暂估价/结算价			详见表 4-14
3	计日工			详见表 4-15
4	总承包服务费			详见表 4-16
5	索赔与现场签证			
	合　　计			

注：材料（工程设备）暂估单价进入清单项目综合单价，此处不汇总。

暂列金额明细表　　　　　　　　　　　　　　　　　　　　　　表 4-12

工程名称：　　　　　　　　　　　标段：　　　　　　　　　　　　　第　页　共　页

序号	项目名称	计量单位	暂定金额(元)	备注
	合　　计			

注：此表由招标人填写，如不能详列，也可只列暂定金额总额，投标人应将上述暂列金额计入投标总价中。

4.2 工程量清单计价

材料（工程设备）暂估单价及调整表

表 4-13

工程名称： 　　　　　　　　　　　　标段： 　　　　　　　　　　　　第 页 共 页

序号	材料(工程设备)名称、规格、型号	计量单位	数量		暂估(元)		确认(元)		差额±(元)		备注
			暂估	确认	单价	合价	单价	合计	单价	合价	
	合　计										

注：此表由招标人填写"暂估单价"，并在备注栏说明暂估价的材料、工程设备拟用在那些清单项目上，投标人应将上述材料，工程设备暂估单价计入工程量清单综合单价报价中。

专业工程暂估价及结算价表

表 4-14

工程名称： 　　　　　　　　　　　　标段： 　　　　　　　　　　　　第 页 共 页

序号	工程名称	工程内容	暂估金额(元)	结算金额(元)	差额±(元)	备注
	合　计					

注：此表"暂估金额"由招标人填写，投标人应将"暂估金额"计入投标总价中。结算时按合同约定结算金额填写。

计日工表

表 4-15

工程名称： 　　　　　　　　　　　　标段： 　　　　　　　　　　　　第 页 共 页

编号	项目名称	单位	暂定数量	实际数量	综合单价(元)	合价(元)	
						暂定	实际
一	人工						
1							
2							
	人工小计						
二	材料						
1							
2							
	材料小计						
三	施工机械						
1							
2							
	施工机械小计						
四、企业管理费和利润							
	总计						

注：此表项目名称、暂定数量由招标人填写，编制招标控制价时，单价由招标人按有关规定确定；投标时，单价由投标人自主报价，按暂定数量计算合价计入投标总价中。结算时，按发承包双方确认的实际数量计算合价。

总承包服务费计价表

表 4-16

工程名称：　　　　　　　　　　　　标段：　　　　　　　　　　　　第　页　共　页

序号	项目名称	项目单价(元)	服务内容	计算基础	费率(%)	金额(元)
1	发包人发包专业工程					
2	发包人提供材料					
	合　计					

注：此表项目名称、服务内容由招标人填写，编制招标控制价时，费率及金额按有关计价规定确定；投标时，费率及金额由投标人自主报价，计入投标总价中。

规费、税金项目计价表

表 4-17

工程名称：　　　　　　　　　　　　标段：　　　　　　　　　　　　第　页　共　页

序号	项目名称	计算基础	计算基数	计算费率(%)	金额(元)
1	规费	定额人工费			
1.1	社会保险费	定额人工费			
(1)	养老保险费	定额人工费			
(2)	失业保险费	定额人工费			
(3)	医疗保险费	定额人工费			
(4)	工伤保险费	定额人工费			
(5)	生育保险费	定额人工费			
1.2	住房公积金	定额人工费			
1.3	工程排污费	按工程所在地环境保护部门收取标准，按实计入			
2	税金	分部分项工程费＋措施项目费＋其他项目费＋规费－按规定不计税的工程设备金额			
	合计				

编制人（造价人员）：　　　　　　　　　　　　　　　　　复核人（造价工程师）：

发包人提供材料和工程设备一览表

表 4-18

工程名称：　　　　　　　　　　　　标段：　　　　　　　　　　　　第　页　共　页

序号	材料(工程设备)名称、规格、型号	单位	数量	单价(元)	交货方式	送达地点	备注

注：此表由招标人填写，供投标人在投标报价、确定总承包服务费时参考。

承包人提供主要材料和工程设备一览表
（适用于造价信息差额调整法）

工程名称： 标段： 表 4-19
第 页 共 页

序号	名称、规格、型号	单位	风险系数（%）	基准单价（元）	投标单价（元）	发承包人确认单价（元）	备注

注：1. 此表由招标人填写除"投标单价"栏的内容，投标人投标时自主确定投标单价。
 2. 招标人应优先采用工程造价管理机构发布的单价作为基准单价，未发布的，通过市场调查其基准单价。

4.2.4 工程量清单计价模式安装工程费用

建设工程招标投标，实行工程量清单计价，工程量清单计价包括按招标文件规定完成工程量清单所需的全部费用。根据《计价规范》的规定，工程量清单计价模式安装工程费用组成，包括安装工程的分部分项工程费、措施项目费、其他项目费和规费、税金，见表 4-20 所示。

工程量清单计价模式安装工程费用构成 表 4-20

费用名称			内　容
安装工程费用	分部分项工程费	直接工程费	人工费
			材料费
			施工机械使用费
		企业管理费	
		利润	
	措施费	通用项目措施费	安全文明施工措施费
			冬雨季及夜间施工措施费
			二次搬运费
			测量放线、定位复测、检测试验费
			大型机械设备进出场及安拆费
			已完工程及设备保护费
			施工排水、降水费
			施工影响场地周边地上、地下设施及建筑物安全的临时保护设施
		专业工程措施项目费	
	其他项目费	暂列金额	
		暂估价	
		计日工	
		总承包服务费	
	规费	社会保障保险	养老保险（劳保统筹基金）
			失业保险
			医疗保险
			工伤保险
			伤残人就业保险
			女工生育保险
		住房公积金	
		意外伤害保险	
	税金	营业税	
		城市维护建设税	
		教育费附加	
		地方教育附加	

4.2.5 工程量清单计价方法

1. 工程量清单计价过程

工程量清单计价分为两个阶段：工程量清单的编制和利用工程量清单来编制投标报价或标底价格。投标报价根据招标文件中的工程量清单和有关要求、施工现场实际情况及拟订的施工方案或施工组织设计，根据企业定额和市场价格信息，并参照建设行政主管部门发布的现行消耗量定额进行编制。标底是根据招标文件中的工程量清单和有关要求、施工现场实际情况、合理的施工方法以及按照建设行政主管部门制定的有关工程造价计价办法进行编制。工程量清单计价过程见图4-3。

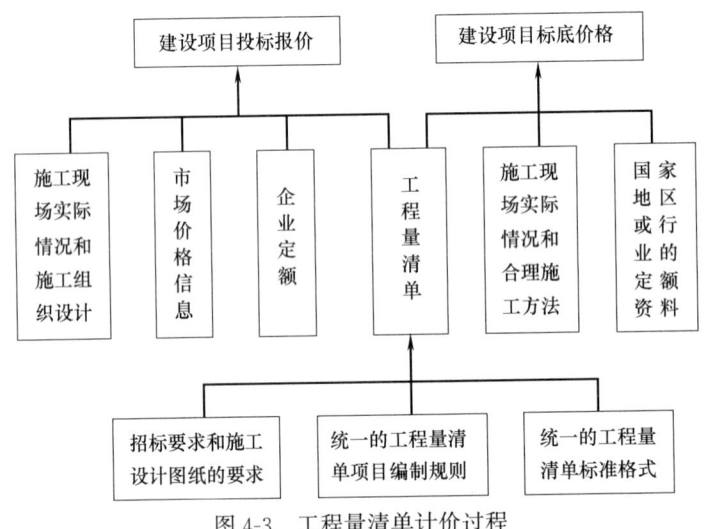

图4-3 工程量清单计价过程

2. 工程量清单计价的基本方法

由本章4.2.3小节内容知，工程量清单计价模式安装工程的费用，由分部分项工程费、措施项目费、其他项目费和规费、税金等组成。即：

清单计价安装工程费用＝分部分项工程费＋措施项目费＋其他项目费＋规费＋税金

工程量清单计价方法，采用综合单价计价方法。所谓综合单价，是指完成一个规定计量单位工程所需的人工费、材料费、机械使用费、管理费和利润，并考虑风险因素。即：

综合单价＝人工费＋材料费＋机械使用费＋管理费＋利润

综合单价计价法，不但适用于分部分项工程量清单计价，也适用于措施项目清单计价和其他项目清单计价。

（1）分部分项工程费

分部分项工程费是指完成在工程量清单列出的各分部分项清单工程量所需费用。包括人工费、材料费、机械使用费、管理费和利润，并考虑风险因素。即：

分部分项工程费＝Σ分部分项工程综合单价×分部分项工程量

其中，分部分项工程综合单价，由分部分项工程的人工费、材料费、机械费、管理费、利润等组价形成，并考虑风险费用；但分部分项工程综合单价，不得包括招标人自选采购材料的价款，但应考虑对管理费、利润的影响。

(2) 措施项目费

措施项目费是由采取的措施项目所发生的工程措施项目费用的总和。包括其人工费、材料费、机械使用费、管理费和利润,并考虑风险因素。即:

$$措施项目费 = \sum 措施项目综合单价 \times 措施项目工程量$$

其中,措施项目综合单价,应根据拟建工程的施工方案或施工组织设计,进行综合单价组成确定;措施项目是根据一般情况确定的,没有考虑不同投标人的特殊情况,因此投标人报价时,可根据自身实际情况增加措施项目内容报价。

(3) 其他项目费

其他项目费是指招标人部分的预留金、材料购置费和投标人部分的总承包服务费、零星工作项目费的总和。包括其人工费、材料费、机械使用费、管理费和利润,并考虑风险因素。即:

$$其他项目费 = 招标人部分费用 + 投标人部分费用$$
$$= \sum 其他项目综合单价 \times 其他项目工程量$$

其中,招标人部分的预留金、材料购置费可按估算金额确定;投标人部分的总承包服务费应根据招标人提出要求所发生的费用确定,零星工作费可按零星工作项目估算金额确定。需要指出的是,预留金、材料购置费和零星工作项目费均为估算预测数量,虽计入投标报价中,但不应视为投标人所有,应按承包人实际完成内容结算,剩余部分归招标人所有。

工程量清单计价模式安装工程费用计算程序见表 4-21。

工程量清单计价模式安装工程费用计算程序 表 4-21

序号	费用名称	计算公式	备注
1	分部分项工程费	$\sum$ 分部分项工程综合单价 $\times$ 分部分项工程量	
2	措施项目费	$\sum$ 措施项目综合单价 $\times$ 措施项目工程量	
3	其他项目费	$\sum$ 其他项目综合单价 $\times$ 其他项目工程量	
4	规费	(1+2+3)×费率	按规定计取
5	税金	(1+2+3+4)×税率	按规定计取
6	工程造价	1+2+3+4+5	

3. 工程量清单计价格式

工程量清单计价应采用统一格式,工程量清单计价格式应随招标文件发至投标人。

(1) 工程量清单计价格式应由下列内容组成

1) 封面;2) 投标总价;3) 工程项目总价表;4) 单项工程费汇总表;5) 单位工程费汇总表;6) 分部分项工程量清单计价表;7) 措施项目清单计价表;8) 其他项目清单计价表;9) 零星工作费表;10) 分部分项工程量清单综合单价分析表;11) 措施项目费分析表;12) 主要材料价格表。

工程量清单计价应采用统一格式,包括招标控制价和投标报价,这里仅详细列举投标报价内容组成。

（2）投标报价表格应由下列内容组成（表 4-22～表 4-28、表 4-8～表 4-19）

1）投标总价封面；2）投标总价扉页；3）工程计价总说明；4）建设项目招标控制价/投标报价汇总表；5）单项工程招标控制价/投标报价汇总表；6）单位工程招标控制价/投标报价汇总表；7）分部分项工程和单价措施项目清单与计价表；8）综合单价分析表；9）总价措施项目清单与计价表；10）其他项目计价表；11）规费、税金项目计价表；12）总价项目进度款支付分解表；13）发包人提供材料和工程设备一览表；14）承包人提供主要材料和工程设备一览表。

其中，除了投标报价的封面、扉页、投标报价汇总表、综合单价分析表、进度款支付分解表以外，投标报价所用表格与工程量清单所用表格相同。

投标总价封面　　　　　　　　　　　　　　　　　表 4-22

_____工程

投标总价

投标人：_____
（单位盖章）
年　月　日

投标总价扉页　　　　　　　　　　　　　　　　　表 4-23

投　标　总　价

招标人：_____

工程名称：_____

投标总价(小写)：_____
　　　（大写）：_____

投　标　人：_____
（单位盖章）
法定代表人：
或其授权人：_____
（签字或盖章）
编　制　人：_____
（造价人员签字盖专用章）
时　　　间：　　年　月　日

4.2 工程量清单计价

建设项目招标控制价/投标报价汇总表

表 4-24

工程名称：　　　　　　　　　　　　　　　　　　　　　　　　　第　页　共　页

序号	单位工程名称	金额(元)	其中:(元)		
			暂估价	安全文明施工费	规费
合　计					

单项工程招标控制价/投标报价汇总表

表 4-25

工程名称：　　　　　　　　　　　　　　　　　　　　　　　　　第　页　共　页

序号	单项工程名称	金额(元)	其中:(元)		
			暂估价	安全文明施工费	规费
合　计					

单位工程招标控制价/投标报价汇总表

表 4-26

工程名称：　　　　　　　　　标段：　　　　　　　　　　　第　页　共　页

序号	汇总内容	金额(元)	其中:暂估价(元)
1	分部分项工程		
1.1			
1.2			
1.3			
1.4			
1.5			
2	措施项目		
	其中:安全文明施工费		
3	其他项目		
3.1	其中:暂列金额		
3.2	其中:专业工程暂估价		
3.3	其中:计日工		
3.4	其中:总承包服务费		
4	规费		
5	税金		
招标控制价合计＝1＋2＋3＋4＋5			

注：本表适用于单位工程招标控制价或投标报价的汇总，如无单位工程划分，单项工程也可使用本表汇总。

综合单价分析表

表 4-27

工程名称：　　　　　　　　　　　　　　标段：　　　　　　　　　　　　第　页　共　页

项目编码		项目名称		计量单位		工程量	

清单综合单价组成明细

定额编号	定额项目名称	定额单位	数量	单价				合计			
				人工费	材料费	机械费	管理费和利润	人工费	材料费	机械费	管理费和利润

人工单价	小计
元/工日	未计价材料费
	清单项目综合单价

材料费明细	主要材料名称、规格、型号	单位	数量	单价(元)	合价(元)	暂估价(元)	暂估合价(元)
	其他材料费			—		—	
	材料费小计			—		—	

注：1. 如不使用省级或行业建设主管部门发布的计价依据，可不填写定额编号、名称等。
　　2. 招标文件提供了暂估单价的材料，按暂估的单价填入表内"暂估单价"栏及"暂估合价"栏。

总价项目进度款支付分解表

表 4-28

工程名称：　　　　　　　　　　　　　　标段：　　　　　　　　　　　　第　页　共　页

序号	项目名称	总价金额	首次支付	二次支付	三次支付	四次支付	五次支付
	安全文明施工费						
	夜间施工增加费						
	二次搬运费						
	社会保险费						
	住房公积金						
	合计						

编制人（造价人员）：　　　　　　　　　　　　　　复核人（造价工程师）：

注：1. 本表应有承包人在投标报价时根据发包人在招标文件明确的进度款支付周期与报价填写，签订合同时，发承包双方可就支付分解协商调整后作为合同附件。
　　2. 单价合同使用本表，"支付"栏时间应与单价项目进度款支付周期相同。
　　3. 总价合同使用本表，"支付"栏时间应与约定的工程计量周期相同。

（3）工程量清单计价格式的填写应符合下列规定

1) 工程量清单计价格式应由招标人填写。
2) 封面、扉页应按规定内容填写、签字、盖章。
3) 投标总价应按工程项目总价表合计金额填写。
4) 总说明应按照下列内容填写：
① 工程概况：建设规模、工程特征、计划工期、合同工期、实际工期、施工现场及变化情况、施工组织设计的特点、自然地理条件、环境保护要求。
② 编制依据等。

4.3 定额计价模式与清单计价模式比较

4.3.1 价格形成指导思想

定额计价模式与工程量清单计价模式，在价格形成的指导思想上是不同的。前者是静态的"量价合一"的指令性价格形成指导思想；后者是动态的"量价分离"的市场竞争性价格形成指导思想。

定额计价模式，采用的是指令性计价模式。工程项目的计价，是以指令性的定额子目构成直接费，再以直接费或人工费为计算基础，乘以各种费用项目的费率，得到其他直接费、间接费、计划利润和税金，组成建筑安装工程造价。该种计价模式体现了静态"量价合一"的基本特征：在量上，人工、材料、机械三要素的消耗量的水平是统一的，反映的是社会平均消费水平，没有区分工程实体消耗与施工措施手段消耗，将技术设备、施工手段、管理水平等本属于竞争机制的动态因素静态化了；在价上，人工费、材料费、施工机械使用费的单价是定额规定的静态的计划性价格，各种费用的费率是由定额规定的指令性取费标准。因此，在定额计价模式下，建设工程造价实际上是一种政府规定的计划价格。

工程量清单计价模式，采用的是市场竞争性计价模式。在指导思想上，实行"控制量、企业自主报价、市场竞争形成价格"的计价模式。该种计价模式体现了动态"量价分离"的基本特征：在量上，政府将实体消耗量作为法定标准规定下来，体现实体消耗量的统一的工程量计算规则，而非实体的消耗量则由施工企业自主确定；在价上，国家取消定价，把定价权交还企业和市场，实行"量"与"价"的分离，价格由市场决定，政府公布的预算价格仅供参考，作为政府调控工程造价的依据，改进和简化现行的费用计取办法，体现企业自主报价的原则，合理反映市场的供求关系及企业的管理水平和竞争策略。因此，在工程量清单计价模式下，建设工程造价是一种由市场竞争而形成的市场价格。

4.3.2 工程计价的依据与性质

定额计价模式与工程量清单计价模式，在建设工程造价确定时，其计价依据与性质是不同的。

定额计价的依据，是建设工程主管部门按照社会平均生产力水平和管理水平统一编制的概预算定额，或当地定额管理部门编制的地区统一的单位估价表和费用定额。因此，在定额计价模式下，计价的性质实际上是指令性的。

工程量清单计价的依据，是住房和城乡建设部颁发的建设工程工程量清单计价规范。工程量清单计价，是在建设工程招投标中，按照国家统一的工程量清单编制原则及计价规则，在招标人提供工程量清单的基础上，投标人依据企业自己的技术能力、管理水平和企业定额，实行人工、材料、机械台班消耗量以及相应价格的自定，编制出反映市场行情的综合单价，企业进行自主报价。因此，在工程量清单计价模式下，计价的性质实际上是竞争性的。

4.3.3 工程量计算

(1) 工程量计算规则

工程量计算规则有原则性区别，主要体现在两方面。第一，工程量计算时，在量的计算上的区别。定额项目是以工序为划分项目的原则，因此定额中已经综合考虑了施工中的各种消耗，即定额计价方式工程量是按实物净值加上人为规定的预留量计算。而清单项目的工程量以实体项目工程量为准，因此，清单项目的工程量是按照实体的净值计算，这是当前国际上比较通行的做法。第二，工程量计算时，在项目划分上的区别。定额计价方式中项目施工工艺与措施相结合，未区分施工实体性消耗和施工措施性损耗，竞争空间有限；而工程量清单计价把施工措施与工程实体项目进行分离，实行措施项目单列，具体采取什么措施，由企业根据企业的施工组织设计，视具体情况而定，体现了施工措施费用的市场竞争性，有利于企业自主报价和市场的公平竞争。

(2) 工程量编制主体

工程量编制主体不同。定额计价下，建设工程的工程量分别由招标单位和投标单位按图计算；清单计价下，工程量是由招标人统一计算或者委托有关的工程造价中介机构统一计算，工程量清单是招标文件的重要组成部分。在工程量清单计价下，由于各投标单位都根据统一的工程量清单报价，达到了投标计算口径统一；而传统预算定额招标，各投标单位各自计算工程量，造成工程量不一致。

(3) 工程内容

工程量计算时涉及的工程内容含义不同。清单计价下，工程量清单的工程内容是参考规范所列项目，按实际完成完整实体项目所需工程内容列项，是对完成工程实体的各道工序内容的组合，其内容涵盖了主体工程项目及主体项目以外完成该综合实体的其他工程项目的全部工程内容；而定额计价下，传统定额项目划分是以施工过程为对象，对施工工序进行划分，未对工程内容进行组合，仅仅是单一的工程内容。例如碳钢通风管道的制作安装，工程量清单的工程内容包括：风管、管件、法兰、零件、支吊架制作安装；弯头导流叶片制作安装；过跨风管落地支架制作安装；风管检查孔制作；温度、风量测定孔制作；风管保温及保护层；风管、法兰、法兰加固框、支吊架、保护层除锈、刷油七项工程。而对应的定额计价的工程内容仅包括：风管制作（其工序有放样、下料、卷圆、折方、轧口、咬口、制作直管、管件、法兰、吊托支架、钻孔、铆焊、上法兰、组对）和风管安装（其工序有找标高、打支架墙洞、配合预留孔洞、埋设吊托支架，组装、风管就位找平、找正、制垫、垫垫、上螺栓、紧固）两项工程。因此，两种计价方式的工程内容有本质上的不同。

(4) 计量单位

计量单位不同。工程量清单项目的计量单位，一般采用基本物理计量单位，如"m"、"kg"、"t"等。而定额计价方式的计量单位，有时为扩大的物理计量单位，而不采用基本单位，如10m、100kg、100m^{2}等。但工程量清单项目大多数计量单位与相应定额子项的计量单位一致。

4.3.4 费用构成及计价方法

定额计价模式与工程量清单计价模式的费用构成不同。定额计价模式单位工程造价构成包括：直接费、间接费、利润和税金；工程量清单计价模式的费用构成包括：分部分项工程费、措施项目费、其他项目费以及规费和税金。

定额计价模式与工程量清单计价模式的计价方法不同。定额计价法，采用工料单价形式，其单价包括人工费、材料费、机械台班费，计价时先计算直接费，再以人工费（或直接费）为基数计算间接费、利润、税金，汇总为单位工程造价。而清单计价法，采用综合单价形式，包括人工费、材料费、机械使用费、管理费、利润，并考虑风险因素。清单计价是以业主提供的清单项目工程量为基础，根据企业定额，采用综合单价形式，企业自主报价，单位工程费用的计算公式为：

单位工程费＝分部分项工程费＋措施项目费＋其他项目费＋规费＋税金

其中，分部分项工程费＝$\sum$分部分项工程量清单项目工程量×清单项目综合单价；

措施项目费＝$\sum$措施项目工程量 ×措施项目综合单价；

其他项目费＝招标人部分的费用＋投标人部分的费用。

4.3.5 评标采用的方法

两个模式评标采用的方法不同。定额计价一般采用百分制评分法。工程量清单计价法一般采用合理低报价中标法。既要对总价进行评分，还要对综合单价进行分析评分。

4.3.6 合同价调整方式

定额计价模式与工程量清单计价模式的合同价调整方式不同。定额计价合同价调整方式有：变更签证、定额解释、政策调整。采用预算定额经常有定额解释和定额规定，结算中又有政策文件调整。程序比较烦琐，同时会造成很多没有必要的争执。工程量清单计价合同价调整方式主要是索赔。工程量清单的综合单价一般通过招标中报价的形式体现，一旦中标，报价作为签订施工合同的依据相对固定下来，工程结算按承包商实际完成工程量乘以清单中相应的单价计算，综合单价确定后不能再变，减少了调整活口和施工企业与业主间的矛盾，也有利于业主进行资金准备、筹划和控制。对于有些工期较长的工程，在明确投标时的基准价格后，双方须在合同专用条款内约定合同价款的调整办法。

4.3.7 工程风险承担

定额计价模式与工程量清单计价模式的工程风险承担不同。定额计价模式下，招标文件中只有比较粗略的工程量清单，建设工程一般采取总价合同中标，投标人既要承担工程量上的风险，同时也要承担价格的风险。工程量清单计价模式下，工程量清单是招标文件的重要组成部分，各投标人（承包商）在相同的工程量条件下竞争工程价格。招标人或是业主委托咨询单位编制工程量清单，承担工程量上的风险。投标人报价应考虑多种因素，由于综合单价通常不调整，一般采取单价合同，故投标人要承担组成价格的全部风险。工程量清单计价，工程风险由业主和承包商共同合理分担，这有利于控制工程造价。

4.3.8 定额计价模式与清单计价模式联系

定额计价模式与清单计价模式联系见表 4-29。

定额计价模式与清单计价模式联系　　　　　　　　　表 4-29

序号	清单计价模式	与定额计价模式联系	
		联系内容	联系特征点
1	《计价规范》规定采用国有资金或国有资金为主的大、中型建设项目必须实行清单计价	在规范中未明确的项目，两种计价方式均可使用	适用范围有交集
2	《计价规范》中章节划分及清单项目设置	均参考了原定额的结构形式和项目划分	结构形式联系
3	《计价规范》清单项目设置中的"项目特征"内容	基本上取自原定额的子目设置的内容，如规格、材质、重量等	项目特征联系
4	《计价规范》清单项目设置中的"工程内容"	均为原定额的相关子目的综合，它是综合清单的组成内容	工程内容联系
5	《计价规范》清单综合单价的确定	以企业定额为依据，但在目前多数企业没有企业定额的情况下，以省颁定额为依据	计价依据联系
6	《计价规范》工程量计算规则	在传统定额工程量计算规则的基础上发展起来的，它大部分保留了定额工程量计算规则的内容和特点	工程量计算规则联系
7	作用意义：使《计价规范》与传统定额有机地联系起来，既结合我国实际情况，又做到与国际接轨，清单计价模式是定额计价模式的继承与发展，这种联系使得清单计价方式的推广，更易于操作，实现平稳过渡		

4.3.9　清单计价模式完善措施

2003 年 7 月 1 日开始实施的《计价规范》，体现了我国建设市场由计划型向市场型的转变，从而使得工程建设走向了市场，并为逐步与国际惯例接轨奠定了基础。通过近几年的实施，对规范建设市场秩序和市场有序竞争以及企业健康发展起到了极大的作用。虽然《计价规范》在实际工作中取得了一定的成绩，但在执行和运用的过程中仍存在着一些实际问题，工程量清单计价的完善和成熟，还有很长的一段路要走，需要我们不断地去探索、去尝试。

（1）结合实际，与时俱进，进一步完善《计价规范》

《计价规范》实施几年来，总体来说基本符合我国国情，但由于社会的发展和科技的进步，新技术、新工艺、新材料的不断涌现，使得现行《计价规范》的缺陷显露出来，项目设置门类不齐全，有的地方过于笼统，《计价规范》所设置的仅有 400 多个清单项目，远远满足不了实际工作的需要，造成在实际运用中缺项较多。虽然《计价规范》容许自行进行补充，但给清单的编制工作带来不便，也给日后的工程决算造成麻烦。因此，有关部门应对清单项目的设置和分类再细一点，涵盖面更广一些，同时定期对因为新技术、新工艺的更新而造成的缺项项目进行清单项目的增补，并使清单项目的组成更科学、更加贴近和符合实际施工的需要，从而进一步完善《计价规范》。

（2）尽快制定企业定额，提高投标企业的竞争力

清单计价模式下，单位工程造价是由分部分项工程费、措施项目费用、其他项目费用、规费和税金组成，而规费和税金作为法定费用不可下浮，属于非竞争性费用，其他费用均可根据企业自身状况进行浮动，属于可竞争性项目。

竞争性清单项目单价采用综合单价法，综合单价是由人工费、材料费、机械费、管理费和利润组成，这些组成要素均应具有竞争性。但目前，由于绝大多数施工企业没有自身的企业定额，在工程量清单计价时，虽然在形式上采用了清单计价的方式，但在项目价格的组成上仍然沿袭着过去的定额计价模式，使用由政府定额管理部门颁发的计价表。投标企业根据招标人提供的工程量清单，套用国家计价表中的材料耗用量、人工耗用量、机械台班耗用量再乘以相应的单价得出人工费、材料费、机械台班使用费，管理费和利润则按照工程类别，套取费用标准由相应的费率得出，组成综合单价，而该综合单价只不过是把管理费和利润分摊到每一个清单项目中去，根本没有根据企业自身情况采用企业定额进行综合单价的编制。使用国家基础定额来确定资源消耗和投标报价，不能体现企业的个性特点，使投标人的优势得不到发挥，所报单价缺乏市场竞争性。

企业定额是企业直接生产工人在合理的施工组织和正常条件下，为完成单位合格产品或完成一定量的工作所必须耗用的人工、材料和施工机械台班使用量的数量标准。企业定额不仅反映企业的劳动生产率和技术装备水平，同时也是衡量企业管理水平的标尺。清单计价模式的招投标特点，体现的是个别成本的差异，也是企业整体竞争实力的体现，从发展的角度看，企业制定企业定额是当务之急。企业可以利用消耗定额调整的方法、统计分析法、劳动测定法等方法加大企业定额的编制力度，建立一套完善的定额编制机制，对施工过程中所发生的人工、材料、机械的各种消耗量进行科学严密的测定，编制出符合自身企业特点又反映企业管理水平的企业定额，从而使企业在工程量清单计价中占有优势，提升企业投标报价的竞争力。

（3）结合企业自身技术经济实力，合理确定措施费用

措施项目费用作为用于项目施工过程中所发生的技术、组织、安全、生活等方面而非工程实体项目的费用，它本应体现出一个企业的技术水平、组织能力和整个企业的综合实力。但在实际工作中施工单位在投标报价时，措施费部分却很少根据自身实际情况以及施工方案进行报价，而是采用计价表进行统一模式的套用，这样严重地制约了企业的技术发展和工艺创新的热情，直接影响施工企业的投标竞争。

从实际工程量清单招标来看，分部分项工程项目是构成实体消耗的项目，投标编制报价大多数都按当期的市场信息价参考报价，编报的价格竞争性不明显。投标报价差别大的是非工程实体消耗的措施项目费用，在许多投标实例中，措施项目费用的多少，往往能最后决定中标的结果。报价自由度高的措施项目费用，如临时设施费、夜间施工费、已完工程及设备保护费、施工排水、降水费等，是对施工企业在现场的利用程度、自有资源、管理水平、施工方案、优化能力等方面的综合考验。施工企业需要按照施工组织设计的要求，根据现场的实际情况进行详细的测算，结合自身的技术及经济实力，合理确定措施费用。

（4）加强业务培训，提高造价从业人员素质

从事工程造价专业人员整体素质不高，多数习惯性地过多依赖定额计价模式，适应市场应变能力较弱，对清单项目的特征描述不准确，项目的划分不规范。推行工程量清单计价后，要求工程造价人员不仅能看懂施工图，会计算工程量和编制工程量清单及投标报价，而且要精通工程技术，懂得经济和管理，熟悉行业政策法规并具有丰富的实践经验，即要求兼备技术、经济、管理等专业的复合型人才。因此施工企业应重视造价人员的素质

第 4 章　建筑设备安装工程计价

提高，应分级别、分层次地把造价人员组织起来，通过参加培训班、到施工现场实践、制定相应的考核制度等方式，加强培训的力度和范围，从而更新完善他们的知识结构，提高工程造价人员的综合素质，使工程造价人员认清清单计价的本质和内涵，灵活运用企业定额，快速、准确、合理的组价。

电子课件说明

有关第 4 章"建筑设备安装工程计价"的内容，编写制作了"PPT4-1 安装工程计价模式演进及渊源"和"PPT4-2 安装工程计价流程演示"两个电子课件，每个电子课件均有"知识演示与互动学习"两大部分。在"知识演示"的第一部分中，在 PPT4-1 课件中，主要涉及我国工程造价机制沿革、计价模式的演进及渊源、安装工程费用构成演化；在 PPT4-2 课件中，主要涉及安装工程定额计价流程演示、工程量清单计价流程演示以及两者的比较。在"互动学习"的第二部分中，根据有关第 4 章的"知识演示"所呈现内容的层次与水平，将问题分为三类：基础性问题、系统性问题、挑战性问题，在这三类问题中包括：概述题、填空题、选择题、思考题等，并给出了相应的参考答案要点。

思考题与习题

1. 工程项目建设与过程计价关系是什么？
2. 定额计价性质？
3. 定额计价模式下，安装工程造价计算方法？
4. 工程计价方面，定额计价模式的积极作用及其局限性？
5. 工程量清单概念？
6. 工程量清单计价的优势及其适用性？
7. 工程量清单的编制方法？
8. 工程量清单的标准格式？
9. 工程量清单计价统一格式？
10. 试比较定额计价模式与工程量清单计价模式的费用构成及计价方法。
11. 针对某一安装工程如某一供暖安装工程、通风空调安装工程、室内燃气安装工程等，完成该工程项目的工程造价计算，在此基础上，结合工程算例，分析比较"定额计价模式"与"工程量清单计价模式"之异同。
12. 为了更好地适应"政府宏观调控、企业自主报价、市场竞争形成价格"新机制，如何进一步完善工程量清单计价模式？

第5章 建筑设备安装工程预算

建筑设备安装工程预算，是建筑经济的重要组成部分，也是基本建设规划、设计、施工、监理及建设银行等有关部门进行工程管理与监督的依据。

建筑设备安装工程预算，按其在不同设计阶段所起的作用和使用编制的依据不同，可分为三类：建筑设备安装工程的设计概算、施工图预算和施工预算。

5.1 设 计 概 算

设计概算是用来确定基本建设项目总造价的预算文件。它是在基本建设项目开始设计阶段，由设计单位根据建设项目的性质、规模、内容、要求、技术经济指标等各项要求所做的初步设计图纸，结合概算定额或概算指标编制的。设计概算，又称工程概算，简称概算。国家计委、财政部等部门规定：每一项新建、扩建、改建的基本建设工程都必须编制工程概算。

5.1.1 概算的主要作用

1. 概算是国家用来确定建设项目总投资金额的依据

概算所确定的资金数额包括了建设项目从开始筹备、可行性论证、勘察设计、土建设计、生产工艺设计、管道设备安装、投料试车、竣工验收、试车生产全过程的全部费用。因此，概算就成为国家确定工程投资的重要依据。

2. 概算是国家编制基本建设计划的依据

基本建设是国民经济的重要组成部分，对国家的经济发展起着重要作用。国家每年投入用于基本建设的资金是有限的，为了更好地发挥这部分有限资金的作用，国家必须根据国民经济的实际要求、国家经济结构的比例关系以及每项建设工程的实际需要资金数额等因素来具体安排基本建设工程项目，以保证国家财政收支平衡，概算就是进行这项工作的重要依据。

概算是国家对建设项目投资的最高金额，一般不允许超过。在实际工程中，如果技术设计修正概算或施工图预算超过了初步设计概算的总投资数额，则必须调整概算，报请上级主管部门审核批准。否则，超出原概算部分的资金无法依靠国家拨款，只能用追加贷款的方法来解决。

3. 概算是考核设计方案的技术、经济是否合理的依据

概算的各项指标是经济效果的反映。在相同资金限额或相同经济指标的控制下，不同的设计方案反映不同的经济效果或资金使用效果。因此，根据编制的设计概算，对同类工程的不同设计方案进行技术经济指标、建设成本等方面的分析和对比，找出设计中不合理的地方，提高设计水平，获得最佳设计方案，实现基本建设项目中"投资少、见效快、产出多"的目标。

5.1.2 概算说明书的内容

1. 工程概况：说明该项工程所处地理位置，自然环境，项目规模，工程目的，工艺流程，生产方法，产品销路，各分项工程的组成及相互联系。

2. 编制依据：初步设计图纸及其说明书、设备清单、材料表等设计资料；全国统一安装工程概算定额或各省、市、自治区现行的安装工程概算定额或概算指标；标准设备与非标准设备以及材料的价格资料；国家或各省、市、自治区现行的安装工程间接费定额和其他有关费用标准等费用文件。

3. 编制方法：说明编制概算时，是采用概算定额的编制方法还是采用概算指标的编制方法。

4. 投资分析：分析各项工程的投资比例，并分析投资高低的主要原因，说明与同类工程比较的结果。

5. 其他有关内容。

5.1.3 概算表及其编制方法

概算表是用具体数据显示工程各类项目的投资额和工程总投资额。概算表一般分为：单位工程概算表，单项工程综合概算表，建设项目总概算表。建筑设备安装工程概算表包括以下单位工程概算表：给水排水工程概算表，供暖工程概算表，通风空调工程概算表，锅炉安装工程概算表，燃气工程概算表，室外管道工程概算表，电气照明工程概算表等。这些单位工程概算表属于建筑安装工程概算表的组成部分。下面分别介绍概算表包括的各项内容及其编制方法。

1. 建筑安装工程概算

这项概算的目的是确定基本建设项目的建筑与建筑设备安装工程的总造价。在编制建筑安装工程概算时，一般将建设项目分解为若干个单位工程，每一个单位工程均可独立编制概算，然后汇总成建筑安装工程的单项工程综合概算表，最后汇总成建设项目的总概算表。

编制建筑安装工程概算时，主要是计算工程的直接费、间接费、利润三项内容。概算中的直接费，在工程量确定后，可根据概算定额或概算指标计算。概算中的间接费、利润则应根据国家和地方基本建设主管部门的有关取费标准和取费规定计算。

如果采用概算定额编制概算，编制方法可参考后面章节的施工图预算的编制。如果采用概算指标编制概算，可要根据建筑物的使用类别、结构特点等，查阅同类型建筑物中的概算单价指标。利用概算单价指标计算工程概算价值，其计算公式如下：

$$工程概算价值＝建筑面积×每平方米概算单价$$
$$工程所需人工数量＝建筑面积×每平方米人工用量$$
$$工程所需主要材料＝建筑面积×每平方米主要材料耗用量$$

2. 设备及其安装工程概算

这项概算的目的是确定该工程项目生产设备的购置费和安装调试费。设备及其安装工程概算通常包括设备购置费概算和设备安装调试费概算两部分。即：

一部分为设备购置费概算。它由设备原价加上设备运杂费构成。其值可由下式计算：

$$设备购置费概算＝设备原价×(1＋运杂费率)$$

另一部分为设备安装调试费概算。它可由设备安装概算定额进行编制，也可由设备安

装概算指标进行编制,其计算式为:

$$设备安装费概算 = 设备原价 \times 安装费率$$

安装工程中,安装费率一般取为2%~5%,费率的具体值由各地区确定。

3. 其他工程费用概算

这项概算的目的是确定建设单位为保证项目竣工投产后的生产能顺利进行而消耗的费用。该费用包括:土地征用费、生产工人培训费、交通工具购置费、联合试车费等。这类费用额通常是根据国家和地方基本建设主管部门颁发的有关文件或规定来确定的。

4. 不可预见工程费概算

这项概算的目的是确定因修改、变更、增加设计而增加的费用或因材料、设备变换而引起的费用增加等等。这类费用由于在编制概算时难以预料,而在实际工程中可能发生而增加费用额,因此,它们常称为"不可预见工程费"或"工程预备费"。这部分概算费用的确定一般采用以上三项概算总和乘以预留百分比的方法确定,其预留百分比由主管部门规定。

单位工程概算表、单项工程综合概算表以及建设项目总概算表的格式见表5-1~表5-3。

单位工程概算表　　　　　　　　　　表5-1

工程编号	××××	概算价值		××××元	
工程名称 项目名称	×××供暖工程 ×××开发区	技术经济指标	数量:×××××m² m³		
			单价:×××元/m² 元/m³		
编制依据	图号××× ×××年 ×××地区价格 ×××概算定额				
序 号	定额编号	工程或费用名称	工 程 量	定 额 单 价	概算价值(元)
			定额单位	数 量	合 计	其中:人工费	总 价	其中:人工费
1	2	3	4	5	6	7	8	9
×	××	××××	××	××	××	××	××	××
×	××	××××	××	××	××	××	××	××
……	……	……	……	……	……	……	……	……
×	××	××××	××	××	××	××	××	××
×	××	××××	××	××	××	××	××	××
×	××	××××	××	××	××	××	××	××
综合费用计算								
直接工程费		××××					××	
间接费		××××					××	
利润		××××					××	
税金		××××					××	
概算造价		××××					××	

单项工程综合概算表 表5-2

建设项目××单位　　　　　　　　　　　　　　　　　　　　综合概算价值××××

序号	工程或费用名称	概算价格						指标			占投资额（%）	备注
		建筑工程费	安装工程费	设备购置费	工器具及生产用具购置费	其他费用	合计	单位	数量	指标		
1	2	3	4	5	6	7	8	9	10	11	12	13
1	土建工程	×××					×	×	×	×		
2	供暖工程	×××					×	×	×	×		
3	通风工程	×××					×	×	×	×		
4	照明工程	×××					×	×	×	×		
5	小计	×××					×	×	×	×		
6	工艺设备		×××	×××			×	×	×	×		
7	机械设备		×××	×××			×	×	×	×		
8	小计		×××	×××			×	×	×	×		
9	合计	×××	×××	×××			×	×	×	×		

建设项目总概算表 表5-3

建设项目××工厂　　　　　　　　　　　　　　　　　　　　总概算价值××××

序号	工程或费用名称	概算价格						指标			占投资额（%）	备注
		建筑工程费	安装工程费	设备购置费	工器具及生产用具购置费	其他用费	合计	单位	数量	指标		
1	2	3	4	5	6	7	8	9	10	11	12	13
	第一部分工程费用											
	一、主要生产和辅助生产项目	××	××				×	×	×	×		
1	总装配车间	××	××				×	×	×	×		
2	铸造车间	××	××				×	×	×	×		
3	……											
4	机修车间	××					×					
5	小计	××	××				×	×	×	×		
6	二、公用设施工程项目							×				
7	水泵房	××		××			×					
8	变电室			××			×	kVA	×	×		
9	锅炉房及软水站	××		××			×	t/h	×	×		
10	道路	××	××				×					
11	小计	××	××				×					
12	三、生活、福利、文化、教育及服务项目								×	×		
13	家属住宅	××					×	m²	×	×		
14	食堂及办公门卫	××					×	m²	×	×		

5.1 设计概算

续表

序号	工程或费用名称	概算价格						指标			占投资额（%）	备注
		建筑工程费	安装工程费	设备购置费	工器具及生产用具购置费	其他用费	合计	单位	数量	指标		
1	2	3	4	5	6	7	8	9	10	11	12	13
15	卫生所	××					×	m²	×	×		
16	小计	××					×					
17	第一部分工程费用合计	××	××	××			×					
18	第二部分其他工程和费用项目											
19	土地征用费					×	×					
20	场地各种障碍物处理费					×						
21	场地平整费	××					×					
22	建设单位管理费					×						
23	生产工人培训费					×	×					
24	办公和生活用具购置费				×	×						
25	交通工具购置费				×		×					
26	生产工器具和用具、家具购置费				×		×					
27	联合试车费					×	×					
28	施工机械迁移费					×	×					
29	临时设施费					×	×					
30	第二部分其他工程和费用总计	××			×××	×	×					
31	第一、第二部分工程和费用总计	××	××	××	×××	×	×					
32	不可预见工程和费用					×	×					
33	总概算价值	××	××	××	×××	×	×					
34	投资比例	××	××	××	×	×						

由上表可见，单项工程综合概算表由单位工程概算归纳整理而成，建设项目总概算表则由单项工程综合概算归纳整理而成。综合概算表的工程项目组成由建筑工程（土建工程、供暖工程、照明工程等）和设备及其安装工程（工艺设备、机械设备及其安装等）项目组成。总概算表的形式与综合概算表基本相同，但总概算表的内容主要由工程费用项目和工程建设项目其他费用项目以及不可预见费用项目组成。

5.1.4 概算估算指标及其应用

在设计不完整、无法计算工程量时，可用概算指标编制概算。与用概算定额编制概算相比，用概算指标编制概算，其概算造价的准确性较差，但编制要简单、快速。因而，在实际建筑设备工程中，用概算指标对安装工程进行造价估算有着重要的应用。

但应指出的是，建筑设备安装工程费用，由于在不同地区人工费、材料费、机械费等价格不同，所以，其安装工程费也不相同。在编制概算的计算中，对各地区的工程造价概算额，应使用当地的统计资料进行。下面以供暖工程和通风空调工程为例，简要说明概算估算指标应用的方法。

1. 供暖工程

① 用每瓦供暖量的供暖造价指标计算。

首先，按建筑物的供暖面积热指标计算该供暖工程的总耗热量，然后，再乘以每瓦供暖量的供暖造价指标，即得供暖工程概算造价。其计算公式为：

供暖工程概算造价＝建筑面积×供暖面积热指标×每瓦供暖量的供暖造价指标

其中，每瓦供暖量的供暖造价指标，一般是通过对某地区一些典型供暖工程造价统计数据，估计出每瓦供暖量的供暖造价指标××元/W。

② 用散热器造价占全部供暖工程造价的百分比计算。

首先，按上述的供暖面积热指标计算出建筑物的总耗热量，再由总耗热量算出散热器的片数，从而根据每片散热器的概算单价计算散热器造价，最后，依据散热器造价占全部供暖工程造价的百分比求出供暖工程造价。其计算公式为：

$$总耗热量＝建筑面积×供暖热指标$$
$$散热器片数＝总耗热量÷每片散热器散热量$$
$$散热器造价＝散热器片数×每片散热器单价$$
$$供暖工程造价＝散热器造价÷散热器造价占百分比$$

其中，散热器造价百分比一般为：55%～65%。

③ 用每平方米建筑面积供暖造价指标计算。

该法计算供暖工程造价，只需用建筑面积乘以每平方米建筑面积供暖造价指标即可。

2. 通风空调工程

① 集中空调工程：用每瓦供冷量的空调造价指标计算。

首先，按建筑物的空调面积冷负荷指标计算该空调工程的总冷负荷量，然后，再乘以每瓦供冷量的空调造价指标，即得该空调工程的概算造价。计算方法如下所示：

$$总冷负荷量＝建筑面积×空调冷负荷指标$$
$$空调工程造价＝总冷负荷量×每瓦供冷量的空调造价指标$$
$$每平方米空调造价＝空调工程造价÷建筑面积$$

如空调机房不设在同一建筑内，而另设独立机房时，则应将这一部分投资列入机房投资的子项内，以符合设计项目及其投资划分的要求。

② 非集中空调工程：用设备及其安装工程概算法计算。

首先，按设计方案所确定的各种型号规格的设备，逐台计算出设备原价，然后，再按费率计算运杂费和安装费，最后，求其和即得非集中空调工程投资费用。如为进口设备，还需计算海运、关税等从属费用。非集中空调工程总的投资费用应低于集中空调工程总的投资费用。

③ 通风工程：用面积造价指标或设备费计算。

通风工程系指人防或地下室通风，或卫生间、厨房的通风以及高层建筑的防排烟等。

人防通风：主要包括手摇、电动两用通风机，过滤器及过滤吸收器等设备及相应的排风管道。其投资估算指标，可通过对该地区一些典型人防通风工程造价统计数据，估计出其指标为××元/m² 人防面积。

卫生间、厨房或其他通风：一般无现成指标可套，宜按设备估算投资。如有风管及零件者，可另加 30%～40%。

高层建筑防排烟：主要包括房间和走廊的防排烟设备系统，以及楼梯间及其前室的防排烟设备系统等。其投资估算无现成指标可套，应按具体设备系统造价估算投资。

5.1.5 概算的审查

1. 概算审查依据

概算审查依据主要有：初步设计图纸或扩大初步设计图纸、有关设计文件和资料；概算定额、概算指标等有关资料；有关费用定额、指标等。

2. 概算审查内容

① 审查设计资料。审查的设计资料包括初步设计图纸或扩大初步设计图纸、设备表、材料表等。对照设计概算，审查其内容是否完整、项目是否有遗漏、工程量是否准确等。

② 审查概算依据的定额或指标。审查编制概算依据的定额或指标，是否采用的是现行定额或指标。现行定额或指标与已过时旧定额或指标，在人工、材料、机械台班费用上有一定差异，若套错定额或指标，将会影响编制概算的准确性。

③ 审查其他各项费用。其他各项费用在概算中的编制，应按国家或省、市、自治区有关部门的规定执行，不得缺项，也不可随意增项，应防止不合理地提高工程建设造价。

3. 概算审查方式

① 初审。初审是在初步设计和概算等上报审批前，由建设单位的主管部门或建设单位邀请有关部门和单位对概算（也包括初步设计）内容进行审查，以提高概算的质量和确保概算的准确性和合理性。对初审提出的意见和建议，经归纳整理成初审纪要连同初步设计和概算（或根据初审提出的意见和建议，设计单位对初步设计和概算修正后）一并报请国家或省、市、自治区有关主管部门审查批准。

② 会审。大中型建设项目应由国家或省、市、自治区有关主管部门组织建设单位及其上级主管部门、设计单位、建设银行、环保消防等有关部门，对初步设计或扩大初步设计和概算进行审查。对会议提出的意见和建议，经归纳整理成会审纪要连同初步设计或扩大初步设计和概算一并报请国家或省、市、自治区有关主管部门审查批准。

5.2 施工图预算

施工图预算，是在施工图设计完成后，工程开工前，根据已批准的施工图纸和已确定的施工组织设计，按照国家和地区现行的统一预算定额、费用标准、材料预算价格等有关规定，对各分项工程进行逐项计算并加以汇总的工程造价的技术经济文件。建筑设备安装工程施工图预算是用来确定具体建筑设备安装工程预计造价的预算文件。

设计概算与施工图预算相比，不同点是，两者在编制依据、所处设计阶段、所起作用、项目划分粗细上不同，而且设计概算是最高投资额，施工图预算必须低于或不得超过概算费用；而相同点是，两者均属于设计预算范畴，而且在费用的组成和概预算的编制方法上是基本相似的。

国家计委、建设部、财政部联合颁发的《关于加强基本建设概、预、决算管理工作的几项规定》中指出：总概算第一部分的各主要生产项目和辅助生产项目、公用设施工程项目、生活福利、文化教育及服务性工作项目中的各种单位工程，均须分别编制单位工程预算书，即施工图预算。

5.2.1 施工图预算的主要作用

1. 施工图预算是落实和调整年度基建计划的依据

施工图预算比设计概算所确定的安装工程造价更详细、具体、准确。因此，可以落实和调整年度基建计划。

2. 施工图预算是实行招标、投标的参考依据

施工图预算是建设单位在实行工程招标时确定工程价款标底的重要参考依据。它也是施工单位参加工程投标时报价的主要参考依据。

3. 施工图预算是在委托承包时签订工程承包合同的依据

在委托承包时，建设单位和施工单位是以施工图预算为基础，签订工程承包的经济合同，明确甲、乙双方的工程经济责任。

4. 施工图预算是委托承包项目办理财务拨款、工程贷款、工程结算的依据

对于委托承包项目建设银行根据施工图预算办理工程的拨款或贷款，同时，监督甲、乙双方按工期和工程进度办理结算。工程竣工后，按施工图和实际工程变更记录及签证资料修正预算，并以此办理工程价款的结算。

5. 施工图预算是建筑设备安装企业编制施工计划的依据

施工图预算是安装企业编制劳动力、材料供应、机械使用、施工作业等各项计划的依据，也是组织施工生产、控制生产成本的依据。

6. 施工图预算是建筑设备安装企业加强经济核算和进行"两算"对比的依据

"两算"是指施工图预算和施工预算。施工图预算是根据施工预算定额和施工图编制的，而预算定额是按平均偏上水平编制的。所以，安装企业只有在人、财、物耗用和技术水平及管理水平达到相当水准时，才能完成国家下达或自行承揽的工程任务。有了施工图预算，安装企业经济核算和"两算"对比就有了依据，企业的发展就有了方向，从而促使企业改善劳动组织、推行先进施工方法、合理组织材料采购和运输、减少各种杂项开支等，加强经济核算，降低工程成本，提高劳动生产率。

5.2.2 施工图预算文件的主要组成

1. 施工图预算书封面

封面应写明建设单位、工程名称、工程造价、施工单位、编制人、审核人、送审单位以及编制年、月、日。

2. 施工图预算书编制说明

编制说明书是编制人向使用单位交代编制情况的文件。说明书编制的内容主要包括：工程概况，编制依据，例如设计图纸、预算定额、费用定额及其他有关造价管理文件，编

制方法，编制施工图预算造价中哪些内容和费用尚未包括等。

3. 工程量计算表

工程量计算表是计算各分部分项工程实物工程量的原始计算表，一般不进行复制，由编制人自己保存，留作审查核对。

4. 施工图预算表

施工图预算表一般应写明各分部分项工程的名称、套用预算定额的编号、工程量、计量单位、预算单价、合价及其中的人工费、材料费、机械费等。此外，施工图预算表中还应列出在汇总上述各分部分项工程预算价格基础上的直接费，然后，按费用定额和有关造价管理文件的要求，计取间接费、利润和税金等，并将它们列入预算表格中。值得指出的是，由于目前对基建工程项目的造价实行动态管理，故直接费中的人工费、材料费、机械费，应根据各地当时的物价水平、人工工资水平及机械使用水平等价格变化因素作相应调整，所以应随时注意使用调价文件和调价系数。

5. 汇总工程造价

工程造价数额的确定是编制施工图预算的最终目的，其数额是以上各项应计取费用的总和。将以上内容按封面、编制说明书、工程量计算表、施工图预算表、取费表和汇总表的顺序编制成册，就成为一套完整的施工图预算文件。有关施工图预算的编制依据、编制方法、工程量计算及其实例的详细叙述见下章内容。

5.2.3 施工图预算审查

为了保证施工图预算的合理、准确性，在施工图预算编制完成后，应对其进行审查。施工图预算审查必须遵照国家或省、市、自治区有关部门的相关政策、要求进行。

1. 审查依据

① 设计资料。编制施工图预算所依据的设计资料包括：平面布置图、系统图、施工详图、施工采用的标准图集和设计说明书。

② 合同或协议。合同或协议对工程承包方式、材料供应和材料价差费用计算方式、有关费用的取用和工程价款结算方式等作为预算审查的依据。

③ 预算定额和费用定额。预算定额、材料预算价格、地区单位估价表及费用定额是编制施工图预算的主要依据，同时也是审查施工图预算的主要依据。

④ 施工组织设计等也是施工图预算的审查依据。

2. 审查内容

建筑设备工程的各单位工程施工图预算造价是按安装工程费用计算程序计算出来的。因此，审查的内容应包括直接费，间接费，计划利润和税金。在上述审查内容中，最主要的应该是：审查工程量计算；审查定额套用和取费费率。

① 审查工程量计算。工程量是计算工程造价的基础，工程量计算的正确与否，直接影响工程造价的准确性。因此，工程量计算是工程预算审查的关键内容。工程直接费和其中人工费都是以其为基础套用定额计算的。而人工费又是安装工程费用计算程序中除直接费外各项费用计算的基础。因此，按照工程量计算规则和施工图纸，审查各分部、分项工程量是否准确，是否符合计算规则，是否有多算或漏算等是非常重要的。

② 审查定额套用和取费费率。审查选套定额，主要审查工程项目的工作内容和所选套定额的项目工作内容是否一致，需要换算的，换算是否合理，需要补充的，其是否得到

有关部门批准。取费费率是否符合规定。

3. 审查形式

① 联合会审。当建设规模较大，技术较复杂的工程预算，由建设银行、建设单位、设计单位和施工企业联合进行审查，以保证审查质量。

② 建设银行单独审查。对于建设规模较小的工程项目，其施工图预算在施工企业自审并经建设单位审核后，再由建设银行进行审查、定案。

③ 委托审查。对于不具备联合会审或建设银行不能单独审查的工程预算，在征得建设银行同意后，建设单位委托或直接由建设银行委托，具有编审资格的部门或个人进行审查。

4. 审查方法

① 全面审查法。对于建设规模较小的工程预算，可采用逐项（分部、分项工程预算项目）进行审查。该法具有质量高，但工作量大的特点。

② 重点审查法。重点审查法是对工程预算中的重点部分进行审查的方法。该重点部分通常是指价格高，对工程预算造价有较大影响的项目部分。建筑设备工程中影响预算造价的如供暖设备、水泵房、锅炉房、空调机房等设备及安装工程项目。

③ 经验审查法。根据以往的实践经验，对容易发生错误的工程项目进行审查，称为经验审查法。

④ 分解对比审查法。对于建于同一地区或城市，采用标准施工图或采用施工图的单位工程，因某些方面的不同，诸如施工企业级别、性质、施工条件、地点等，而产生费用上的差异，将有关差异部分项目费用单列出来进行分析对比的方法，称为分解对比审查法。

5.3 施工预算

施工预算是企业内部对单位工程进行施工管理的成本计划文件。建筑设备安装工程施工预算是安装企业为了加强自身管理、吸收和创新先进的施工技术与方法、降低生产消耗和提高劳动生产率而编制的安装企业内部使用的预算文件。它是在施工图预算的控制之下，根据企业对所承接工程拟采用的施工组织设计，并依照施工定额，由施工单位自行编制的。它不能作为企业对外经济核算的依据，但却是企业内部进行项目承包和经济核算的重要依据之一。

5.3.1 施工预算的主要作用

1. 施工预算是安装企业安排各种施工作业计划的依据。

安装企业的施工作业计划包括：工人进场作业计划、材料分期分批供应计划、施工进度计划和工期计划等。与施工图预算相比，施工预算所做的工料分析更加详细地反映了实际施工过程中的人工、材料、机械设备等消耗量。安装企业的技术、生产、计划、质量、安全、材料、设备等职能部门，利用施工预算所提供的数据来安排各种施工作业计划，这对加强施工管理具有更大的合理性。

2. 施工预算是企业基层施工单位向作业班组签发施工任务单和限额领料单的依据。

施工任务单是施工队把施工作业计划具体落实到班组或个人的指令性文件，同时也是起到记录班组或个人完成工程量的作用,从而作为班组或个人与主管部门进行经济核算按劳付酬的依据。施工任务单作为企业内部实施的管理性的文件,其所下达的工程量、工作内容、质量要求、完成时间、定额指标、计划单价、材料消耗、机具使用数量等指标,很多方面都要依据施工预算提供的工料分析数据来确定下达。

限额领料单是安装企业为强化材料管理、减少材料浪费和流失、降低工程成本而采取的重要措施。限额领料单限定的材料种类和数量是施工班组完成规定工程量的材料消耗量的最高限额。而这最高限额的数据也是依据施工预算的工料分析确定的。

3. 施工预算是计算计件工资、超额奖金,进行企业内部承包,实行按劳分配的依据。

单项承包、计件工资充分体现了"多劳多得"的社会主义分配原则,我国的经济体制改革一贯倡导"有条件的尽可能实行基建工程单项承包和计件工资制"。施工预算中确定的人工消耗量比施工图预算更精细地反映了生产者的实际工作数量,因而施工预算就成为计算计件工资的主要依据,同时也为计算超额奖金提供了依据,从而大大提高了生产第一线工人的劳动积极性,使施工现场的劳动力管理更加规范化、更具合理性。

4. 施工预算是企业开展经济活动分析、经济核算和控制工程成本、进行"两算"对比的依据。

"两算"对比是指施工图预算和施工预算的对比。它是在"两算"编制完成后工程开工前进行的。通过"两算"对比,可以找出节约和超支的原因,搞清施工管理中的不合理的地方和薄弱环节,并提出解决问题的办法,防止因人工、材料、机械台班及相应费用的超支而导致工程成本的上升,进而造成亏损。因此,编制施工预算已成为安装企业加强内部管理的重要内容。

5.3.2 施工预算文件的主要组成

施工预算一般以单位工程为编制对象,按分部分项工程进行计算,其基本内容包括工程量、人工、材料、机械需用量和定额直接费等。它由编制说明书和计算表格两大部分组成。

1. 编制说明书

施工预算的编制说明书主要包括以下内容:

① 工程概况:说明工程性质、施工特点、工作内容、施工安装期限等。

② 编制依据:说明采用的有关图纸、施工定额、施工组织设计和图纸会审记录等。

③ 施工中采取的主要技术措施:新技术和先进经验的推广应用、冬雨期施工中的技术和安全措施、施工中可能发生的困难和处理办法等。

④ 施工中采取降低成本的措施:如劳动力、材料、机械设备等的节约措施等。

⑤ 其他需要说明的问题。

2. 计算表格

目前广泛采用"实物金额法"编制施工预算。该方法是根据工程量计算出人工、材料、机械设备的实物消耗量,实物消耗量作为施工班组签发施工任务单和限额领料单的依据,然后再根据工程量和施工定额提供的单价计算直接费,直接费用来作为管理部门进行经济活动分析和"两算"对比的依据。因此,施工预算的主要表格有:

① 各分项工程的工程量统计分析表:这种表格和施工预算中的工程量计算表完全

一样。

② 人工汇总表：该表主要是将工程中使用的各个工种的所需人工统计汇总出来，便于向施工班组签发工程任务单。

③ 材料汇总表：该表主要是将工程中所需要的各种材料及辅助材料按种类、规格、数量分别列出，作为限额领料的依据。

④ 机械设备汇总表：该表是将工程中所需要的各种机械设备按种类、型号、台班数量列出，便于配合施工班组，对于大型机械可按计划调用。

⑤ 各种构件、半成品汇总表：该表主要是统计出结构件、支架、半成品、管件等，将其所需种类、数量交给施工企业的加工班组进行加工或外出加工，以保证施工能按时使用。

⑥ 施工预算直接费表：该表主要是根据前面汇总的工料和机械消耗量为依据，计算出各部分的人工费、材料费和机械费，再由此计算出直接费。这是进行"两算"对比的基础性依据。

⑦ "两算"对比表：它是施工图预算与施工预算，分人工、材料、机械等三项费用进行对比的表格。其结果应该是施工预算的总消耗费用要低于施工图预算的总造价，否则施工企业就会亏损。

5.3.3 施工预算与施工图预算的区别

1. 编制依据和作用不同

"两算"编制使用的定额不同，施工预算套用的是施工定额，而施工图预算套用的是预算定额或单位估价表，两种定额的各种消耗量有一定的差别，两者作用也不同。前者是企业控制各项成本支出的依据，后者是计算单位工程预算造价，确定企业收入的主要依据。

2. 工程项目划分的粗细程度不同

施工预算的项目划分和工程量的计算，要按分层、分段、分工种、分项进行，其项目划分要比施工图预算更细，工程量计算也更为精确。

3. 计算范围不同

施工预算一般以单位工程为编制对象，而且只算到直接费为止，这是因为施工预算只供企业内部管理使用，如向班组签发施工任务单和限额领料单；而施工图预算一般以单项工程及其各单位工程为编制对象，要计算整个工程造价，包括直接费、间接费、计划利润、税金和其他费用等。

4. 考虑施工组织因素的多少不同

施工预算所考虑的施工组织因素要比施工图预算细得多。如施工预算在考虑采用机械吊装法来安装架空管道时，需要具体考虑采用何种吊装机械，是起重机械，如汽车式起重机、履带式起重机，还是用桅杆及卷扬机等。而施工图预算则是综合计算的，不需要考虑具体采用哪种机械。

5.3.4 施工预算的编制依据

1. 施工图纸及其说明书、图纸会审记录及有关标准图集等技术资料。
2. 施工组织设计或施工方案。

施工组织设计或施工方案所确定的施工顺序、施工方法、施工机械和施工现场平面布置等内容，都是施工预算编制的依据。

3. 现行施工定额和补充定额。

目前，各省、市、地区或企业根据地区的情况，自行编制施工定额，为施工预算的编制与执行创造了条件。有的地区没有编制施工定额，编制施工预算时，人工可执行现行的《全国建筑安装工程统一劳动定额》，材料可按地区颁发的《建筑安装工程材料消耗定额》，施工机械可根据施工组织设计或施工方案确定的施工机械种类、型号、台数和工期等进行计算。

4. 现行人工工资标准、材料预算价格和机械台班预算价格。

它是计算直接费的基础。

5. 审批后的施工图预算。

施工图预算书中的数据，如工程量、直接费，以及相应的人工费、材料费、机械费，人工和主要材料的预算消耗量等，都为施工预算的编制提供有利条件和可比的依据。

6. 其他有关费用规定。

其他有关费用主要是指施工过程中可能发生的因自然，人为等各种原因引起的相关费用，如气候影响、停水停电、机具维修及不可预见的零星用工等引起的费用增加。企业可以通过测算这笔费用，由企业内部包干使用。该费用的计算应根据地区、本企业的规定执行。

5.3.5 施工预算的编制程序

1. 列工程项目

根据施工图和施工组织设计，按施工定额中的项目排列出分项工程的项目。对一般工程按常规方法施工时，可直接套用施工图预算的结果；对于比较特殊的工程项目，有些施工项目与施工图预算施工项目不同，则应按实际施工过程列出分项工程的施工项目。事实上，施工预算项目划分，根据施工的实际需要，其项目划分往往要比施工图预算项目划分更细。如车间（室）内低压管道（丝接）安装工程一项，在编制施工图预算时采用的预算定额中，不分立支管与干管，均为同一个分项工程项目。而在《建筑安装工程统一劳动定额》中，就分为立支管安装和干管安装等一些分项工程项目。这就说明了预算定额的项目划分工作内容较粗，而劳动定额或施工定额的项目划分则比较细，更便于组织施工安装。

2. 计算工程量

在复核施工图预算工程项目的基础上，按施工预算要求列出所需计算中心工程量的工程项目。除了新增项目需要补充计算工程量外，其他均可根据施工定额的项目划分和计量单位，将施工图预算书中与之相应项目的工程量，填写在施工预算各分部分项工程的工料分析表格中。

3. 套用施工定额

按分项工程项目，套用施工定额中相应项目的工料消耗定额，并填写到施工预算各分部分项工程的工料分析表格中。

4. 工料分析与汇总

① 工料分析

它是将各部分项工程所包括的工程项目，逐项按其工程量及工料消耗定额，计算其各工程人工和各种材料的消耗量，并填写在表格中。其具体方法就是用工程量分别乘以所套用的工料消耗定额即可。

② 各分项工程工料分析

它是按照各分项工程各自所消耗的各工种劳动量和各种材料数量进行汇总，得出每一分部工程中各工种劳动力和各种材料消耗的总数量。其具体计算方法就是将各分项工程中所消耗的各种相同工种劳动量和各种类别、型号、规格相同的材料，分别相加汇总在一起即可。

③ 单位工程工料分析

这是将单位工程中各分部工程相同的各工种人工、材料分别进行汇总，最后得出该单位工程的各工程工人的需要总数量和各种不同类别、型号、规格的材料（如管材、型钢、钢板、散热器、阀门等）需要的总数量。

5. 计算实际直接消耗费用

根据现行的人工工资标准、材料预算价格和机械台班预算价格，分别计算人工费、材料费、机械费和各分部工程或单位工程的施工预算直接费。再根据本地区或本企业的规定，计算其他有关费用，得到实际直接消耗费用。

6. 进行"两算"对比

进行施工图预算与施工预算，这"两算"对比是一项很重要的工作。如果不进行这项工作，就不知道施工企业是否能够保证降低工程成本计划指标的实现，就不知道"两算"编制的是否正确可行，因此必须进行"两算"对比。

5.3.6 施工预算的工料分析表与"两算"对比表的表格形式

1. 施工预算工料分析表的表格形式

以某厂办公楼的给水工程为例，表 5-4～表 5-6 分别给出了该工程施工预算工料分析表的表格形式。

施工预算表（人工定额） 表 5-4

单位工程名称：某厂办公楼给水工程　　　　　　　　单位：工日　　年　月　日

序号	定额编号	项目	管工	电焊工	气焊工	起重工	铆工	电工	通风工	油漆工	其他用工
1	CA0005	镀锌给水管丝接	35.41								
2	CA1608	小便槽冲洗管制作安装	4.46								
3	CA1543	水龙头安装	1.2								
4	CA0602	阀门安 $DN15\sim DN50$	2.86								
5	CA1347	管架安装 $DN=70$	1.12								
6	CA1380	单式立管卡子制作	0.15								
7	CC0119	钢管刷油									
		共　计	45.38								

注：本预算人工定额套用 2008 年的建设工程劳动定额，仅供参考。

5.3 施工预算

施工预算表(材料部分) 表 5-5

单位工程名称:某厂办公楼给水工程　　　　　　　　　年　月　日

序号	项目	主材 m	管卡 个	钩钉 个	锯条 根	铅油 kg	机油 kg	电焊条 kg	焦炭 kg	油漆 kg	∟40×40 角钢 kg	φ8 圆钢 m
	镀锌钢管丝接 DN15	14.38	1	3	0.6	0.14	0.4					
	镀锌钢管丝接 DN20	29.38	3	8	1.9	0.24	0.85					
	镀锌钢管丝接 DN25	26.52	3	5	1.8	0.37	0.80					
	镀锌钢管丝接 DN32	22.44	3	4	2.0	0.36	0.67					
	镀锌钢管丝接 DN40	10.10			1.14	0.18	0.31					
	镀锌钢管丝接 DN50	15.50			2.22	0.29	0.50					
	镀锌钢管丝接 DN65	13.67			1.54	0.19	0.31					
	镀锌钢管丝接 DN80	7.4										
	管道制作							1.21			24.18	1.7
	刷油(银粉)									0.52		
	合计				11	1.77	3.84	1.21		0.52	24.8	1.7

单位工程负责人　　　　　　预算员　　　　　　材料部门

施工预算表(标准件) 表 5-6

单位工程名称:某厂办公楼给水工程　　　　　　　　　年　月　日

序号	名称与规格	数量	序号	名称与规格	数量	序号	名称与规格	数量
1	闸阀 Z15T-10DN15	4	15	镀锌90°弯头 DN32	3	29	镀锌三通 DN25×DN20	4
2	闸板阀 Z15T-10DN20	14	16	镀锌90°弯头 DN20	24	30	镀锌三通 DN25×DN15	16
3	闸板阀 Z15T-10DN25	4	17	镀锌90°弯头 DN15	16	31	镀锌三通 DN20×DN10	20
4	闸板阀 Z15T-10DN32	8	18	镀锌三通 DN70×DN70	1	32	镀锌三通 DN20×DN15	12
5	闸板阀 Z15T-10DN50	3	19	镀锌三通 DN70×DN50	1	33	镀锌三通 DN15×DN15	4
6	普通水嘴 DN15	40	20	镀锌三通 DN50×DN32	4	34	镀锌三通 DN70×DN50	2
7	普通水嘴 DN20	8	21	镀锌三通 DN50×DN25	1	35	镀锌三通 DN50×DN40	3
8	镀锌活接头 DN15	4	22	镀锌三通 DN50×DN20	1	36	镀锌三通 DN40×DN32	3
9	镀锌活接头 DN20	4	23	镀锌三通 DN40×DN32	2	37	镀锌三通 DN32×DN25	9
10	镀锌活接头 DN25	4	24	镀锌三通 DN40×DN25	1	38	镀锌三通 DN25×DN20	12
11	镀锌活接头 DN32	8	25	镀锌三通 DN40×DN20	1	39	镀锌三通 DN20×DN15	16
12	镀锌活接头 DN50	3	26	镀锌三通 DN32×DN25	1	40	平垫圈 φ8	34
13	镀锌90°弯头 DN70	1	27	镀锌三通 DN32×DN20	2	41	螺母 M8	34
14	镀锌90°弯头 DN50	1	28	镀锌三通 DN32×DN15	8	42		

单位工程负责人　　　　　　预算员　　　　　　材料部门

2. "两算"对比表的表格形式

"两算"对比表的表格形式一般有两种：一种是实物量的单项对比表（见表 5-7 所示），该表是将施工预算所计算的单位工程人工和主要材料消耗用量与施工图预算中的相应工料用量进行对比分析，计算出节约或超支的数量差；另一种是直接费综合对比表（见表 5-8 所示），该表是将施工预算所计算的人工、材料和机械台班耗用量，分别乘以相应的人工工资标准、材料预算价格和机械台班预算价格，得出相应的人工费、材料费、机械费和直接费，然后与施工图预算所计算的人工费、材料费、机械费和直接费进行对比分析，计算出节约或超支的费用差。

实物量单项对比—两算对比（一） 表 5-7

建设单位： 建筑面积：
工程名称： 结构层数：

序号	工程名称及规格	单位	施工图预算			施工预算			对比结果					
			数量	单价	金额（元）	数量	单价	金额（元）	数量差			金额差		
									节约	超支	%	节约	超支	%
一	人工 其中:供暖工程 　　　室内燃气工程 　　　……													
二	材料													
1	DN50 焊接钢管													
2	DN40 焊接钢管													
3	……													
4	四柱 760 型铸铁散热器													
5	螺纹截止阀													
6	螺纹闸阀													
7	……													
8	DCJ2.5-IC 卡智能燃气表													
9	JZ-2 型双眼燃气灶													
10	……													

直接费综合对比—两算对比表（二） 表 5-8

建设单位： 建筑面积：
工程名称： 结构层次：

序号	项目	施工图预算（元）	施工预算(元)	对比结果		
				节约	超支	%
一	单位工程直接费 其中:人工费 　　　材料费 　　　机械费					

续表

序号	项目	施工图预算（元）	施工预算（元）	对比结果		
				节约	超支	%
二	分部工程直接费					
1	供暖工程					
	其中：人工费					
	材料费					
	机械费					
2	室内燃气工程					
	其中：人工费					
	材料费					
	机械费					
3	……					

5.4 竣 工 结 算

基本建设项目或单位工程竣工后，建设单位应组织有关人员进行验收，并及时进行竣工结算，这是执行基本建设程序的一项重要环节。

竣工结算是指施工单位所承担的安装工程完工验收后的费用结算。它是以施工图预算或承包合同为基础，根据设计变更、工程量增减、材料变更等实际施工情况进行编制的。除按施工图预算加系数包干和工程施工中图纸无重大更改的项目外，一般都要进行工程竣工结算。

5.4.1 竣工结算的作用

竣工结算对于安装施工企业和建设单位均具有重要的意义，主要表现在：

1. 竣工结算是统计施工企业完成生产计划和建设单位完成建设投资任务的依据。

2. 竣工结算是施工企业完成该工程项目的总货币收入，是企业内部编制工程决算、进行成本核算、确定工程实际成本的重要依据。

3. 竣工结算是建设单位编制竣工决算的主要依据。

4. 竣工结算的完成，标志着施工企业和建设单位双方所承担的合同义务和经济责任的结束。

5.4.2 竣工结算编制原则

编制竣工结算是一项细致的工作，要求做到既要正确地反映出安装企业创造的产值，又要正确地贯彻执行国家的经济法规。因此，在结算时应遵循以下原则：

1. 编制竣工结算时要贯彻"实事求是"的原则

对办理竣工结算的工程项目内容，应进行全面清查。工程的形象要求、分部分项工程数量和质量等方面，都必须符合设计要求和施工验收规范的规定。对未完工程不能办理结算，对工程质量不合格的，应进行返工，待修理合格后方能结算。另外在编制竣工结算时，还要严格遵守各地区的有关规定，只有这样才能真正反映出工程的实际造价。

在编制工程竣工结算时，为了做到符合实际情况，避免多算、少算或漏算等现象发生，预算工作人员在施工过程中，应经常深入施工现场，了解工程施工情况和工程修改变更情况,为竣工结算积累和收集必要的原始资料。

2. 竣工结算必须通过建设银行办理

按国家规定,建设银行担负对基建资金的管理和监督职能,一切用于基建的资金都必须存入建设银行,各建设单位和施工企业基建资金的拨付和结算都必须由建设银行办理,必须接受建设银行的监督。

建设银行通过基建资金的管理,可以全面了解、掌握建设单位和施工企业的经济往来和资金流动情况,从而了解双方在执行建设计划,遵守合同和财务管理制度方面的情况或产生的问题,促使企业和建设单位采取改进措施和加强管理,以及合理的使用资金。

3. 竣工结算必须维护甲乙双方的正当经济权益,必须以双方签订的经济合同为依据。对乙方不履行合同条款的,甲方有权全部或部分拒付款,以督促乙方保质按期完成安装任务;对甲方不按期付款或无理拒付的,建设银行有权强制划拨。

5.4.3 竣工结算编制的依据

竣工结算的编制依据主要有以下资料:

1. 安装施工企业与建设单位签订的合同或协议书。
2. 工程竣工报告和工程验收单。
3. 施工图纸及其有关资料、会审纪要等。
4. 设计单位关于设计修改变更的通知单。建设单位关于工程的变更、修改、增加和减少的通知单。施工图预算未能包括的工程项目,而在施工过程中实际发生的现场工程签证单。
5. 安装工程设计概算、施工图预算文件和总安装工程量。
6. 市场议价材料价格凭证;定额、价目表、取费标准等。

5.4.4 工程价款的结算方式

工程款结算根据不同的承包方式,采取不同的结算方式,一般有如下结算方式:

1. 定期结算

定期结算是按确定的时间间隔进行工程价款结算。通常为了安装施工企业资金及时获得补充,根据月完成的工程量和预算单价,取费标准计算工程价款,按月结算。

2. 阶段结算

阶段结算是指以单项或单位工程为对象,按施工形象进度将其划分为若干施工阶段,按阶段进行工程价款结算。它一般可分为:

① 阶段预支,阶段结算。根据工程的性质和特点,将其施工过程划分为若干施工形象进度阶段,以审定的施工图预算为基础,测算每个阶段的预支款数额。在施工开始时,办理第一阶段的预支款,在该阶段完成后,计算其工程价款,经建设单位签证,交建设银行审查并办理阶段结算,同时办理下一阶段的预支款。

② 阶段预支,竣工结算。对于工程规模不大、投资额较小、工期较短的工程,将其施工全过程的形象进度大体分几个阶段,施工企业按阶段预支工程价款,在工程竣工验收后,经建设银行办理工程竣工结算。

3. 年终结算

年终结算是指单位工程和单项工程不能在本年度竣工,而要转入下年度继续施工。为了正确统计施工企业本年度的经营成果和建设投资完成情况，由施工企业、建设单位和建设银行对正在施工的工程进行已完成和未完成工程量盘点，结清本年度的工程价款。

4. 竣工结算

在安装工程竣工后，安装施工企业以原施工图预算为基础，按合同或协议的合同规定和施工中实际发生的情况，调整原施工图预算，经建设单位签证，交建设银行办理工程价款结算。

5.4.5 工程签证

凡在施工中发生的，未包括在原施工图预算中或合同中的临时增加的工程项目，或与施工图不符需要进行更改的项目引起的费用变化，取得建设单位同意或委托，采用现场经济签证形式处理计费。

1. 签证种类

按签证的范围不同，签证分为预算内和预算外费用签证两种。预算内费用签证，是指预算内工程更改构成工程造价的费用增减，列入计划统计工程完成量和结算；预算外费用签证，是指预算外和不构成工程造价的，不列入统计工程完成量，随时发生随时由有关业务部门向建设单位办理签证手续，以免发生补签和结算困难。

预算内费用签证包括：

① 设计变更的增减费用签证。无论是设计单位或建设部门签发的设计变更核定单，预算部门应及时会同施工部门根据核定单计算增、减的预算费用，向建设单位办理签证手续或进行经济结算。

② 材料代用的增减费用签证。凡因材料供应不足或不符合设计要求需要代用时，由材料部门提出，经技术部门核定，填写材料代用单，经建设单位签章后办理材料代用现场签证。

③ 有关技术措施费。在施工过程中需要采用预算定额中没有包括的技术措施或超越一般施工条件的特殊措施而产生的费用签证。

④ 其他有关费用签证。如由于建设单位的原因或施工特殊要求连续施工，而发生的夜间施工增加费用签证等。

预算外费用签证包括：

① 建设单位未按期交付施工图纸资料造成的损失费用签证。

② 由于建设单位的责任造成停工、返工损失费用的签证。

③ 由于设计变更、计划改变引起的加工预制品损失费用签证。

④ 由于建设单位中途停建、缓建、改建等原因造成材料的积压或不足产生的损失费用签证。

⑤ 因建设单位提供场地条件的限制而发生的材料、成品、半成品的二次搬运费用等签证。

⑥ 其他有关费用签证。如建设单位未按期拨款引起的信贷利息或罚金费用签证。

2. 签证办理

对于需要签证的项目，一般应先签证，后施工安装，签证是施工的依据。当遇到需要办理签证的项目，需随时遇到随时签证。发生在哪个施工队，由哪个施工队办理签证，以免时过境迁。计划统计部门对各基层单位的签证应及时落实和汇总管理。

5.4.6 竣工结算编制方法

工程竣工结算的仿制方法一般是在施工图预算的基础上,根据施工中工程更改或变动的情况,进行调整编制的。在竣工结算编制时,应本着"实事求是"的原则,该调增的调增,该调减的调减,做到合理合法,正确地确定工程的结算价值。竣工结算并不是按照变更设计后的施工图纸和其他变更资料,重新编制一次施工图预算。只有在设计变更较大,使整个工程的工程量全部或大部分变更时,竣工结算就要按照施工图预算的做法,重新进行编制,即重新仿制施工图预算,并作为工程竣工结算的依据。

具体编制工程竣工结算时,先根据工程变化的签证单计算工程量,再套用预算定额单价,其算法同施工图预算,然而计算出调整工程的费用,将其列入竣工结算工程费用中。竣工结算工程费用的计算表达式如下:

竣工结算工程费用＝原施工图预算费用＋调增部分费用－调减部分费用

竣工结算的表格形式见表 5-9 所示。

竣工工程结算表 表 5-9

建设单位: 单位:元

一、原合同预算工程造价			×××××
二、调整预算	(一)增加部分	1. 补充预算	×××
		2.……	
		3.	
		4.	
		合计	×××
	(二)减少部分	1. 补充预算	×××
		2.……	
		3.	
		4.	
		合计	×××
三、竣工结算总造价			××××××

5.4.7 竣工结算与竣工决算的关系

建设项目竣工决算,是反映竣工项目建设成果的文件,是确定新增固定资产价值、办理交付竣工验收、考核分析投资效果的依据,是竣工验收报告的重要组成部分。竣工决算由建设单位编制,用以向国家和上级主管部门报告建设成果及投资使用情况的文件。而竣工决算的计算编制,是在施工企业向建设单位办理竣工结算的基础上,加上建设单位自身开支和自营工程决算汇总而成的。竣工结算与竣工决算的关系,大体有以下两点:

1. 竣工结算对施工单位来讲,反映了承建项目的最终实际成本,但对于建设单位来说,反映的却是发包工程项目的建筑安装实际成本。因为竣工结算书是建设单位向施工单位支付或结算工程价款的凭证和依据。显然,竣工结算确定的工程价款,仅仅只是整个工程建设成本的一部分。除了竣工结算金额列入的建筑安装工程成本以外,还有其他基本建设费用的实际支出和分摊。

2. 办理竣工结算是实际竣工决算工作的基础。无论是施工单位还是建设单位,任何一项工程只有先办理工程竣工结算，才有可能编制竣工决算。这就要求当一项建设工程报竣工以后，应尽快办理工程结算，为编制决算文件创造条件。按规定，在竣工项目办理验收后一个月内，由建设单位编制竣工决算，上报主管部门，并抄送有关设计单位和建设银行。

电子课件说明

有关第 5 章"建筑设备安装工程预算"的内容，编写制作了"PPT5-1 安装工程预算引论"和"PPT5-2 安装工程预算编制方法"两个电子课件，每个电子课件均有"知识演示与互动学习"两大部分。在"知识演示"的第一部分中，在 PPT5-1 课件中，主要涉及"八算"、"三算"以及"两算"的比较分析；在 PPT5-2 课件中，主要涉及设计概算、施工图预算和施工预算的编制方法。在"互动学习"的第二部分中，根据有关第 5 章的"知识演示"所呈现内容的层次与水平，将问题分为三类：基础性问题、系统性问题、挑战性问题，在这三类问题中包括：概述题、填空题、选择题、计算题、思考题等，并给出了相应的参考答案要点。

思考题与习题

1. 工程概算作用及概算书主要内容是什么？
2. 建筑安装工程概算的编制方法？
3. 单位工程概算表、单项工程概算表、建设项目概算表的格式以及各表之间的关系？
4. 概算估算指标概念，并结合某一工程进行应用举例。
5. 施工图预算的主要作用及其文件组成是什么？
6. 施工预算的主要作用及其文件组成是什么？
7. 竣工结算编制的依据及编制方法？
8. 竣工结算与竣工决算的关系是什么？

第6章 建筑设备安装工程施工图预算

6.1 建筑设备安装工程施工图预算的编制

施工图预算编制，必须依据经由上级各有关管理部门批准的施工图纸，按照国家颁发的工程预算编制办法进行的。首先将工程项目的分部分项工程量计算出来，然后套用相应项目的预算定单价，累计计算其全部直接费，再按配套费用定额计取工程的其他费用，最后确定出单位工程或建设项目的预算值。本节主要讲述施工图预算的编制方法及其应用实例。

6.1.1 施工图预算的工程量计算方法

在建筑安装工程中，每个单项工程都包括若干个分项工程，每个分项工程都包含一定的工程量。工程量计算必须采取一定的方法，根据施工图和工程量计算规则，依一定顺序按分项工程进行。

(1) 根据施工图纸的内容和说明书划分分项工程项目

① 供暖安装工程常用分项工程项目划分

室内供暖安装工程的分项工程项目常可分为：A. 室内管道安装；B. 散热器组对与安装；C. 阀门、仪表安装；D. 套管制作；E. 管道支架制作及安装；F. 管道除锈；G. 管道刷油；H. 散热器片刷油；I. 钢支吊架及结构刷油；J. 管道与设备保温；K. 法兰盘制作与安装；L. 膨胀水箱制作与安装；M. 集气罐制作与安装；N. 补偿器制作与安装。

② 工业管道安装工程常用分项工程项目划分

工业管道安装工程的分项工程项目常可分为：A. 管道安装；B. 仪表、阀门安装；C. 法兰盘制作与安装；D. 管件制作与安装；E. 设备安装；F. 小型器具制作与安装；G. 管道除锈、刷油与绝热；H. 管道冲洗、消毒等。

③ 通风、空调安装工程常用分项工程项目划分

通风、空调安装工程的分项工程项目常可分为：A. 风管制作与安装；B. 检查口、测定口、导流叶片、软接口的制作安装；C. 阀门制作安装；D. 进、出风口部件制作安装；E. 除尘设备制作安装；F. 消声器制作安装；G. 空调部件或设备制作安装；H. 风机安装；I. 刷油漆与保温；J. 其他。

(2) 根据分项工程的施工内容统计工程量

工程量统计一般以管道或设备为主线分类分段编号进行计算。例如室内供暖系统，管径有大有小，连接方式有螺纹连接、焊接及法兰接口。参照定额，可按连接方式分类，按管径大小排列逐段统计；也可以按安装方法分类，如明装、暗装及局部暗装等，以管径大小排列，分段统计。工程量统计形式有多种，可根据工程内容、个人习惯等灵活选用。但无论用哪种方法，都要做到统计准确，既不漏项又不重项。

(3) 工程量汇总

各分项工程的每类工程量统计完毕之后,以分项工程为单位,将同类性质的项目依次排列,相加汇总,并填入表格,为套用定额做好准备。

6.1.2 施工图预算的工程量计算规则和定额套用要求

(1) 供暖安装工程量计算规则和定额套用

① 室内外供暖管道界线的划分

A. 室内外以距入口阀门或建筑物外墙皮 1.5m 为界;

B. 室外供暖管道与工业管道界线以距锅炉房或泵站外墙皮 1.5m 为界;

C. 工厂车间内供暖管道以供暖系统与工业管道碰头点为界;

D. 设在高层建筑内的加压泵站间管道与供暖系统管道、给水排水管道的界线以泵站外墙皮为界。

② 管道安装

对于室内供暖安装工程,工程量计算一般顺序是按部分分系统,从系统入口开始,先地下后地上,先主干后分支,逐步有条不紊地计算干管、立支管、器具、阀门等的数量。当系统较大较复杂时,要注明计算部位。

各种管道,均以施工图所示中心线长度,以"m"为单位计算,不扣除阀门、管件(包括减压器、疏水器、水表、补偿器等组成安装)所占长度,以"10m"为单位套用定额。

镀锌薄钢板套管制作以"个"为单位计算,其安装已包括在管道安装定额内,不得另行计算。弯管制作安装已包含在钢管中,无论现场揻制或成品弯管均不得换算。铸铁排水管、雨水管及塑料排水管中均包括管卡及吊托支架、通气帽、雨水漏斗的制作安装,不得另行计算。

管道支架制作安装,公称直径 32mm 以下的室内管道安装工程,管卡及托钩的制作安装已包括在内,不得另行计算。公称直径 32mm 以上的,可另行计算,且其钢管支架按管支架另行计算。

各种补偿器制作安装,均以"个"为单位计算,方形补偿器的两臂,按臂长的两倍合并在管道长度内计算。

管道消毒、冲洗、压力试验,按管道长度以"m"为单位计算,不扣除阀门、管件所占的长度。

③ 阀门、水位标尺安装

各种阀门安装均以"个"为单位计算。螺纹阀门安装适用于内外螺纹连接的阀门安装。法兰阀门安装,如仅为一侧法兰连接时,定额所列法兰、带帽螺栓及垫圈数量减半,其余不变。

各种法兰连接用垫片,均按石棉橡胶板计算,如用其他材料,不得调整。

法兰阀(带短管甲乙)安装,均以"套"为单位计算,如接口材料不同时,可作调整。

自动排气阀安装以"个"为单位计算,已包括了支架制作安装,不得另行计算。

浮球阀安装均以"个"为单位计算,已包括了联杆及浮球的安装,不得另行计算。

浮球液面计、水位标尺是按《供暖通风国家标准图集》编制的,如设计与国标不符时，可作调整。

④ 供暖器具安装

长翼、柱型铸铁散热器组成安装以"片"为单位计算，并均采用成品气包垫，如采用其他材料的气包垫，不得换算；当柱型和M132型铸铁散热器安装用拉条时，拉条另行计算；圆翼型铸铁散热器组成安装以"节"为单位计算，汽包垫采用橡胶石棉板，如采用其他材料，不得换算。

各种类型的散热器不分明装或暗装，均按类型套用定额，柱形散热器为挂装时，执行M132的项目。

光排管散热器（A型或B型）制作安装按公称直径不同分别以"m"为单位计算，其中已包括联管长度，不得另行计算。以"10m"为单位套用定额。

钢制闭式及板式散热器安装按型号不同以"片"为单位计算；钢制壁板式散热器安装按重量（15kg以内或以上）的不同以"组"为单位计算；钢制柱式散热器安装按片数不同以"组"为单位计算。其中板式、壁板式散热器的安装已包括了托钩的安装人工和材料；闭式散热器，如主材价不包括托钩者，托钩价格另行计算。

暖风机安装按重量不同以"台"为单位计算。

热空气幕安装按型号和重量不同以"台"为单位计算，其支架制作安装可按相应定额另行计算。

⑤ 小型容器制作安装

钢板水箱制作按施工图所示尺寸，不扣除人孔、手孔重量，以"kg"为单位计算，法兰和短管水位计可按相应定额另行计算；内外人梯和水位计未包含在定额中，如设计有，可另行计算；钢板水箱安装按国家标准图集水箱容量"m^3"，执行相应定额。

各种水箱安装均以"个"为单位计算，不包括支架制作安装，如为型钢支架，执行"一般管道支架"项目，混凝土或砖支座可按土建相应项目执行；且水箱连接管未包含在定额内，可执行室内管道安装的相应项目。

(2) 通风、空调工程量计算规则和定额套用

通风、空调工程的风管及部件一般依据国家标准进行制作、加工和安装，其工程量的计算规则如下。

① 管道制作安装工程量计算

A. 通风管道

通风管道的制作安装除柔性软风管外，不论材质（镀锌钢板、普通钢板、铝板、塑料或复合型材料）、制作方式（咬口、焊接）以及风管形状（圆形、方形、矩形），均以施工图规格按展开面积计算，以"$10m^2$"为单位计量。不扣除检查孔、测定孔、送风口、吸风口等所占面积。

圆管面积 $F = \pi \times D \times L$

式中 F——圆形风管展开面积，m^2；

D——圆形风管管径，m；

L——圆形风管长度，m。

矩形风管面积按图示周长乘以管道中心线长度计算。

风管长度的计算一律以施工图示中心线长度为准（主管与支管以其中心线交点划分），

包括弯头、三通、变径管、天圆地方等管件的长度，但不包括部件（如阀门及各种罩类）所在位置的长度。风管咬口重叠部分的面积不计入展开面积内。例如图 6-1～图 6-3 所示。

在图 6-1 中，主管展开面积为 $S_1 = \pi D_1 L_1$

支管展开面积为 $S_2 = \pi D_2 L_2$

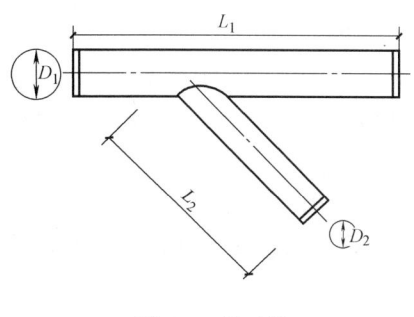

图 6-1 斜三通

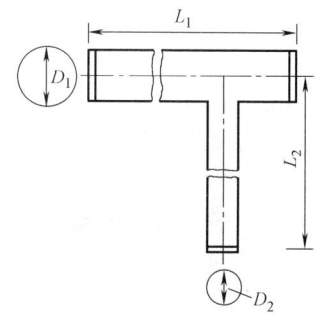

图 6-2 正三通

在图 6-2 中，主管展开面积为 $S_1 = \pi D_1 L_1$

支管展开面积为 $S_2 = \pi D_2 L_2$

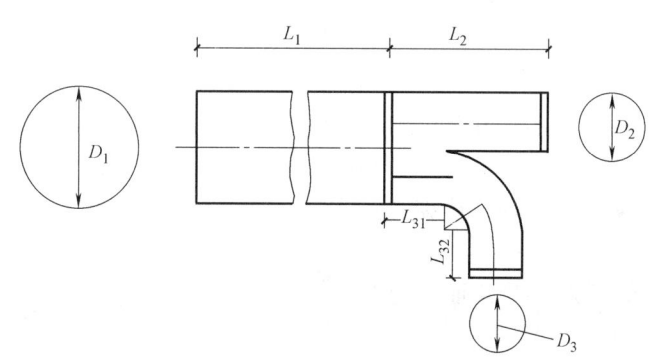

图 6-3 裤衩三通

在图 6-3 中，主管展开面积为 $S_1 = \pi D_1 L_1$

支管 1 展开面积为 $S_2 = \pi D_2 L_2$

支管 2 展开面积为 $S_3 = \pi D_3 (L_{31} + L_{32} + 2\pi r\theta)$

式中　θ——弧度，θ＝角度×0.01745；

角度——中心线夹角；

r——弯曲半径，mm。

计算风管长度时应扣除通风部件的长度。例如对于蝶阀应扣除长度 $L=150\mathrm{mm}$；止回阀应扣除 $L=300\mathrm{mm}$；密闭式对开多叶调节阀扣除 $L=210\mathrm{mm}$；圆形风管防火阀扣除 $L=D+240\mathrm{mm}$；矩形风管防火阀扣除 $L=B+240\mathrm{mm}$（B 为风管的高度）。由于通风部件种类很多，这里对于它们不一一列出应扣除的长度，需要时可查阅相关的手册。

若整个通风系统采用均匀送风渐缩风管，则圆形风管按平均直径、矩形风管按平均周长计算。套用定额时，执行相应规格项目，人工要乘以系数 2.5。

【例 6-1】 某通风系统采用圆形渐缩风管均匀送风，风管大头直径 $D_1=680$ mm，小头直径 $D_2=320$ mm，管长 100m，请计算定额基价？

【解】 首先要求出平均直径，即：

$$(D_1+D_2)/2=(680+320)/2=500\text{mm}$$

再求工程量，即 $F=\pi L(D_1+D_2)/2=3.14\times100\times0.5=157\text{m}^2=15.7$（$10\text{m}^2$）

查定额基价：直径为 500mm 的圆形风管定额基价为 652.45 元，其中人工费为 377.58 元。

套定额，计算定额基价费：定额基价费一般情况下等于基价与定额工程量的乘积。但是，该系统是圆形渐缩风管，按定额规定，其人工费应乘以系数 2.5，所以定额基价费为 $(652.45-377.58+377.58\times25)\times15.7=19135.48$ 元

塑料风管、复合型材料风管的制作安装按内直径、内周长计算。

软管（帆布接口）按图示尺寸以"m^2"为单位计算，软管接头使用人造革，不使用帆布者可以换算。

柔性软风管安装按图示管道中心线长度以"m"为单位计算，柔性软风管包括由金属、涂塑化纤织物、聚酯、聚乙烯、聚氯乙烯薄膜、铝箔等材料制成的软风管。

空气幕送风管的制作安装按矩形风管平均周长执行相应风管规格项目，其人工乘以系数 3.0，其余不变。

套用定额时，圆形风管执行矩形风管相应项目。

B. 风管附件

风管导流叶片制作安装按图示叶片的面积以"m^2"为单位计算，套用定额时不分单叶片和香蕉形叶片均执行同一项目。柔性软风管阀门安装以"个"为单位计算。

如图 6-4 所示的单叶片面积计算公式为 $F=2\pi r\theta b$

如图 6-4 所示的香蕉形叶片面积计算公式为 $F=2\pi(r_1\theta_1+r_2\theta_2)b$

式中 b——导流叶片宽度；

θ——弧度，$\theta=$ 角度 $\times 0.01745$，角度为中心线夹角；

r——弯曲半径。

风管检查孔的重量，按"国家通风部件标准重量表"计算；风管测定孔按其型号以"个"为单位计算。

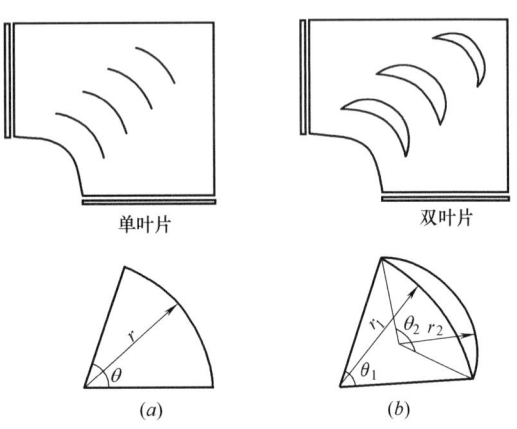

图 6-4 风管导流叶片

薄钢板通风管道、净化通风管道、玻璃钢通风管道、复合型材料通风管道的制作安装中已包括法兰、加固框和吊托支架，不得另行计算。不锈钢通风管道、铝板通风管道的制作安装中不包括法兰和吊托支架，可按相应定额以"kg"为单位另行计算。塑料通风管道的制作安装不包括吊托支架，可按相应定额以"kg"为单位另行计算。

薄钢板通风管道、玻璃钢通风管道、净化通风管道的制作安装项目中不包括过跨风管落地支架，落地支架执行设备支架项目。

薄钢板风管、镀锌薄钢板风管、净化风管、塑料通风管道及铝板通风管道项目中的板如与设计要求厚度不同者可以换算,但人工、机械不变。

② 部件制作安装工程量计算

A. 标准部件与非标准部件的制作安装

标准部件的制作安装,按成品重量以"kg"为单位计算。根据设计型号、规格,按"国家通风部件标准重量表"计算重量;非标准部件按图示成品重量计算。部件安装按图示规格尺寸(周长或直径),以"个"为计算单位。

例如:某通风工程,按图样标注计算,共有 $D=160mm$ 钢制蝶阀(T302-7)20个,$D=400mm$ 钢制蝶阀(T302-7)10个,请计算蝶阀制作、安装工程量。

首先查看重量表知:$D=160mm$ 钢制蝶阀 2.81kg/个,$D=400m$ 钢制蝶阀 8.86kg/个。分别乘以个数,即 $\phi160$ 钢制蝶阀共重 $2.81\times20=56.2kg$,$\phi400$ 的钢制蝶阀共重 $8.86\times10=88.6kg$。两者单件重量都是 10kg 以下,属于同一子目,将其重量相加即得总重量为 $56.2+88.6=144.8kg$。因为定额计量单位是 100kg,所以钢制蝶阀制作、安装工程量为 1.45(100kg)。

B. 风口的制作安装

钢百叶窗及活动金属百叶风口的制作以"m^2"为单位计算,安装以"个"为单位计算。铝制孔板风口如需电化处理时,另加电化费。

C. 风帽制作安装

风帽泛水制作安装按图示展开面积以"m^2"为单位计算。风帽筝绳制作安装按图示规格、长度,以"kg"为单位计算。

D. 其他

挡水板制作安装按空调器断面面积计算。套用定额时,玻璃挡水板执行钢板挡水板相应项目,但材料、机械要乘以系数 0.45,人工不变。

钢板密闭门制作安装以"个"为单位计算。套用定额时,保温钢板密闭门执行钢板密闭门项目,其材料乘以系数 0.5,机械乘以系数 0.45,人工不变。

设备支架制作安装按图示尺寸以"kg"为单位计算,执行"静置设备与工艺金属结构制作安装工程"定额相应项目和工程量计算规则。套用定额时,清洗槽、浸油槽、晾干架、LWP 滤尘器支架制作安装执行设备支架项目。

电加热器外壳制作安装按图示尺寸以"kg"为单位计算。

风机减振台座制作安装执行设备支架定额,其中不包括减振器,应按设计规定另行计算。

高、中、初效过滤器、净化工作台安装以"台"为单位计算。过滤器安装项目中包括试装,如设计不要求试装者,其人工、材料、机械不变。风淋室安装按不同重量以"台"为单位计算。

洁净室安装按重量计算,执行"分段组装式空调器"安装定额。

套用定额时,薄钢板通风管道中的法兰垫料如与设计要求使用材料品种不同者可以换算,但人工不变。使用泡沫塑料者 1kg 橡胶板换算为泡沫塑料 0.125kg;使用闭孔乳胶海绵者 1kg 橡胶板换算为乳胶海绵 0.5kg。

定额中净化风管涂密封胶是按全部口缝外表面涂抹考虑,如设计要求口缝不涂抹而只在法兰处涂抹者，套用定额时，每 $10m^2$ 风管应减去密封胶 1.5kg 和人工 0.37 个工日。另外，定额中的净化风管及部件项目，型钢未包括镀锌费，如设计要求镀锌者，另加镀锌费。

不锈钢风管及部件的制作应套用电弧焊制作子目，如使用手工氩弧焊者，其人工乘以系数 1.238，材料乘以系数 1.163，机械乘以系数 1.673。铝板风管凡以电弧焊考虑的项目，如需使用手工氩弧焊者，其人工乘以系数 1.154，材料乘以系数 0.852，机械乘以系数 9.242。

例如，直径为 630mm 的铝板风管，采用气焊制作、每 $10m^2$ 安装基价为 1669.34 元。其中人工费为 1150.38 元，材料费为 441.62 元，机械费为 77.43 元。如果使用手工氩弧焊制作风管，则其安装基价为

$$1150.38 \times 1.154 + 441.62 \times 0.852 + 77.43 \times 9.242 = 2419.41 元$$

套用定额时，因塑料风管管件制作的胎具摊销材料费未包括在定额内，可按以下规则计算：风管工程量在 $30m^2$ 以上的，每 $10m^2$ 风管的胎具摊销木材为 $0.06m^3$，风管工程量在 $30m^2$ 以下的，每 $10m^2$ 风管的胎具摊销木材为 $0.09m^3$，按地区预算价格计算胎具材料摊销费。

玻璃钢风管及管件按计算工程量加损耗外加工定做，其价值按实际价格；风管修补应由加工单位负责，其费用按实际价格计算在主材费内。

③ 通风空调设备安装工程量计算

风机安装按设计型号不同以"台"为计算单位，其安装项目中包括电动机安装，安装形式包括 A、B、C 和 D 型，也适用于不锈钢和塑料风机安装。

整体式空调机组安装，空调器按不同重量和安装方式以"台"为单位计算，分段组装式空调器按重量以"kg"为单位计算。

风机盘管安装按照安装方式不同以"台"为单位计算，诱导器安装按风机盘管安装项目计。

空气加热器、除尘设备安装按重量不同以"台"为单位计算。

设备安装项目的基价中不包括设备费和应配备的地脚螺栓价值。

6.1.3 室内供暖安装工程施工图预算编制示例

【例 6-2】 陕西省西安市某单位仓库的供暖工程系统图和平面图如图 6-5～图 6-7 所示，编制施工图预算。

(1) 阅读施工图纸，熟悉施工内容

供暖工程的设计图中用实线表示供水管道，用虚线表示回水管道，管道的规格型号用文字在线旁标注，散热器等在图中用图例符号表示。常用符号见表 6-1。

从图 6-5～图 6-7 中可以看，该供暖工程为上供下回普通热水供暖双管同程式系统，入户主管上未装阀门，各立管上均设截止阀，选用四柱 760 型铸铁柱形散热器和焊接钢管，供水和回水干管及总立管采用焊接，其余部分采用螺纹连接。

(2) 熟悉预算定额，进行项目划分

根据施工图纸和施工方法，参考定额有关内容，将该单项工程划分为如下一系列分项工程项目：

① 室内管道安装；

② 散热器组对与安装；

③ 阀门、集气罐制作与安装；

④ 薄钢板套管制作；

⑤ 管道支架制作及安装；

⑥ 管道除锈刷油；

⑦ 散热器片刷油；

⑧ 支吊架刷油；

⑨ 管道保温。

供暖工程施工图常用图例符号　　　　表 6-1

供水(汽)管	———	散热器	▭ ▭
回(凝结)水管	- - -	暖风机	⊠
流向	→	集气罐	
安全阀		减压阀	
截止阀		闸阀	
保温管	～	过滤器	
方形补偿器		套筒补偿器	
散热器放风门		固定支架	—*—*—

（3）工程量计算

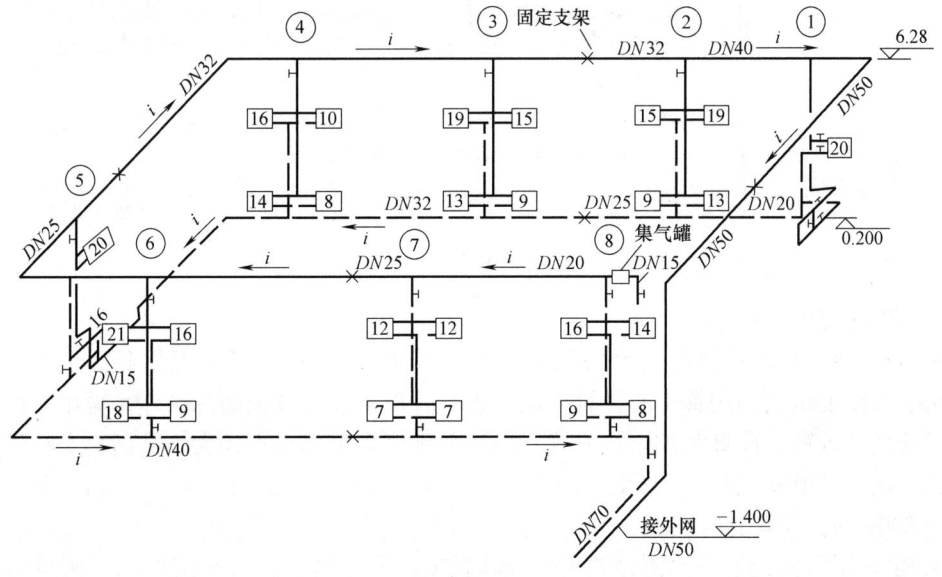

图 6-5　某单位仓库供暖系统图

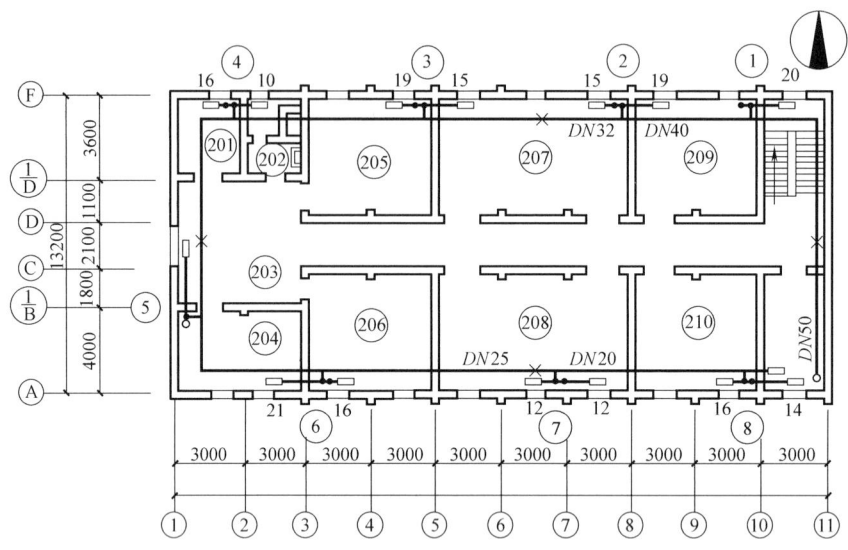

图 6-6 仓库二层供暖平面图

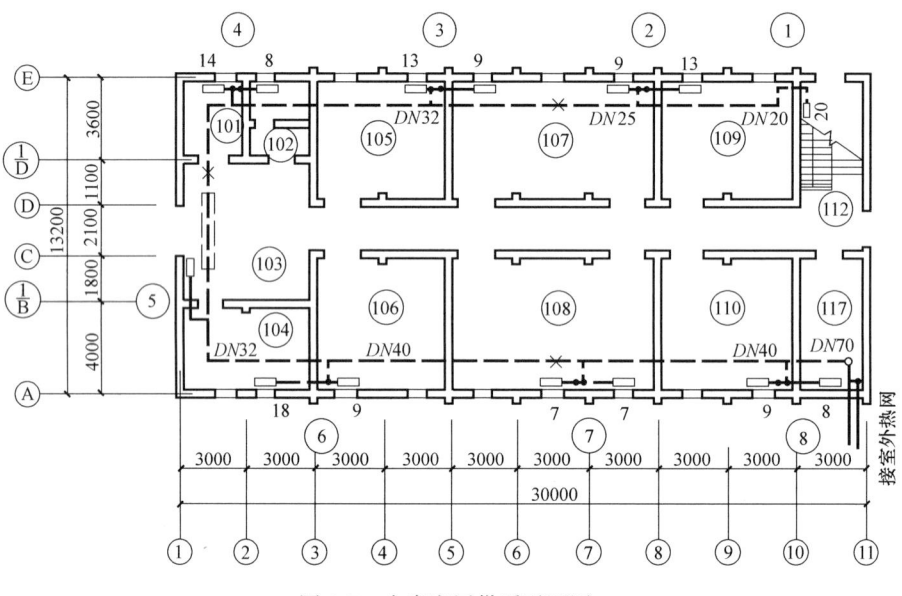

图 6-7 仓库底层供暖平面图

① 钢管长度

图中管线用单线条绘制，管线长度按比例可以直接从图中量取和计算得出。水平管长可以从平面图上量出和按管中心计算得出，垂直管长可以由系统图标高计算得出。所有管长均以延长米计算。计算时按连接方式不同，分别以管道公称直径大小排列，变径处设在管道分支点。管道安装时，干管距墙100～150mm，立、支管距墙25～30mm，回水干管距地面200mm。计算时应注意：

A. 供暖干管按建筑平面图轴线尺寸计算长度。若系统入口处未装阀门，则供回水引入管长度计算到距外墙皮1.5m处；若干管的始末端，水平转向和中途支干管道的长度超过 1/2 平面图两轴线间距时，则按两轴间距计算其长度；管道长度不足平面图 1/2 轴距时，不计算其长度，即管道工程量为零。管道在平面图中两轴之间变径时，一律按大管管径计算。干管绕柱布置时，管道因绕柱而增加的部分，不计算其管长。

B. 立管安装，正负零以上部分按建筑物层高计算其长度，若立管高度不足一层，却超过 1/2 层高时，按层高计算其数量；若其高度不足 1/2 层高时，则不计算。当立管在层间变径时，按大管管径计算。当立管有一段水平管时（即立管水平转向时），视其水平管段的长度是超过还是不足平面图中水平管段所在轴间距的 1/2 来计算此段水平管的工程量。各分支立管按标高计算管道长度时，对于单管系统应减去各散热器连接支管的中心距离；对于双管系统应减去一个散热器的高度。

C. 每组散热器支管长度按分支立管中心到各组散热器中心处的长度的两倍计算。

$DN70$ 的钢管焊接为供暖回水引出管，

长度＝出口与建筑物外墙皮距离＋外墙厚度＋室内外供回水干管标高差
 ＋回水干管与立管 8 间距离＋干管离墙距离
＝1.5＋0.37＋0.8＋1.4＋(0.15＋3－0.2)
＝7.02m

$DN50$ 的钢管焊接，包括供暖引入管、供暖总立管和供暖干管三部分，

长度＝入口与建筑物外墙皮距离＋外墙厚度＋干管离墙距离
 ＋主立管顶标高－主立管底标高＋A、E 两轴间距＋楼梯间两轴间距
 －干管离南北两墙距离
＝1.5＋0.37＋0.15＋6.28＋1.4＋13.2＋3.0－2×0.15
＝25.6m

$DN40$ 的钢管焊接，包括部分供水干管与部分回水干管，

长度＝立管 1、2 间供水干管长度＋3、7 轴间回水干管长度
 －干管离墙距离
＝2×3.0＋7×3.0－4×0.15
＝26.4m

$DN32$ 的钢管焊接，包括部分供水干管与部分回水干管，

长度＝供水干管在立管 2 与西外墙中心线之间的长度

－两倍的供水干管离墙距离＋$\frac{1}{B}$、E 轴间供水干管长度

＋1、3 轴间供水干管长度－两倍的供水干管离墙距离

＋A、E 两轴间回水干管长度＋1、3 轴间回水干管长度

＋立管 3 与西外墙间回水干管长度－四倍的回水干管离墙距离
＝(30.0－3×3.0)－2×0.15＋(13.2－4.0)＋2×3.0－2×0.15
 ＋13.2＋2×3.0＋4×3.0－0.15×4
＝66.2m

$DN25$ 的钢管焊接，包括部分供水干管与部分回水干管，

长度＝轴 A、$\frac{1}{B}$ 间供水干管长度－两倍立管离墙距离

　　　　＋轴1、7之间的供水干管长度－两倍立管离墙距离
　　　　＋立管2、3间回水干管长度
　　＝4.0－0.15×4＋6×3.0－2×0.15＋3×3.0
　　＝30.1m

$DN20$ 的钢管焊接，包括部分供水干管与部分回水干管，
　　长度＝立管7、8间供水干管长度＋立管8至集气罐接管长
　　　　＋立管1、2间回水干管长度
　　＝3×3.0＋0.15＋0.3＋2×3.0
　　＝15.5m

$DN20$ 的钢管螺纹连接，包括部分供、回水立管，
　　长度＝8根供回水立管长度＝(6.28－0.7)×8＋3.5×8＝72.64m

$DN15$ 的钢管螺纹连接，包括28组散热器支管及放气放水管，
　　　　　　长度＝2×1.2×28＋10.0＝77.2m

② 散热器组对安装

散热器片数按实际使用数量在平面图和系统图中查取来计算。计算中可以通过将按平面图上标注的散热器片数计算的结果与按系统图上标注的片数计算的结果相比较，来检验计算的准确性。该仓库一层散热器采用沿墙面挂式安装，二层采用沿墙面散热器落地式安装（计算二层散热器时注意边片的需求数量）。

从系统图上查得28组散热器共385片。从底层平面图上查得共有散热器160片，从二层平面图上查得共有散热器225片。可见整个系统共需385片散热器。

③ 阀门安装

阀门安装根据管道连接方式不同，按螺纹连接和法兰连接分类（即管道螺纹连接选用螺纹阀门，管道焊接连接选用法兰阀门），以"个"为单位计量。集气罐公称直径为150mm。

④ 除锈、刷油

本工程钢管除锈按除轻锈考虑，散热器带锈刷底漆和防锈漆后再刷两道银粉漆；钢管刷两道红丹防锈漆和两道银粉漆；金属支架刷两道红丹防锈漆和两道银粉漆。管道、散热器除锈、刷油均以"$10m^2$"计算，支架刷油按"t"计算。

某仓库供暖工程施工预算工程量计算结果汇总见表6-2。

工程量统计表　　　　　　　　　　　　　　　　　表6-2

建设单位：某仓库　　　单位工程：供暖工程　　　2010年10月1日

编号	分项工程名称		单位	计算式	结果
1	钢管焊接	$DN50$	m	1.5＋0.37＋0.15　　——供暖引入管 6.28＋1.4　　　　——供暖总立管 13.2＋3.0－2×0.15　——供暖干管	25.6
	钢管焊接	$DN40$	m	2×3.0＋7×3.0－4×0.15　——供、回水干管	26.4
	钢管焊接	$DN32$	m	(30－3×3.0)－2×0.15＋(13.2－4)＋2×3.0－ 0.15×2＋13.2＋2×3.0＋4×3.0－0.15×4 　　　　　　　　　　　　——供、回水干管	66.2

续表

编号	分项工程名称		单位	计 算 式	结果
1	钢管焊接	DN25	m	4.0−4×0.15+6×3.0−2×0.15+3×3.0 ——供、回水干管	30.1
	钢管焊接	DN20	m	3×3.0+0.15+0.3+2×3.0 ——供、回水干管	15.5
	钢管焊接	DN70	m	1.5+0.37+0.8+1.4+0.15+3−0.2 ——回水干管	7.02
2	钢管螺纹连接	DN20	m	(6.28−0.7)×8+3.5×8 ——供、回水立管	72.64
	钢管螺纹连接	DN15	m	2×1.2×28+10.0 ——供、回水立管、放气放水管	77.2
3	螺纹截止阀	DN20	个		14
	J11T-10	DN15	个	见系统图(回水干管过门处放水阀1个)	5
4	螺纹闸阀	DN15	个	回水支管	3
	Z15T-10	DN65	个		1
5	集气罐制作安装	DN150	个		1
6	铸铁散热器组对安装		10片	四柱760型	38.5
7	镀锌薄钢板套管制作	DN100	个		1
	镀锌薄钢板套管制作	DN80	个		3
	镀锌薄钢板套管制作	DN70	个		3
	镀锌薄钢板套管制作	DN50	个		9
	镀锌薄钢板套管制作	DN40	个		3
	镀锌薄钢板套管制作	DN32	个		19
	镀锌薄钢板套管制作	DN25	个		14
8	一般管架制作安装		100kg	DN40、DN50、DN70	0.5
9	管道刷防锈漆两遍		10m²	按管径、管长查表分别计算后累加	3.42
10	管道刷银粉漆两遍		10m²		3.42
11	散热器刷防锈漆两遍		10m²	0.235×38.5	9.04
12	散热器刷银粉漆两遍		10m²		9.04
13	支架刷防锈漆两遍		100kg		0.5
14	支架刷银粉漆两遍		100kg		0.5

(4) 选套定额

该工程属于民用供暖工程，选用《陕西省安装工程价目表（2009）》第八册及第十一册有关定额内容。

根据工程施工内容和工程量计算数量及分项工程项目、直接套用定额的有：

管道安装：根据施工要求，分支立管和散热器支管采用螺纹连接；供、回水干管、总立管及引入管采用焊接连接。

阀门安装：根据管道连接方式不同，采用螺纹阀门和法兰阀门与管道配套安装。

集气罐制作安装：公称直径150mm，查取并套用第六册"工业管道"有关子目。

散热器组对与安装：各种散热器不分明装或暗装，均按类型分别编制，柱形散热器为挂装时，执行M132型散热器组对与安装项目。铸铁散热器组对安装项目有：制垫、加垫、组成、栽钩、稳固及水压试验等。

镀锌薄钢板皮套管制作：取套管直径比管道公称直径大两个规格号，按不同管径分别套用定额有关子目。

管道支架制作安装。

管道人工除锈和管道刷油。

管道支架刷油和散热器刷油等。

查套定额结果见表6-3供暖工程施工图预算表。

(5) 计算直接费、收取综合间接费、计算利润和税金等

该供暖工程系统根据建筑工程类别划分的规定，属于三类工程。建设单位位于西安市一环以内，由省级国有施工企业施工，甲方不提供备料款，乙方负责供料。查间接费定额后，下面分别计算各项费用。

① 确定直接工程费

A. 确定直接费

从施工图预算表中累积得出

人工费总和＝∑（人工费）

＝3911.10元

材料费总和＝∑（计价材料费＋未计价主材费）

＝32417.27元

机械费总和＝∑（机械费）

＝445.33元

根据建筑安装工程造价动态管理的规定，若人工、材料、机械费与定额中对应的费用出现差额，则应按当地基建主管部门发出的调价文件，对人工费总和，材料费总和及机械费总和进行调价。依据《陕西省住房和城乡建设厅关于调整房屋建筑和市政基础设施工程工程量清单计价综合人工单价的通知（陕建发［2018］2019）》：建筑工程、安装工程、市政工程、园林绿化工程人工单价调整为120.00元/工日。

调价后人工费总和＝人工费总和×[(120－42)/42]＝3911.1×[(120－42)/42]＝7263.47元

计取供暖系统调整费

系统调整费＝调价后人工费总和×13％＝7263.47×13％＝944.25元

其中，人工费＝系统调整费×25％＝944.25×25％＝236.06元

计取脚手架搭拆费

脚手架搭拆费＝调价后人工费总和×8％＝7263.47×8％＝581.08元

其中，人工费＝脚手架搭拆费×25％＝581.08×25％＝145.27元

将调价后的人工、材料、机械费总和与系统调试费及脚手架搭拆费相加，则为安装工程直接费用，即

直接工程费＝调价后人工费总和＋调价后材料费总和＋调价后机械费总和
　　　　　＋系统调整费＋脚手架搭拆费

＝7263.47＋32417.27＋445.33＋944.25＋581.08

＝41651.4元

总人工费＝调价后人工费＋系统调整人工费＋脚手架搭拆人工费

＝7263.47＋236.06＋145.27

$=7644.8$ 元

B. 现场经费

按工程类别查费用定额得出三类工程现场经费费率为 29.05%。

现场经费＝总人工费×29.05%＝7644.8×29.05%＝2220.81 元

C. 其他直接费

根据工程类别和施工地点等条件，查费用定额其他直接费率表得出一环以内的安装工程应计取的其他直接费率为 11.38%。

其他直接费＝总人工费×11.38%＝7644.8×11.38%＝869.98 元

直接工程费＝直接费＋现场经费＋其他直接费
$=41651.4+2220.81+869.98$
$=44742.19$ 元

② 综合间接费

收取该项费用时，按工程类别等查间接费定额确定费率。

综合费＝总人工费×综合费率＝7644.8×20.29%＝1551.13 元

③ 贷款利润

费用定额根据中国人民银行最新颁布的金融机构一年流动资金贷款利率，规定甲方不提供备料款时，按人工费的 15.39% 收取。因此：

贷款利润＝总人工费×贷款利率＝7644.8×15.39%＝1179.61 元

④ 差别利润

根据工程类别，差费用定额知三类安装工程差别利润为 19.45%。

差别利润＝总人工费×19.45%＝7644.8×19.45%＝1486.91 元

⑤ 不含税工程造价

不含税造价＝直接工程费＋综合间接费＋贷款利润＋差别利润
$=44742.19+1551.13+1179.61+1486.91$
$=48959.84$ 元

⑥ 税金

本工程纳税人所在地为西安市区，取营业税、城市建设维护税、教育经费附加以及地方教育附加综合税税率为 3.48%。

税金＝不含税工程造价×3.48%＝48959.84×3.48%＝1703.80 元

（6）建筑安装工程造价

安装工程造价＝不含税工程造价＋税金＝48959.84＋1703.80＝50663.64 元

将以上各项填入表 6-3 中。

（7）编制施工图预算说明书

① 工程名称：某工厂仓库供暖工程安装。

② 本工程预算采用 2009 年《陕西省安装工程价目表》第六、第八、第十一册及配套的间接费综合费用定额。

③ 本预算计价材料按定额预算单价计算，主材费用依据 2019 年 7 月份公布的陕西省建筑材料预算信息价格确定，材料实际价格高出预算价格部分，由建设单位按价差方式付给施工单位。

第6章 建筑设备安装工程施工图预算

供暖工程施工图预算表

表 6-3

定额编号	名称及规格	定额单位	工程量数量	单价 合计	单价 人工费	单价 材料费	单价 机械费	合价 合计	合价 人工费	合价 材料费	合价 机械费	主材 单位	主材 数量	主材 单价	主材 合价
8-124	焊接钢管螺纹连接 DN15	10m	7.72	212.18	76.86	135.32		1638.03	593.36	1044.67		m	78.74	16.27	1281.10
8-125	焊接钢管（螺纹连接）DN20	10m	7.26	129.71	76.86	52.85		941.69	558.00	383.69		m	75.68	18.51	1400.84
8-135	焊接钢管（焊接连接）DN20	10m	1.55	99.39	69.72	21.81	7.86	154.05	108.07	33.81	12.18	m	15.81	18.51	292.64
8-135	焊接钢管（焊接连接）DN25	10m	3.01	99.39	69.72	21.81	7.86	299.16	209.86	65.65	23.66	m	30.72	28.67	880.74
8-135	焊接钢管（焊接连接）DN32	10m	6.62	99.39	69.72	21.81	7.86	657.96	461.55	144.38	52.03	m	67.52	38.23	2581.29
8-136	焊接钢管（焊接连接）DN40	10m	2.64	112.19	76.02	27.15	9.02	296.18	200.69	71.68	23.81	m	26.93	47.12	1268.94
8-137	焊接钢管（焊接连接）DN50	10m	2.56	135.28	83.58	41.53	10.17	346.32	213.96	106.32	26.04	m	26.11	59.8	1561.38
8-139	焊接钢管（焊接连接）DN70	10m	0.7	267.07	106.68	91.54	68.85	186.95	74.68	64.08	48.20	m	7.14	38.18	272.61
8-321	阀门安装螺纹截止阀 DN15	个	5	6.97	4.2	2.77		34.85	21.00	13.85		个	5.05	29.41	148.52
8-322	阀门安装螺纹截止阀 DN20	个	14	8.02	4.2	3.82		112.28	58.80	53.48		个	14.14	38.16	539.58
8-321	阀门安装螺纹闸阀 DN15	个	3	6.97	4.2	2.77		20.91	12.60	8.31		个	3.03	17.37	52.63
8-327	阀门安装螺纹闸阀 DN65	个	1	41.68	15.54	26.14		41.68	15.54	26.14		个	1.01	37.73	38.11
6-2936	集气罐制作	个	1	59.5	28.14	21.35	10.01	59.50	28.14	21.35	10.01	个	1		
6-2941	集气罐安装	个	1	12.84	11.34	1.5		12.84	11.34	1.50		个	1		
8-662	散热器挂装四柱 760 型	10片	16									片	161.6	46.05	7441.68
8-663	散热器落地安装四柱 760 型	10片	22.5	72.43	29.82	42.61		1629.68	670.95	958.73		片	227.5	46.05	10476.38
8-897	镀锌薄钢板套管制作 DN25	个	14	2.22	1.26	0.96		31.08	17.64	13.44		个	14		
8-898	镀锌薄钢板套管制作 DN32	个	19	3.96	2.52	1.44		75.24	47.88	27.36		个	19		
8-899	镀锌薄钢板套管制作 DN40	个	3	3.96	2.52	1.44		11.88	7.56	4.32		个	3		
8-900	镀锌薄钢板套管制作 DN50	个	9	3.96	2.52	1.44		35.64	22.68	12.96		个	9		
8-902	镀锌薄钢板套管制作 DN70	个	3	5.93	3.78	2.15		17.79	11.34	6.45		个	3		
8-902	镀锌薄钢板套管制作 DN80	个	3	5.93	3.78	2.15		17.79	11.34	6.45		个	3		
8-903	镀锌薄钢板套管制作 DN100	个	1	5.93	3.78	2.15		5.93	3.78	2.15		个	1		

续表

定额编号	名称及规格	工程量		单价				合价				主材费		
		定额单位	数量	合计	人工费	材料费	机械费	合计	人工费	材料费	机械费	单位	数量	单价	合价
8-896	一般管架制作安装	100kg	0.5	1160.65	425.88	243.17	491.6	580.33	212.94	121.59	245.80	kg	53	11.41	604.73
14-52	钢管刷红丹漆两遍	10m²	3.42	29.51	11.34	18.17		100.92	38.78	62.14					
14-57	钢管刷银粉漆两遍	10m²	3.42	23.38	11.34	12.04		79.96	38.78	41.18					
14-194	散热器刷防锈漆一遍	10m²	9.04	31.1	13.86	17.24		281.14	125.29	155.85					
14-197	散热器刷银粉漆两遍	10m²	9.04	27.93	13.86	14.07		252.49	125.29	127.19					
14-116	管架刷防锈漆两遍	100kg	0.5	29.99	9.24	12.43	8.32	15.00	4.62	6.22	4.16				
14-119	管架刷银粉漆两遍	100kg	0.5	26.11	9.24	8.55	8.32	13.06	4.62	4.28	4.16				
	调价前合计							7950.32	3911.1	3589.18	450.04				28841.16
	调价后合计							11302.69	7263.47	3589.18	450.04				
	系统调整费	人工费×13%,其中工资占25%						944.25	236.06						
	脚手架搭拆费	人工费×8%,其中工资占25%						581.08	147.27						
	直接费	人工费+材料费+机械费+主材费+系统调整费+脚手架搭拆费						41651.4	7644.8						
	现场经费	总人工费×29.05%						2220.81							
	其他直接费	总人工费×11.38%						869.98							
	直接工程费	直接费+现场经费+其他直接费						44742.19							
	综合经费	总人工费×20.29%						1551.13							
	贷款利润	总人工费×15.39%						1179.61							
	差别利润	人工费×19.45%						1486.91							
	不含税工程造价	直接工程费+综合经费+贷款利润+差别利润						48959.84							
	税金	不含税工程造价×3.48%						1703.80							
	含税工程总造价(元)	不含税工程造价+税金						50663.64							

④ 本预算中不可预见工程项目费用未计入，发生时可用现场签证的方式处理，竣工时按决算方式结算。

本仓库供暖工程安装工程造价为 50663.64 元，该预算仅供参考。

6.1.4 通风空调工程施工图预算编制示例

【例 6-3】 图 6-8～图 6-10 给出了某建筑室内恒温恒湿通风系统的平面图、剖面图及系统图。下面以该通风空调工程为例，说明施工图预算编制的方法。

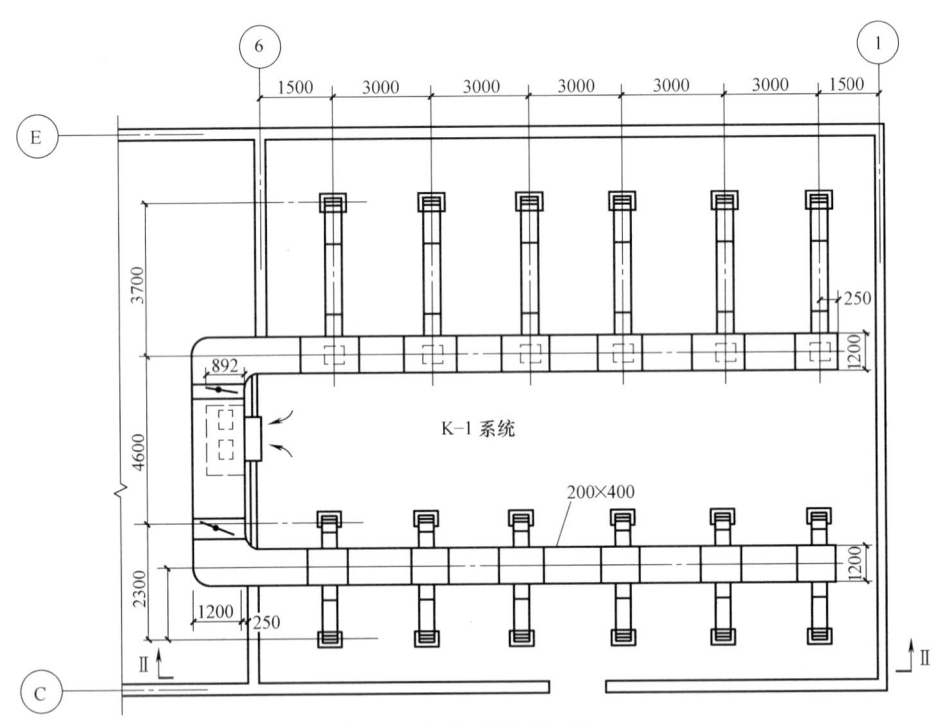

图 6-8 通风系统平面图

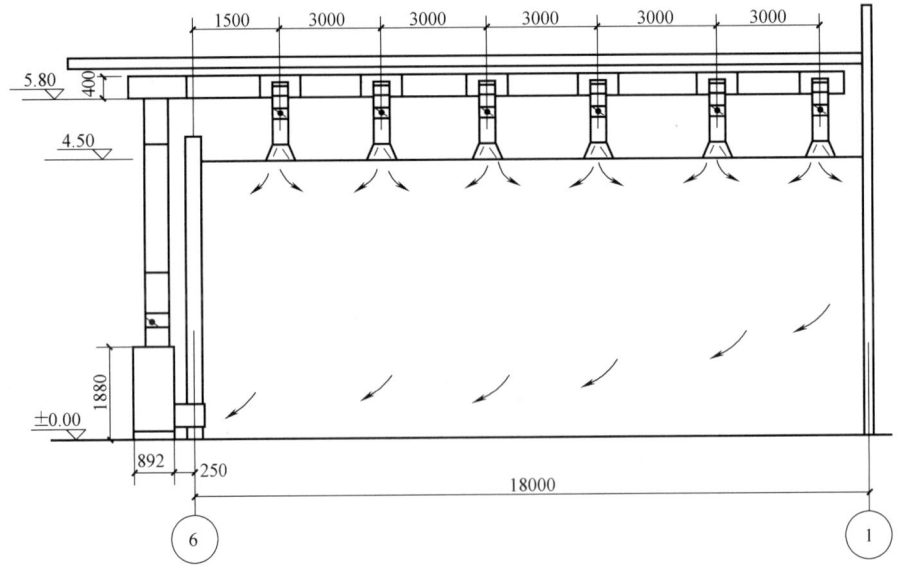

图 6-9 通风系统剖面图

6.1 建筑设备安装工程施工图预算的编制

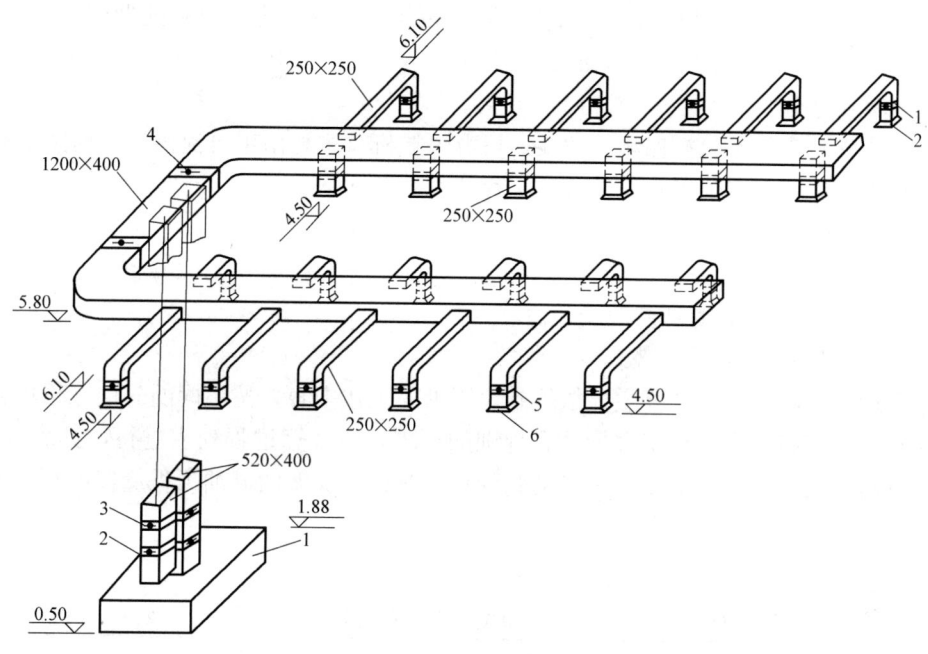

图 6-10 通风系统图

（1）阅读图纸，熟悉施工内容

通风管道在施工图上用直线表示，可用单线表达，也可用双线表达。若用双线表达，则图中用点画线表示出管道中心线。管道的规格在线旁用符号和数字加以标注。

设备和部件在通风图上是用规定的图例符号来表示的，其规格型号用文字和代号加以标注。常用图例符号见表 6-4。

通风空调工程常用图例　　　　　　　表 6-4

图 例	名 称	图 例	名 称
	送风口		伞形风帽
	回风口		筒形风帽
	轴流风机		排气罩
	蝶阀		加热器
	多叶阀		冷却器
	闸板阀		离心风机
	拉杆阀		

从图中可以看出该通风系统内设有一台恒温恒湿机，采用玻璃钢风管，防火阀为

520mm×400mm，密闭对开多叶调节阀 1200mm×400mm，方形直片式散流器 250mm×250mm，密闭对开多叶调节阀 250mm×250mm。

(2) 项目划分

该系统安装工程不包括保温、油漆。恒温恒湿机及主材由甲方提供。根据图纸和施工方法，将该空调系统单项工程中的分项工程项目划分如下：

① 恒温恒湿机的安装；

② 送风管道的制作安装；

③ 风阀、送风装置等部件的安装。

(3) 工程量的计算

本空调工程的工程量计算主要依据施工图纸的工作内容，按不同的分项工程项目，参照通风空调工程施工图预算工程量计算规则的要求，将计算过程列表进行，见表 6-5。恒温恒湿机出口按装一个方形百叶式启动阀计算；管道及支架的刷油工程量按风管及支架的制作安装工程量计算。

工程量统计表   表 6-5

建设单位：某工厂车间　　单位工程：通风工程　　2010 年 10 月 1 日

编号	分项工程名称	单位	计 算 式	结果
1	恒温恒湿机	台		1
2	玻璃钢风管制作安装 1200mm×400mm	10m²	(5.8+2×17.6−2×0.64)×3.2	12.71
3	玻璃钢风管制作安装 520mm×400mm	10m²	[(6.0−1.88)×2−2×0.21−2×0.21]×1.84	1.36
4	玻璃钢风管制作安装 250mm×250mm	10m²	2×[(3.7+1.5+1.5)×6−12×0.21−12×0.21]×1.0	7.04
5	帆布接口	m²		1.0
6	防火阀	kg	520×400,2 个,查国标质(重)量表,单个重 11.7kg	23.4
7	方形直片式散流器	kg	250×250,24 个,查国标质(重)量表,单个重 5.29kg	127
8	密闭对开多叶调节阀	kg	250×250,24 个,查国标质(重)量表,单个重 9.8kg	236
9	密闭对开多叶调节阀	kg	1200×400,2 个,查国标质(重)量表,单个重 27.4kg	55

(4) 选套定额

该恒温恒湿空调安装工程，选用《陕西省安装工程价目表》(2009) 第九册"通风、空调工程"有关定额内容进行编制。计算结果见表 6-6。

(5) 计算直接费、收取综合间接费、计算利润和税金等

该建筑恒温恒湿空调系统安装工程，根据建筑工程类别划分的规定，属于一类工程。建设单位位于西安市一环以外，由国有施工企业施工，甲方提供主材。查间接费定额后，下面分别计算各项费用。

① 确定直接费

A. 确定直接工程费

从施工图预算表中累积得出：

人工费总和 = Σ(人工费) = 8542.60 元

材料费总和 = Σ(计价材料费 + 未计价主材费) = 7044.42 元

机械费总和 = Σ(机械费) = 3244.58 元

依据《陕西省住房和城乡建设厅关于调整房屋建筑和市政基础设施工程工程量清单计价综合人工单价的通知（陕建发 [2018] 2019）》：建筑工程、安装工程、市政工程、园林绿化工程人工单价调整为 120.00 元/工日。本工程调价后人工费总和为：

调价后人工费总和＝人工费总和×[(120－42)/42]＝8542.60×[(120－42)/42]＝15864.82 元

计取超高增加费，定额规定对于安装高度超过 6m 的通风空调工程按人工费的 15% 计取，其中人工工资占 25%、材料费占 65%、机械费占 10%。

超高增加费＝人工费总和×15%＝15864.82×15%＝2379.72 元

人工费＝超高增加费×25%＝2379.72×25%＝594.93 元

计取脚手架搭拆费，应依据定额第九册通风空调工程中的规定，按人工费的 7% 计取，其中人工工资占 25%、材料费占 65%、机械费占 10%。

脚手架搭拆费＝人工费总和×7%＝15864.82×7%＝1269.19 元

人工费＝脚手架搭拆费×25%＝1269.19×25%＝317.30 元

计取系统调试费，定额规定对通风空调工程系统调试费按人工费的 13% 计取，其中人工占 25%，材料费占 25%、机械费占 50%。

系统调整费＝人工费总和×13%＝15864.82×13%＝2062.43 元

人工费＝系统调整费×25%＝2062.43×25%＝515.61 元

将人工、材料、机械费总和与脚手架搭拆费、系统调试费及超高增加费相加，则为安装工程直接费用。

直接工程费＝人工费总和＋材料费总和＋机械费总和＋超高增加费＋脚手架搭拆费
　　　　　＋系统调试费
　　　　＝15864.82＋7044.42＋3244.58＋2379.72＋1269.19＋2062.43
　　　　＝31865.15 元

总人工费＝人工费＋超高增加人工费＋脚手架搭拆人工费＋系统调试人工费
　　　　＝15864.82＋594.93＋317.30＋515.61
　　　　＝17292.65 元

B. 现场经费

按工程类别查费用定额得出一类工程现场经费费率为 42.86%。

现场经费＝总人工费×42.86%＝17292.65×42.86%＝7411.63 元

C. 其他直接费

根据工程类别和施工地点等条件，查费用定额其他直接费率表得出一环以外的一类安装工程应计取的其他直接费率为 15.15%。

其他直接费＝总人工费×15.15%＝17292.65×15.15%＝2619.84 元

直接工程费＝直接费＋现场经费＋其他直接费
　　　　　＝31865.15＋7411.63＋2619.84
　　　　　＝41896.61 元

② 计取综合间接费

收取该项费用时，按工程类别查费用定额知一类工程间接费率为 31.32%。

综合间接费＝总人工费×综合费率＝17292.65×31.32%＝5416.06 元

第6章 建筑设备安装工程施工图预算

通风空调工程施工图预算表

表 6-6

定额编号	名称及规格	定额单位	工程量数量	单价(元) 合计	单价(元) 人工费	单价(元) 材料费	单价(元) 机械费	合价(元) 合计	合价(元) 人工费	合价(元) 材料费	合价(元) 机械费
参9-356	恒温恒湿机	台	1	1089.16	974.4	18.88	95.88	1089.16	974.40	18.88	95.88
9-72	玻璃钢风管(周长=3200mm)	10m²	12.71	311.64	150.36	148.41	12.87	3960.94	1911.08	1886.29	163.58
9-71	玻璃钢风管(周长=1840mm)	10m²	1.36	385.4	199.5	162.72	23.18	524.14	271.32	221.30	31.52
9-71	玻璃钢风管(周长=1000mm)	10m²	7.04	385.4	199.5	162.72	23.18	2713.22	1404.48	1145.55	163.19
9-114	防火阀制作(周长=1840mm)	100kg	0.234	939.63	242.76	522.31	174.56	219.87	56.81	122.22	40.85
9-147	防火阀安装(周长=1840mm)	个	2	88.22	41.58	20.4	26.24	176.44	83.16	40.80	52.48
9-112	密闭对开多叶调节阀制作(周长=1000mm)	100kg	2.36	1420.05	409.92	666.45	343.68	3351.32	967.41	1572.82	811.08
9-140	密闭对开多叶调节阀安装(周长=1000mm)	个	24	48.6	16.8	14.98	16.82	1166.40	403.20	359.52	403.68
9-112	密闭对开多叶调节阀制作(周长=3200mm)	100kg	0.55	1420.05	409.92	666.45	343.68	781.03	225.46	366.55	189.02
9-142	密闭对开多叶调节阀安装(周长=3200mm)	个	2	104.03	21	35.94	47.09	208.06	42.00	71.88	94.18
9-394	帆布接口制作安装	m²	1	254.99	86.52	157	11.47	254.99	86.52	157.00	11.47
9-177	方形直片式散流器制作	100kg	1.27	2830.31	1468.32	757.36	604.63	3594.49	1864.77	961.85	767.88
9-224	方形直片式散流器安装	个	24	32.98	10.5	4.99	17.49	791.52	252.00	119.76	419.76

续表

定额编号	名称及规格	工程量		单价(元)				合价(元)			
		定额单位	数量	合计	人工费	材料费	机械费	合计	人工费	材料费	机械费
	调价前合计							18831.59	8542.60	7044.42	3244.58
	调价后合计							26153.81	15864.82	7044.42	3244.58
	系统调整费			人工费×13%,其中工资占25%				2062.43	515.61		
	脚手架搭拆费			人工费×7%,其中工资占25%				1269.19	317.30		
	超高增加费			人工费×15%,其中工资占25%				2379.72	594.93		
	直接费			人工费+材料费+机械费+系统调整费+超高增加费+脚手架搭拆费				31865.15	17292.65		
	现场经费			人工费×42.86%				7411.63			
	其他直接费			人工费×15.15%				2619.84			
	直接工程费			直接费+现场经费+其他直接费				41896.61			
	综合间接费			人工费×31.32%				5416.06			
	贷款利润			人工费×0				0			
	差别利润			人工费×34.55%				5974.61			
	不含税工程造价			直接工程费+综合间接费+差别利润				53287.28			
	税金			不含税工程造价×3.48%				1854.40			
	含税工程总造价			不含税工程造价+税金				55141.68			

③ 贷款利润

按住房和城乡建设部令第 16 号（建设工程施工发包与承包计价管理办法），当甲方提供料款时，贷款利息已入间接费中。

④ 差别利润

根据工程类别，查费用定额知一类安装工程利润率为 34.55%。

利润＝总人工费×34.55%＝17292.65×34.55%＝5974.61 元

⑤ 不含税工程造价

不含税造价＝直接工程费＋综合间接费＋差别利润
　　　　　＝41896.61＋5416.06＋5974.61
　　　　　＝53287.28 元

⑥ 税金

本工程纳税人所在地为西安市区，取营业税、城市建设维护税、教育经费附加以及地方教育附加综合税税率为 3.48%。

税金＝不含税工程造价×3.41%＝53287.28×3.48%＝1854.40 元

(6) 建筑安装工程造价

安装工程造价＝不含税工程造价＋税金＝53287.28＋1854.40＝55141.68 元

将以上各项填入表 6-6 中。

(7) 编制施工图预算说明书

① 工程名称：某建筑恒温恒湿空调工程安装。

② 本工程施工图预算采用 2009 年《陕西省安装工程价目表》第九册及配套的费用定额。

③ 本工程主材由建设单位提供给施工单位，预算中未加考虑。

④ 本预算中，由于图中对风管绝热安装部分表示不明，因此未计算，结算时可按实发生的费用计入预算中。

⑤ 本预算中，不可预见工程项目费用未计入，发生时可用现场签证的方式处理，竣工时按决算方式结算。

本建筑恒温恒湿空调系统安装工程造价为 55141.68 元，该预算仅供参考。

6.2　建筑设备安装工程工程量清单计价

6.2.1　给水排水、供暖、燃气管道工程工程量清单项目设置与工程量计算规则

工程量清单计价中，工程数量的计算主要通过《计算规范》附录中的工程量计算规则计算得到。除另有说明外，所有清单项目的工程量应以实体工程量为准，并以完成后的净值计算。投标人投标报价时，应在单价中考虑施工中的各种损耗和需要增加的工程量。

1. 给水排水、供暖、燃气管道工程

给水排水、供暖、燃气管道工程工程量清单项目设置及工程量计算规则应按《计算规范》中表 K.1 的规定执行。

2. 支架及其他

支架及其他工程量清单项目设置及工程量计算规则应按《计算规范》中表 K.2 的规定执行。

3. 管道附件

管道附件工程量清单项目设置及工程量计算规则应按《计算规范》中表 K.3 的规定执行。

4. 卫生器具制作安装

卫生器具工程量清单项目设置及工程量计算规则应按《计算规范》中表 K.4 的规定执行。

给水排水、供暖、燃气管道（编码：031001） 表 K.1

项目编码	项目名称	项目特征	计量单位	工程量计算规则	工作内容
031001001	镀锌钢管	1. 安装部位； 2. 介质； 3. 规格、压力等级； 4. 连接形式； 5. 压力试验及吹、洗设计要求	m	按设计图示管道中心线以长度计算	1. 管道安装； 2. 管件制作、安装； 3. 压力试验； 4. 吹扫、冲洗
031001002	钢管				
031001003	不锈钢管				
031001004	铜管				
031001005	铸铁管	1. 安装部位； 2. 介质； 3. 材质、规格； 4. 连接形式； 5. 接口材料 6. 压力试验及吹、洗设计要求； 7. 警示带形式			1. 管道安装； 2. 管件安装； 3. 压力试验； 4. 吹扫、冲洗； 5. 警示带铺设
031001006	塑料管	1. 安装部位； 2. 介质； 3. 材质、规格； 4. 连接形式； 5. 压力试验及吹、洗设计要求； 6. 警示带形式		按设计图示管道中心线以长度计算	1. 管道安装； 2. 管件安装； 3. 塑料卡固定； 4. 压力试验； 5. 吹扫、冲洗； 6. 警示带铺设
031001007	复合管				
031001008	直埋式预制保温管	1. 埋设深度； 2. 介质； 3. 管道材质、规格； 4. 连接形式； 5. 接口保温材料； 6. 压力试验及吹、洗设计要求； 7. 警示带形式			1. 管道安装； 2. 管件安装； 3. 接口保温； 4. 压力试验； 5. 吹扫、冲洗； 6. 警示带铺设
031001009	承插缸瓦管	1. 埋设深度； 2. 规格； 3. 接口方式及材料； 4. 压力试验及吹、洗设计要求； 5. 警示带形式			1. 管道安装； 2. 管件安装； 3. 压力试验； 4. 吹扫、冲洗； 5. 警示带铺设
031001010	承插水泥管				
031001011	室外管道碰头	1. 介质； 2. 碰头形式； 3. 材质、规格； 4. 连接形式； 5. 防腐、绝热设计要求	处	按设计图示以处计算	1. 挖填工作坑或暖气沟拆除及修复； 2. 碰头； 3. 接口处防腐； 4. 接口处绝热及保护层

管道附件（编码：031002）　　　　　　　　　　　　　　表 K.2

项目编码	项目名称	项目特征	计量单位	工程量计算规则	工作内容
031002001	管道支架	1. 材质； 2. 管架形式	1. kg； 2. 套	1. 以千克计量，按设计图示质量计算； 2. 以套计量，按设计图示数量计算	1. 制作； 2. 安装
031002002	设备支架	1. 材质； 2. 形式			
031002003	套管	1. 名称、类型； 2. 材质； 3. 规格； 4. 填料材质	个	按设计图示数量计算	1. 组成； 2. 安装； 3. 除锈、刷油

管道附件（编码：031003）　　　　　　　　　　　　　　表 K.3

项目编码	项目名称	项目特征	计量单位	工程量计算规则	工作内容
030803001	螺纹阀门	1. 类型； 2. 材质； 3. 规格、压力等级； 4. 连接形式； 5. 焊接方法	个	按设计图示数量计算	安装
030803002	螺纹法兰阀门				
030803003	焊接法兰阀门				
030803004	带短管甲乙阀门	1. 材质； 2. 规格、压力等级； 3. 连接形式； 4. 接口方式及材质			
030803005	减压器	1. 材质； 2. 规格、压力等级； 3. 连接形式； 4. 附件名称、规格、数量	组		1. 组成； 2. 安装
030803006	疏水器				
030803007	除污器（过滤器）				
030803008	补偿器	1. 类型； 2. 材质； 3. 规格、压力等级； 4. 连接形式	个		
030803009	软接头	1. 材质； 2. 规格； 3. 连接形式	个 副（片）		安装
030803010	法兰	1. 材质； 2. 规格、压力等级； 3. 连接形式			
030803011	水表	1. 安装部位(室内外)； 2. 型号、规格； 3. 连接形式； 4. 附件名称、规格、数量	组		1. 组成； 2. 安装

续表

项目编码	项目名称	项目特征	计量单位	工程量计算规则	工作内容
030803012	倒流防止器	1. 材质； 2. 型号、规格； 3. 连接形式	套		安装
030803013	热量表	1. 类型； 2. 型号、规格； 3. 连接形式	块		
030803014	塑料排水管消声器	1. 规格； 2. 连接形式	个		
030803015	浮标液面计		组		
030803016	浮漂水位标尺	1. 用途； 2. 规格	套		

卫生器具制作安装（编码：031004） 表 K.4

项目编码	项目名称	项目特征	计量单位	工程量计算规则	工作内容
031004001	浴缸	1. 材质； 2. 规格、类型； 3. 组装形式； 4. 附件名称、数量	组	按设计图示数量计算	1. 器具安装； 2. 附件安装
031004002	净身盆				
031004003	洗脸盆				
031004004	洗涤盆				
031004005	化验盆				
031004006	大便器				
031004007	小便器				
031004008	其他成品卫生器具				
031004009	烘手器	1. 材质； 2. 型号、规格	个		安装
031004010	淋浴器	1. 材质、规格； 2. 组装形式； 3. 附件名称、数量	套		1. 器具安装； 2. 附件安装
031004011	淋浴间				
031004012	桑拿浴房				
031004013	大、小便槽自动冲洗水箱制作安装	1. 材质、类型； 2. 规格； 3. 水箱配件； 4. 支架形式及做法； 5. 器具及支架除锈、刷油设计要求	套		1. 制作； 2. 安装； 3. 支架制作、安装； 4. 除锈、刷油
031004014	给水、排水附件	1. 材质； 2. 型号、规格； 3. 安装方式	个(组)		安装
031004015	小便槽冲洗管制作安装	1. 材质； 2. 规格	m		1. 制作； 2. 安装

续表

项目编码	项目名称	项目特征	计量单位	工程量计算规则	工作内容
031004016	蒸汽-水加热器制作安装	1. 类型； 2. 型号、规格； 3. 安装方式	套	按设计图示数量计算	1. 制作； 2. 安装
031004017	冷热水混合器制作安装				
031004018	饮水器				
031004019	隔油器	1. 类型； 2. 型号、规格； 3. 安装部位			

5. 供暖器具

供暖器具工程量清单项目设置及工程量计算规则应按《计算规范》中表 K.5 的规定执行。

供暖器具（编码：031005） 表 K.5

项目编码	项目名称	项目特征	计量单位	工程量计算规则	工作内容
031005001	铸铁散热器	1. 型号、规格； 2. 安装方式； 3. 托架形式； 4. 器具、托架除锈、刷油设计要求	片（组）	按设计图示数量计算	1. 组对、安装； 2. 水压试验； 3. 托架制作、安装； 4. 除锈、刷油
031005002	钢制散热器	1. 结构形式； 2. 型号、规格； 3. 安装方式； 4. 托架刷油设计要求	组（片）		1. 安装； 2. 托架安装； 3. 托架刷油
031005003	其他成品散热器	1. 材质、类型； 2. 型号、规格； 3. 托架刷油设计要求	组（片）	按设计图示数量计算	1. 安装； 2. 托架安装； 3. 托架刷油
031005004	光排管散热器制作安装	1. 材质、类型； 2. 型号、规格； 3. 托架形式及做法； 4. 器具、托架除锈、刷油设计要求	m	按设计图示排管长度计算	1. 制作、安装； 2. 水压试验； 3. 除锈、刷油
031005005	暖风机	1. 质量； 2. 型号、规格； 3. 安装方式	台	按设计图示数量计算	安装
031005006	地板辐射供暖	1. 保温层及钢丝网设计要求； 2. 管道材质； 3. 型号、规格； 4. 管道固定方式； 5. 压力试验及吹扫设计要求	1. m^2； 2. m	1. 以 m^2 计量按设计图示供暖房间净面积计算； 2. 以 m 计量,按设计图示管道长度计算	1. 保温层及钢丝网铺设； 2 管道排布、绑扎、固定； 3. 与分水器连接； 4. 水压试验、冲洗； 5. 配合地面浇筑
031005007	热媒集配装置制作、安装	1. 材质； 2. 规格； 3. 附件名称、规格、数量	台	按设计图示数量计算	1 制作； 2. 安装； 3. 附件安装
031005008	集气罐制作安装	1. 材质； 2. 规格	个		1. 制作； 2. 安装

6. 燃气器具及其他

燃气器具及其他工程量清单项目设置及工程量计算规则应按《计算规范》中表 K.6 的规定执行。

燃气器具及其他（编码：031007） 表 K.6

项目编码	项目名称	项目特征	计量单位	工程量计算规则	工作内容
031007001	燃气开水炉	1. 型号、容量； 2. 安装方式； 3. 附件型号、规格	台	按设计图示数量计算	1. 安装； 2. 附件安装
031007002	燃气供暖炉				
031007003	燃气沸水器、消毒器	1. 类型； 2. 型号、容量； 3. 安装方式； 4. 附件型号、规格			1. 安装； 2. 附件安装
031007004	燃气热水器				
031007005	燃气表	1. 类型； 2. 型号、规格； 3. 连接方式； 4. 托架设计要求			1. 安装； 2. 托架制作、安装
031007006	燃气灶具	1. 用途； 2. 类型； 3. 型号、规格； 4. 安装方式； 5. 附件型号、规格			1. 安装； 2. 附件安装
031007007	气嘴、点火棒	1. 单嘴、双嘴； 2. 材质； 3. 型号、规格； 4. 连接形式	个		
031007008	调压器	1. 类型； 2. 型号、规格； 3. 安装方式	台		安装
031007009	水封（油封）	1. 材质； 2. 型号、规格	组		
031007010	燃气抽水缸	1. 材质； 2. 规格； 3. 连接形式	个		
031007011	燃气管道调长器	1. 规格； 2. 压力等级； 3. 连接形式			
031007012	调长器与阀门连接				
031007013	调压箱、调压装置	1. 类型； 2. 型号、规格； 3. 安装部位	台		
031007014	引入口砌筑	1. 砌筑形式、材质； 2. 保温、保护材料设计要求	处		1. 保温（保护）台砌筑； 2. 填充保温（保护）材料

7. 供暖、空调水工程系统调试

供暖、空调水工程系统调试的工程量清单项目设置及工程量计算规则应按《计算规范》中表 K.7 的规定执行。

供暖、空调水工程系统调试（编码：031009） 表 K.7

项目编码	项目名称	项目特征	计量单位	工程量计算规则	工程内容
031009001	供暖工程系统调试	系统形式	系统	按供暖工程系统计算	系统调试
031009002	空调水工程系统调试			按空调水工程系统计算	

6.2.2 通风空调工程工程量清单项目设置及工程量计算规则

1. 通风空调设备及部件制作安装

通风空调设备及部件制作安装工程量清单项目设置及工程量计算规则应按《计算规范》中表 G.1 的规定执行。

通风空调设备及部件制作安装（编码：030701） 表 G.1

项目编码	项目名称	项目特征	计量单位	工程量计算规则	工程内容
030701001	空气加热器（冷却器）	1. 名称； 2. 型号； 3. 规格； 4. 质量； 5. 安装形式； 6. 支架形式、材质	台	按设计图示数量计算	1. 本体安装、调试； 2. 设备支架制作、安装
030701002	除尘设备				
030701003	空调器	1. 名称； 2. 型号； 3. 规格； 4. 安装形式； 5. 质量； 6. 隔振垫（器）、支架形式、材质	台(组)		1. 本体安装或组装、调试； 2. 设备支架制作、安装
030701004	风机盘管	1. 名称； 2. 型号； 3. 规格； 4. 安装形式； 5. 减振器、支架形式、材质； 6. 试压要求	台		1. 本体安装、调试； 2. 支架制作、安装； 3. 试压
030701005	表冷器	1. 名称； 2. 型号； 3. 规格			1. 本体安装； 2. 型钢制安； 3. 过滤器安装； 4. 挡水板安装； 5. 调试及运转
030701006	密闭门	1. 名称； 2. 型号； 3. 规格； 4. 形式； 5. 支架形式、材质	个		1. 本体制作； 2. 本体安装； 3. 支架制作、安装
030701007	挡水板				
030701008	滤水器、溢水盘				
030701009	金属壳体				

续表

项目编码	项目名称	项目特征	计量单位	工程量计算规则	工程内容
030701010	过滤器	1. 名称； 2. 型号； 3. 规格； 4. 类型； 5. 框架形式、材质	1. 台； 2. m²	1. 按设计图示数量计算； 2. 按设计图示尺寸以过滤面积计算	1. 本体安装； 2. 框架制作、安装
030701011	净化工台	1. 名称； 2. 型号； 3. 规格； 4. 类型	台	按设计图示数量计算	本体安装
030701012	风淋室	1. 名称； 2. 型号； 3. 规格； 4. 类型； 5. 质量			
030701013	洁净室				

2. 通风管道制作安装

通风管道制作安装工程量清单项目设置及工程量计算规则应按《计算规范》中表 G.2 的规定执行。

通风管道制作安装（编码：030702）　　　　　　　　　　表 G.2

项目编码	项目名称	项目特征	计量单位	工程量计算规则	工程内容
030702001	碳钢通风管道	1. 名称； 2. 材质； 3. 形状； 4. 规格； 5. 板材厚度； 6. 管件、法兰等附件及支架设计要求； 7. 接口形式	m²	按设计图示尺寸以展开面积计算	1. 风管、管件、法兰、零件、支吊架制作、安装； 2. 过跨风管落地支架制作、安装
030702002	净化通风管				
030702003	不锈钢板风管	1. 名称； 2. 形状； 3. 规格； 4. 板材厚度； 5. 管件、法兰等附件及支架设计要求； 6. 接口形式			
030702004	铝板通风管道				
030702005	塑料通风管道				
030702006	玻璃钢通风管道	1. 名称； 2. 形状； 3. 规格； 4. 板材厚度； 5. 支架形式、材质； 6. 接口形式		按图示外径尺寸以展开面积计算	1. 风管、管件安装； 2. 支吊架制作、安装； 3. 过跨风管落地支架制作、安装

项目编码	项目名称	项目特征	计量单位	工程量计算规则	工程内容
030702007	复合型风管	1. 名称； 2. 材质； 3. 形状； 4. 规格； 5. 板材厚度； 6. 接口形式； 7. 支架形式、材质	m^2	按图示外径尺寸以展开面积计算	1. 风管、管件安装； 2. 支吊架制作、安装； 3. 过跨风管落地支架制作、安装
030702008	柔性软风管	1. 名称； 2. 材质； 3. 规格； 4. 风管接头、支架形式、材质	m	按设计图示中心线以长度计算	1. 风管安装； 2. 风管接头安装； 3. 支吊架制作、安装
030702009	弯头导流叶片	1. 名称； 2. 材质； 3. 规格； 4. 形式	1. m^2； 2. 组	1. 按设计图示以展开面积计算； 2. 按设计图示以组计算	1. 制作； 2. 组装
030702010	风管检查孔	1. 名称； 2. 材质； 3. 规格	1. kg； 2. 个	1. 按风管检查孔质量以公斤计算； 2. 按设计图示数量以个计算	1. 制作； 2. 安装
030702011	温度、风量测定孔	1. 名称； 2. 材质； 3. 规格； 4. 设计要求	个	按设计图示数量以个计算	

3. 通风管道部件制作安装

通风管道部件制作安装工程量清单项目设置及工程量计算规则应按《计算规范》中表G.3的规定执行。

通风管道部件制作安装（编码：030703） 表G.3

项目编码	项目名称	项目特征	计量单位	工程量计算规则	工作内容
030703001	碳钢阀门	1. 名称； 2. 型号； 3. 规格； 4. 质量； 5. 类型； 6. 支架形式、材质	个	按设计图示数量计算	1. 阀体制作； 2. 阀体安装； 3. 支架制作、安装
030703002	柔性软风管阀门	1. 名称； 2. 规格； 3. 材质； 4. 类型			阀体安装

续表

项目编码	项目名称	项目特征	计量单位	工程量计算规则	工作内容
030703003	铝蝶阀	1. 名称; 2. 规格; 3. 质量; 4. 类型	个	按设计图示数量计算	阀体安装
030703004	不锈钢蝶阀				
030703005	塑料阀门	1. 名称; 2. 规格; 3. 质量; 4. 类型			
030703006	玻璃钢蝶阀				
030703007	碳钢风口、散流器、百叶窗	1. 名称; 2. 型号; 3. 规格; 4. 质量; 5. 类型; 6. 形式			1. 风口制作、安装; 2. 散流器制作、安装; 3. 百叶窗安装
030703008	不锈钢风口、散流器、百叶窗	1. 名称; 2. 型号; 3. 规格; 4. 质量; 5. 类型; 6. 形式	个		1. 风口制作、安装; 2. 散流器制作、安装
030703009	塑料风口、散流器、百叶窗				
030703010	玻璃钢风口	1. 名称; 2. 型号; 3. 规格; 4. 类型; 5. 形式			风口安装
030703011	铝及铝合金风口、散流器				1. 风口制作、安装; 2. 散流器制作、安装
030703012	碳钢风帽	1. 名称; 2. 规格; 3. 质量; 4. 类型; 5. 形式; 6. 风帽筝绳、泛水设计要求	个	按设计图示数量计算	1. 风帽制作、安装; 2. 筒形风帽滴水盘制作、安装; 3. 风帽筝绳制作、安装; 4. 风帽泛水制作、安装
030703013	不锈钢风帽				
030703014	塑料风帽				
030703015	铝板伞形风帽				1. 板伞形风帽制作、安装; 2. 风帽筝绳制作、安装; 3. 风帽泛水制作、安装
030703016	玻璃钢风帽				1. 玻璃钢风帽安装; 2. 筒形风帽滴水盘安装; 3. 风帽筝绳安装; 4. 风帽泛水安装
030703017	碳钢罩类	1. 名称; 2. 型号; 3. 规格; 4. 质量; 5. 类型; 6. 形式; 7. 罩类材质			罩类制作、安装

续表

项目编码	项目名称	项目特征	计量单位	工程量计算规则	工作内容
030703018	塑料罩类	1. 名称； 2. 型号； 3. 规格； 4. 质量； 5. 类型； 6. 形式	kg	按设计图示数量计算	1. 罩类制作； 2. 罩类安装
030703019	柔性接口	1. 名称； 2. 规格； 3. 材质； 4. 类型； 5. 形式	m²	按设计图示尺寸以展开面积计算	1. 柔性接口制作； 2. 柔性接口安装
030703020	消声器	1. 名称； 2. 规格； 3. 材质； 4. 形式； 5. 质量； 6. 支架形式、材质	个	按设计图示数量计算	1. 消声器制作； 2. 消声器安装； 3. 支架制作安装
030703021	静压箱	1. 名称； 2. 规格； 3. 形式； 4. 材质； 5. 支架形式、材质	1. 个； 2. m²	1. 按设计图示数量计算； 2. 按设计图示尺寸以展开面积计算	1. 静压箱制作、安装； 2. 支架制作、安装

4. 通风工程检测、调试

通风工程检测、调试工程量清单项目设置及工程量计算规则应按《计算规范》中表 G.4 的规定执行。

通风工程检测、调试（编码：030704） 表 G.4

项目编码	项目名称	项目特征	计量单位	工程量计算规则	工作内容
030704001	通风工程检测、调试	系统	系统	按由通风设备、管道及部件等组成的通风系统计算	1. 通风管道风量测定； 2. 风压测定； 3. 温度测定； 4. 各系统风口、阀门调整
030704002	风管漏光试验、漏风试验	漏光试验、漏风试验设计要求	m²	按设计图纸或规范要求以展开面积计算	通风管道漏光试验、漏风试验

5. 通风空调工程适用情况

通风空调工程适用于通风（空调）设备及部件、通风管道及部件的制作安装工程。

6.2.3 供暖设备安装工程工程量清单计价示例

【例6-4】 陕西省西安市某单位仓库的供暖工程系统图和平面图如第6.1.3节图6-5~图6-7所示，分部分项工程量清单及措施项目清单如表6-7和表6-8所示。

分部分项工程量清单表　　　　表6-7

序号	项目编码	项目名称	计量单位	工程数量
1	031001002001	焊接钢管(螺纹连接)DN15	m	77.20
2	031001002002	焊接钢管(螺纹连接)DN20	m	72.64
3	031001002003	焊接钢管(焊接连接)DN20	m	15.50
4	031001002004	焊接钢管(焊接连接)DN25	m	30.10
5	031001002005	焊接钢管(焊接连接)DN32	m	66.20
6	031001002006	焊接钢管(焊接连接)DN40	m	26.40
7	031001002007	焊接钢管(焊接连接)DN50	m	25.60
8	031001002008	焊接钢管(焊接连接)DN70	m	6.95
		以上管道安装项目其工程内容包括：管道及管件安装，管道支架制作安装，管道水压试验及水冲洗，镀锌铁皮套管制作安装，管道手工除轻锈后刷红丹防锈漆两遍，银粉漆两遍		
9	031003001001	阀门安装螺纹截止阀DN15	个	5.00
10	031003001002	阀门安装螺纹截止阀DN20	个	14.00
11	031003001003	阀门安装螺纹闸阀DN15	个	3.00
12	031003001004	阀门安装螺纹闸阀DN65	个	1.00
13	031005008001	集气罐制作安装	个	1.00
14	031005001001	铸铁散热器组成安装	片	385.00
		散热器安装其工程内容包括：散热器组对安装，手工除轻锈后刷红丹防锈漆两遍，银粉漆两遍		
15	031002001001	管道支架制作安装	kg	50.00
16	031009001001	供暖工程系统调试	系统	1.00

该项目将于秋冬多雨季节施工，因此在工程量清单计价时应考虑冬雨季、夜间施工措施费。

措施项目清单　　　　表6-8

序号	项目名称	计量单位	工程数量
1	冬雨期施工增加费	项	1
2	夜间施工增加费	项	1
3	二次搬运费	项	1
4	检验试验、测量放线、定位复测、场地清理费	项	1
5	脚手架搭拆费	项	1
6	超高增加费	项	1
7	安全文明施工措施费	项	1

【解】 工程量清单计价模式的计价程序应参考表 4-21 实施,但由于地区之间存在经济、劳动力配置等方面的差异,工程量清单计价的具体使用,应以表 4-21 计价程序为基础,结合工程所在地的实际情况,出台相应的计价程序。由于该工程地点位于陕西省,依据陕建发[2016]100 号文件,陕西省安装工程工程量清单计价程序如表 6-9 所示。

工程量清单计价模式安装工程费用计算程序　　　　表 6-9

序号	费用名称	计算公式
1	分部分项工程费	∑(综合单价×工程量)+可能发生的差价
2	措施项目费	∑(综合单价×工程量)+可能发生的差价
3	其他项目费	∑(综合单价×工程量)+可能发生的差价
4	规费	(1+2+3)×费率
5	税前工程造价	(1+2+3+4)×综合系数
6	增值税销项税额	税前工程造价×增值税销项税额比例
7	附加税	(1+2+3+4)×税率
8	工程造价	5+6+7

按照工程量清单计价编制的工程报价,结果汇总见表 6-10、表 6-11。

单项工程造价汇总　　　　表 6-10

工程名称:陕西省西安市某单位仓库供暖工程

序号	单位工程名称	造价(元)
1	陕西省西安市某单位仓库供暖工程	51347.24
2	—	
	合　计	51347.24

单位工程造价汇总　　　　表 6-11

工程名称:陕西省西安市某单位仓库供暖工程

序号	项目名称	造价(元)
1	分部分项工程费	46653.74
2	措施项目费	3274.86
3	其他项目费	0.00
4	规费	2376.60
5	税前造价	46653.74
6	增值税销项税额	4442.44
7	附加税	251.06
8	工程造价	51347.24

分部分项工程量清单计价、措施项目清单计价,见表 6-12、表 6-13。

分部分项工程量清单与计价表

表 6-12

工程名称：陕西省西安市某单位仓库供暖工程

序号	项目编码	项目名称	计量单位	工程量	金额（元）		
					综合单价	合价	其中：暂估价
1	031001002001	焊接钢管（螺纹连接）DN15	m	77.20	43.13	3329.27	
2	031001002002	焊接钢管（螺纹连接）DN20	m	72.64	38.66	2806.71	
3	031001002003	焊接钢管（焊接连接）DN20	m	15.50	33.60	520.86	
4	031001002004	焊接钢管（焊接连接）DN25	m	30.10	44.80	1348.36	
5	031001002005	焊接钢管（焊接连接）DN32	m	66.20	55.13	3649.59	
6	031001002006	焊接钢管（焊接连接）DN40	m	26.40	66.20	1747.71	
7	031001002007	焊接钢管（焊接连接）DN50	m	25.60	82.36	2108.53	
8	031001002008	焊接钢管（焊接连接）DN70	m	6.95	122.77	853.27	
		以上管道安装项目其工程内容包括：管道及管件安装，管道支架制作安装，管道水压试验及水冲洗，镀锌薄钢板套管制作安装，管道手工除轻锈后刷红丹防锈漆两遍，银粉漆两遍					
9	031003001001	阀门安装螺纹截止阀DN15	个	5.00	47.30	236.51	
10	031003001002	阀门安装螺纹截止阀DN20	个	14.00	48.35	676.92	
11	031003001003	阀门安装螺纹闸阀DN15	个	3.00	47.30	141.90	
12	031003001004	阀门安装螺纹闸阀DN65	个	1.00	148.30	148.30	
13	031005008001	集气罐制作安装	个	1.00	89.18	89.18	
14	031005001001	铸铁散热器组成安装	片	385.00	46.06	17732.39	
		散热器安装其工程内容包括：散热器组对安装，手工除轻锈后刷红丹防锈漆两遍，银粉漆两遍					
15	031002001001	管道支架制作安装	kg	50.00	19.55	977.38	
16	031009001001	供暖工程系统调试	系统	1.00	717.93	717.93	
		合计				37084.81	

措施项目清单与计价表

表 6-13

工程名称：陕西省西安市某单位仓库供暖工程

序号	项目编码	项目名称	计算基础	费率(%)	金额（元）	备注
1	031302001001	安全文明施工费	分部分项工程费＋措施费＋其他项目费	4.0	1920.33	计算基础中的措施费不包含安全文明施工费
2	031302002001	夜间施工增加	人工费	3.28	169.00	
	031302005001	冬雨期施工增加	人工费			
3	031302004001	二次搬运费	人工费	1.64	84.50	
4	031301018001	检验试验、测量放线、定位复测、场地清理费	人工费	1.45	74.71	
5	031301017001	脚手架搭拆费			456.13	
6	031302007001	超高增加费			570.19	
		合价			3274.86	

主要材料价格表见表 6-14。

主要材料价格表 表6-14

工程名称：陕西省西安市某单位仓库供暖工程

序号	材料编码	材料名称	型号规格	单位	市场价	备注
1	ZC7758-1	铸铁散热器柱型		片	33.23	
2	ZC7699-1	柱型散热器813足片		片	50.33	
3	ZC2575-2	焊接钢管	DN32	m	38.23	
4	ZC2583-1	焊接钢管	DN50	m	59.80	
5	ZC2569-1	焊接钢管	DN20	m	18.51	
6	ZC2579-1	焊接钢管	DN40	m	47.12	
7	ZC2566-1	焊接钢管	DN15	m	16.27	
8	ZC2575-3	焊接钢管	DN25	m	28.67	
9	ZC6879-2	型钢		kg	4.24	
10	ZC2588-1	焊接钢管	DN65	m	83.99	
11	ZC1066-1	螺纹截止阀 J11T-10	DN20	个	38.16	
12	CL5681	室内镀锌(焊接)钢管管件 DN20		个	3.48	

该供暖工程的工程量清单计价方法及其各项计算说明如下：

1. 综合单价组成

工程量清单计价采用综合单价法。该供暖系统安装工程分部分项工程量清单项目的综合单价组价时，依据《陕西省安装工程价目表》(2009)第八册"给排水、供暖及燃气工程"有关内容来计取人工费、材料费和机械费等。

差价计取。依据《陕西省住房和城乡建设厅关于调整房屋建筑和市政基础设施工程工程量清单计价综合人工单价的通知（陕建发[2018]2019）》：建筑工程、安装工程、市政工程、园林绿化工程由原90.00元/工日调整为120.00元/工日，综合人工单价调整后，调增部分计入差价。

管理费及利润计取。其计取方法是按《陕西省建设工程工程量清单计价费率》中的规定执行。管理费和利润均以人工费为计算基础，对于安装工程而言，分别取20.54%和22.11%的费率。

其中，系统调试费按《陕西省安装工程价目表第八册给排水、供暖、燃气工程》(2009)中的规定计取系统调试费：对供暖工程系统调试费按人工费的13%计取，其中人工费占25%、材料费占25%、机械费占50%。

系统调试费＝人工费＋材料费＋机械费＋管理费＋利润＋风险

其中人工费＝人工费总和×13%×25%＝4990.31×13%×25%＝162.19元

材料费＝人工费总和×13%×25%＝4990.31×13%×25%＝162.19元

机械费＝人工费总和×13%×50%＝4990.31×13%×50%＝324.38元

管理费＝系统调试费人工费×20.54%＝162.19×20.54%＝33.31元

利润＝系统调试费人工费×22.11%＝162.19×22.11%＝35.86元

所以 系统调试费＝162.19＋162.19＋324.38＋33.31＋35.86＝717.93元

分部分项工程量清单综合单价分析见表6-15。

6.2 建筑设备安装工程工程量清单计价

分部分项工程量清单综合单价分析表

工程名称：陕西省西安市某单位仓库供暖工程

表 6-15

序号	项目编码	项目名称	工程内容	定额编号	工程数量	单位	综合单价的组成/元					差价	综合单价	合计
							人工费	材料费	机械费	管理费	利润			
1	031001002001	焊接钢管DN15（螺纹连接）	焊接钢管（螺纹连接）DN15	8-124	7.72	10m	76.86	135.32		15.79	16.99		43.13	3329.27
			焊接钢管DN15		78.74	m		16.27						
			管道水冲洗DN15	8-310	0.772	100m	21.84	20.14		4.49	4.83			
			镀锌铁皮套管制作安装DN25	8-897	14	个	1.26	0.96		0.26	0.28			
			管道手工除轻锈	14-1	0.516	10m²	14.28	3.21		2.93	3.16			
			管道刷红丹防锈漆第一道	14-51	0.516	10m²	11.34	20.52		2.33	2.51			
			管道刷红丹防锈漆第二道	14-52	0.516	10m²	11.34	18.17		2.33	2.51			
			管道刷银粉漆第一道	14-56	0.516	10m²	11.76	13.15		2.42	2.60			
			管道刷银粉漆第二道	14-57	0.516	10m²	11.34	12.04		2.33	2.51			
2	031001002002	焊接钢管DN20（螺纹连接）	焊接钢管（螺纹连接）DN20	8-125	7.26	10m	76.86	52.85		15.79	16.99		38.66	2806.71
			焊接钢管DN20		75.68	m		18.51						
			管道水冲洗DN20	8-310	0.726	100m	21.84	20.14		4.49	4.83			
			镀锌薄钢板套管制作安装DN32	8-898	19	个	2.52	1.44		0.52	0.56			
			管道手工除轻锈	14-1	0.610	10m²	14.28	3.21		2.93	3.16			
			管道刷红丹防锈漆第一道	14-51	0.610	10m²	11.34	20.52		2.33	2.51			
			管道刷红丹防锈漆第二道	14-52	0.610	10m²	11.34	18.17		2.33	2.51			
			管道刷银粉漆第一道	14-56	0.610	10m²	11.76	13.15		2.42	2.60			
			管道刷银粉漆第二道	14-57	0.610	10m²	11.34	12.04		2.33	2.51			
3	031001002003	焊接钢管DN20（焊接连接）	焊接钢管（焊接连接）DN20	8-135	1.55	10m	69.72	21.81	7.86	14.32	15.42		33.60	520.86
			焊接钢管DN20		15.81	m		18.51						
			管道水冲洗DN20	8-310	0.16	100m	21.84	20.14		4.49	4.83			
			管道手工除轻锈	14-1	0.130	10m²	14.28	3.21		2.93	3.16			
			管道刷红丹防锈漆第一道	14-51	0.130	10m²	11.34	20.52		2.33	2.51			
			管道刷红丹防锈漆第二道	14-52	0.130	10m²	11.34	18.17		2.33	2.51			
			管道刷银粉漆第一道	14-56	0.130	10m²	11.76	13.15		2.42	2.60			
			管道刷银粉漆第二道	14-57	0.130	10m²	11.34	12.04		2.33	2.51			

续表

序号	项目编码	项目名称	工程内容	定额编号	工程数量	单位	综合单价的组成/元					差价	综合单价	合计
							人工费	材料费	机械费	管理费	利润			
4	031001002004	焊接钢管DN25（焊接连接）	焊接钢管（焊接连接）DN25	8-135	3.01	10m	69.72	21.81	7.86	14.32	15.42		44.80	1348.36
			焊接钢管DN25		30.72	m		28.67						
			管道水冲洗DN25	8-310	0.30	100m	21.84	20.14		4.49	4.83			
			镀锌薄钢板套管制作安装DN40	8-899	3	个	2.52	1.44		0.52	0.56			
			管道手工除轻锈	14-1	0.317	10m²	14.28	3.21		2.93	3.16			
			管道刷红丹防锈漆第一道	14-51	0.317	10m²	11.34	20.52		2.33	2.51			
			管道刷红丹防锈漆第二道	14-52	0.317	10m²	11.34	18.17		2.33	2.51			
			管道刷银粉漆第一道	14-56	0.317	10m²	11.76	13.15		2.42	2.60			
			管道刷银粉漆第二道	14-57	0.317	10m²	11.34	12.04		2.33	2.51			
5	031001002005	焊接钢管DN32（焊接连接）	焊接钢管（焊接连接）DN32	8-135	6.62	10m	69.72	21.81	7.86	14.32	15.42		55.13	3649.59
			焊接钢管DN32		67.52	m		38.23						
			管道水冲洗DN32	8-310	0.662	100m	21.84	20.14		4.49	4.83			
			镀锌薄钢板套管制作安装DN50	8-900	9	个	2.52	1.44		0.52	0.56			
			管道手工除轻锈	14-1	0.878	10m²	14.28	3.21		2.93	3.16			
			管道刷红丹防锈漆第一道	14-51	0.878	10m²	11.34	20.52		2.33	2.51			
			管道刷红丹防锈漆第二道	14-52	0.878	10m²	11.34	18.17		2.33	2.51			
			管道刷银粉漆第一道	14-56	0.878	10m²	11.76	13.15		2.42	2.60			
			管道刷银粉漆第二道	14-57	0.878	10m²	11.34	12.04		2.33	2.51			
6	031001002006	焊接钢管DN40（焊接连接）	焊接钢管（焊接连接）DN40	8-136	2.64	10m	76.02	27.15	9.02	15.61	16.81		66.20	1747.71
			焊接钢管DN40		26.93	m		47.12						
			管道水冲洗DN40	8-310	0.264	100m	21.84	20.14		4.49	4.83			
			镀锌薄钢板套管制作安装DN70	8-900	3	个	3.78	2.15		0.78	0.84			
			管道手工除轻锈	14-1	0.398	10m²	14.28	3.21		2.93	3.16			
			管道刷红丹防锈漆第一道	14-51	0.398	10m²	11.34	20.52		2.33	2.51			
			管道刷红丹防锈漆第二道	14-52	0.398	10m²	11.34	18.17		2.33	2.51			
			管道刷银粉漆第一道	14-56	0.398	10m²	11.76	13.15		2.42	2.60			
			管道刷银粉漆第二道	14-57	0.398	10m²	11.34	12.04		2.33	2.51			

续表

序号	项目编码	项目名称	工程内容	定额编号	工程数量	单位	人工费	材料费	机械费	管理费	利润	差价	综合单价	合计
7	031001002007	焊接钢管DN50（焊接连接）	焊接钢管（焊接连接）DN50	8-125	2.56	10m	83.58	41.53	10.17	17.17	18.48			
			焊接钢管DN50		26.11	m		59.80						
			管道水冲洗DN50	8-310	0.256	100m	21.84	20.14		4.49	4.83			
			镀锌薄钢板套管制作安装DN80	8-902	3	个	3.78	2.15		0.78	0.84			
			管道手工除轻锈	14-1	0.483	10m²	14.28	3.21		2.93	3.16		82.36	2108.53
			管道刷红丹防锈漆第一道	14-51	0.483	10m²	11.34	20.52		2.33	2.51			
			管道刷红丹防锈漆第二道	14-52	0.483	10m²	11.34	18.17		2.33	2.51			
			管道刷银粉漆第一道	14-56	0.483	10m²	11.76	13.15		2.42	2.60			
			管道刷银粉漆第二道	14-57	0.483	10m²	11.34	12.04		2.33	2.51			
8	031001002008	焊接钢管DN70（焊接连接）	焊接钢管（焊接连接）DN70	8-125	0.695	10m	106.68	91.54	68.85	21.91	23.59			
			焊接钢管DN70		7.14	m		83.99						
			管道水冲洗DN70	8-310	0.070	100m	21.84	20.14		4.49	4.83			
			镀锌薄钢板套管制作安装DN100	8-903	1	个	3.78	2.15		0.78	0.84		122.77	853.27
			管道手工除轻锈	14-1	0.165	10m²	14.28	3.21		2.93	3.16			
			管道刷红丹防锈漆第一道	14-51	0.165	10m²	11.34	20.52		2.33	2.51			
			管道刷红丹防锈漆第二道	14-52	0.165	10m²	11.34	18.17		2.33	2.51			
			管道刷银粉漆第一道	14-56	0.165	10m²	11.76	13.15		2.42	2.60			
			管道刷银粉漆第二道	14-57	0.165	10m²	11.34	12.04		2.33	2.51			
9	031001001001	阀门安装	螺纹截止阀DN15	8-321	5	个	4.2	2.77		0.86	0.93		47.30	236.51
			阀门安装螺纹截止阀DN15		5.05	个		38.16						
10	031001001002	阀门安装	螺纹截止阀DN20	8-322	14	个	4.2	3.82		0.86	0.93		48.35	676.92
			阀门安装螺纹截止阀DN20		14.14	个		38.16		0.00	0.00			
11	031001001003	阀门安装	螺纹闸阀DN15	8-321	3	个	4.2	2.77		0.86	0.93		47.30	141.90
			阀门安装螺纹闸阀DN15		3.03	个		38.16						

第6章 建筑设备安装工程施工图预算

续表

序号	项目编码	项目名称	工程内容	定额编号	工程数量	单位	人工费	材料费	机械费	管理费	利润	差价	综合单价	合计
									综合单价的组成/元					
12	031001001004	阀门安装	螺纹闸阀 DN65	8-327	1	个	15.54	26.14		3.19	3.44		148.30	148.30
13	031005008001	集气罐制作安装	阀门安装螺纹闸阀 DN65		1.01	个		99.00						89.18
			集气罐制作 DN150	6-2936	1	个	28.14	21.35	10.01	5.78	6.22		89.18	
			集气罐安装 DN150	6-2941	1	个	11.34	1.5		2.33	2.51			
14	031005001001	铸铁散热器组对安装	铸铁散热器组成安装四柱760型	8-663	38.5	10片	29.82	42.61		6.13	6.59		46.06	17732.39
			铸铁散热器组成安装四柱760型		389.1	片		33.23							
			散热器手工除轻锈	14-1	9.04	10m²	14.28	3.21		2.93	3.16			
			散热器刷防锈漆一道	14-194	9.04	10m²	13.86	17.24		2.85	3.06			
			散热器刷带锈底漆一道	14-195	9.04	10m²	13.86	18.12		2.85	3.06			
			散热器刷银粉漆第一道	14-196	9.04	10m²	14.28	15.93		2.93	3.16			
			散热器刷银粉漆第二道	14-197	9.04	10m²	13.86	14.07		2.85	3.06			
15	031002001001	管道支架制作安装	管道支架制作安装	8-896	0.5	100kg	425.88	243.16	491.61	87.48	94.16		977.38	977.38
			型钢		53	kg		4.24						
			管道支架手工除轻锈	14-7	0.5	100kg	14.28	2.38	8.32	2.93	3.16		19.55	
			支架刷防锈漆第一道	14-115	0.5	100kg	9.66	14.56	8.32	1.98	2.14			
			支架刷防锈漆第二道	14-116	0.5	100kg	9.24	12.43	8.32	1.90	2.04			
			支架刷银粉漆第一道	14-118	0.5	100kg	9.24	9.81	8.32	1.90	2.04			
			支架刷银粉漆第二道	14-119	0.5	100kg	9.24	8.55	8.32	1.90	2.04			
16		小计					4990.31							
17	031009001001	供暖系统调整费				系统	162.19	162.19	324.38	33.31	35.86		717.93	717.93
18		合计					5152.50					9568.93		46653.74

6.2 建筑设备安装工程工程量清单计价

2. 措施项目费的计算

(1) 冬雨期、夜间施工措施费

依据《陕西省建设工程工程量清单计价规则》(2009) 规定，对安装工程按总人工费的 3.28% 计取冬雨期、夜间施工措施费。

冬雨期、夜间施工措施费＝人工费总和×3.28%＝5152.50×3.28%＝169.00 元

(2) 二次搬运费

依据《陕西省建设工程工程量清单计价规则》(2009) 规定，对安装工程按总人工费的 1.64% 计取二次搬运费。

二次搬运及不利环境费＝人工费总和×1.64%＝5152.50×1.64%＝84.50 元

(3) 检验试验及放线定位费

依据《陕西省建设工程工程量清单计价规则》(2009) 规定，对安装工程应按总人工费的 1.45% 计取检验试验及放线定位费。

检验试验及放线定位费＝人工费总和×1.45%＝5152.50×1.45%＝74.71 元

(4) 脚手架搭拆费

计取脚手架搭拆费，应按《陕西省安装工程价目表第八册给排水、供暖、燃气工程》(2009) 中的规定：按人工费的 8% 计取，其中人工工资占 25%、材料费占 65%、机械费占 10%。

脚手架搭拆费＝人工费＋材料费＋机械费＋管理费＋利润

其中人工费＝人工费总和×8%×25%＝5152.50×8%×25%＝103.05 元

材料费＝人工费总和×8%×65%＝5152.50×8%×65%＝267.93 元

机械费＝人工费总和×8%×10%＝5152.50×8%×10%＝41.22 元

管理费＝脚手架搭拆的人工费×20.54%＝103.05×20.54%＝21.16 元

利润＝脚手架搭拆的人工费×22.11%＝103.05×22.11%＝22.78 元

所以　脚手架搭拆费＝456.13（元）

(5) 超高增加费

计取超高增加费，应按《陕西省安装工程价目表第八册给排水、供暖、燃气工程》(2009) 中的规定：对于安装高度超过 3.6 米的供暖工程按人工费的 10% 计取，其中人工工资占 25%、材料费占 65%、机械费占 10%。

超高增加费＝人工费＋材料费＋机械费＋管理费

其中人工费＝人工费总和×10%×25%＝5152.50×10%×25%＝128.81 元

材料费＝人工费总和×10%×65%＝5152.50×10%×65%＝334.91 元

机械费＝人工费总和×10%×10%＝5152.50×10%×10%＝51.53 元

管理费＝超高增加费的人工费×32.1%＝128.81×20.54%＝26.46 元

利润＝超高增加费人工费×34.55%＝128.81×22.11%＝28.48 元

所以　超高增加费＝570.19 元

3. 安全文明施工措施费

安全文明施工措施费的费率为不可竞争费率，由陕建发 [2017] 270 文件规定对房屋建筑安装工程的安全文明施工费为分部分项工程费、措施项目费、其他项目费之和的 4%。

安全文明施工措施费=(分部分项工程费+措施项目费+其他项目费)×4%
=(46653.74+1354.53)×4%
=1920.33元

4. 规费的计算

规费，其内容包括社会保障保险、住房公积金、意外伤害保险这三项不可竞争的费用。依据《陕西省建设工程工程量清单计价费率》(2009)，其规费的费率合计为4.67%。其中各单项费率如表6-16所示。

各项规费的费率（%）   表6-16

计费基础	养老保险(劳保统筹基金)	失业保险	医疗保险	工伤保险	残疾人就业保险	生育保险	住房公积金	意外伤害保险
分部分项工程费+措施费+其他项目费	3.55	0.15	0.45	0.07	0.04	0.04	0.30	0.07

所以　规费=(分部分项工程费+措施项目费+其他项目费)×4.67%
=(46653.74+3274.86)×4.67%=2376.60元

5. 税前工程造价的计算

依据陕建发[2019]45号文件规定，税前工程造价计算方法如下：

对于安装工程综合系数取值为0.9437。

税前工程造价=(分部分项工程费+措施项目费+其他项目费+规费)×综合系数
=(46653.74+3274.86+0+2376.60)×0.9437=49360.42元

6. 增值税销项税额的计算

依据陕建发[2016]100号文件，建筑业自2016年5月1日起纳入营业税改征增值税（以下简称"营改增"）试点范围；在现行计价依据不变的前提下，采用过渡性综合系数法计算营改增过渡后的工程造价。具体方法是，根据价税分离的原则，分别计算出营业税下不含税工程造价和增值税下税前工程造价；再测算出营业税下不含税工程造价和增值税下税前工程造价的比值，即为过渡性综合系数；然后以该综合系数乘以营业税下不含税工程造价，得出增值税下税前工程造价，作为计算增值税的计税基础。依据陕建发[2019]45号文件增值税销项税额的计算方法如下：

增值税销项税额=税前工程造价×增值税销项税额比例
=49360.42×9%=4442.44元

7. 附加税的计算

附加税，指城市维护建设税、教育费附加、地方教育费附加三项，按照纳税地点的不同，分别选择不同的税率。依据陕建发[2019]45号文件规定纳税地点在市区为：0.48%；纳税地点在县城、镇为：0.41%；纳税地点在市区、县城、镇以外为：0.28%。

本工程在西安市区，

所以　附加税=(分部分项工程费+措施项目费+其他项目费+规费)×费率
=(46653.74+3274.86+0+2376.60)×0.48%=251.06元

8. 系统安装工程造价

系统安装工程造价=税前工程造价+增值税销项税额+附加税
=46653.74+4442.44+251.06=51347.24元

6.2.4 通风空调工程工程量清单计价示例

【例 6-5】 图 6-8~图 6-10 给出了某建筑室内恒温恒湿空调系统的平面图、系统剖面图及系统图,分部分项工程量清单与措施项目清单分别如表 6-17 和表 6-18 所示。

分部分项工程量清单 表 6-17

序号	项目编码	项目名称	计量单位	工程数量
1	030701003001	恒温恒湿机	台	1
2	030702006001	玻璃钢风管(周长=3200mm)	10m²	12.71
3	030702006002	玻璃钢风管(周长=1840mm)	10m²	1.36
4	030702006003	玻璃钢风管(周长=1000mm)	10m²	7.04
5	030703001001	防火阀的制作安装(周长=1840mm)	个	2
6	030703001002	密闭对开多叶调节阀的制作安装(周长=1000mm)	个	24
7	030703001003	密闭对开多叶调节阀的制作安装(周长=3200mm)	个	2
8	030703019001	帆布接口	m²	1.00
9	030703007001	方形直片式散流器的制作安装(周长=1000mm)	个	24
10	030704001001	系统调试费	系统	1

措施项目清单 表 6-18

序号	项目名称	计量单位	工程数量
1	检验试验、测量放线、定位复测、场地清理费	项	1
2	二次搬运费	项	1
3	脚手架搭拆费	项	1
4	超高增加费	项	1
5	安全文明施工费	项	1

该工厂车间内恒温恒湿空调系统安装工程,根据建筑工程类别划分的规定,属于一类工程。建设单位位于西安市一环以外,由国营企业施工,甲方提供主材。该系统安装工程不包括保温、油漆。恒温恒湿机及主材由甲方提供。

下面以该空调工程为例,说明工程量清单计价方法。

【解】 依据《计算规范》中的工程量计算规则计算工程量,结果汇总于表 6-19。

工程量统计表 表 6-19

序号	分项工程名称	计算式	单位	数量
1	恒温恒湿机		台	1
2	玻璃钢风管制作安装 1200×400	(5.8+2×17.6−2×0.64)×3.2	10m²	12.71
3	玻璃钢风管制作安装 520×400	[(6.0−1.88)×2−2×0.21−2×0.21]×1.84	10m²	1.36
4	玻璃钢风管制作安装 250×250	2×[(3.7+1.5+1.5)×6−12×0.21−12×0.21]×1.0	10m²	7.04
5	防火阀	520×400,2个,查标质(重)量表,单个重 11.7kg	100kg	0.234
6	密闭对开多叶调节阀	250×250,24 个,查国标质(重)量表,单个重 9.8kg	100kg	2.36
7	密闭对开多叶调节阀	1200×400,2个,查国标质(重)量表,单个重 27.4kg	100kg	0.55
8	帆布接口		m²	1.00
9	方形直片式散流器	250×250,24 个,查标质(重)量表,单个重 5.29kg	100kg	1.27
10	系统调试费		系统	1

由于该工程位于西安市,其工程量清单计价程序应按表 6-9 实施。按照工程量清单计价编制工程报价,结果汇总于表 6-20 和表 6-21。

单项工程造价汇总表

表 6-20

工程名称：某工厂车间空调工程

序号	单位工程名称	造价(元)
1	某工厂车间空调工程	47814.30
2	—	—
	合　计	47814.30

单位工程造价汇总表

表 6-21

工程名称：某工厂车间空调工程

序号	项目名称	造价(元)
1	分部分项工程费	40083.10
2	措施项目费	4120.06
3	其他项目费	0.00
4	规费	2064.29
5	税前造价	43662.59
6	增值税销项税额	3929.63
7	附加税	222.08
8	工程造价	47814.30

该车间空调工程的分部分项工程量清单计价见表 6-22。

分部分项工程量清单计价表

表 6-22

工程名称：某工厂车间空调工程

序号	项目编码	项目名称	计量单位	工程量	金额(元)		
					综合单价	合价	其中：暂估价
1	030701003001	恒温恒湿机	台	1	1504.74	1504.74	
2	030702006001	玻璃钢通风管道(周长=3200mm)	10m²	12.71	375.67	4774.75	
3	030702006002	玻璃钢通风管道(周长=1840mm)	10m²	1.36	470.49	639.86	
4	030702006003	玻璃钢通风管道(周长=1000mm)	10m²	7.04	470.49	3312.23	
5	030703001001	防火阀的制作安装(周长=1840mm)	个	2	228.00	456.01	
6	030703001002	密闭对开多叶调节阀的制作安装(周长=1000mm)	个	24	212.60	5102.28	
7	030703001003	密闭对开多叶调节阀的制作安装(周长=3200mm)	个	2	551.58	1103.16	
8	030703019001	帆布接口	m²	1.00	291.89	291.89	
9	030703007001	方形直片式散流器的制作安装(周长=1000mm)	个	24	220.37	5288.81	
10	030704001001	系统调试费	系统	1	1228.94	1228.94	

该空调工程的工程量清单计价方法及其各项计算说明如下：

1. 综合单价的计算

工程量清单计价采用综合单价法。该空调通风系统安装工程分部分项工程量清单项目的综合单价组价时，依据《陕西省安装工程价目表》（2009）第九册"通风空调工程"有关内容来计取人工费、材料费和机械费等。

差价计取。依据《陕西省住房和城乡建设厅关于调整房屋建筑和市政基础设施工程工程量清单计价综合人工单价的通知（陕建发【2018】2019）》：建筑工程、安装工程、市政工程、园林绿化工程由原 90.00 元/工日调整为 120.00 元/工日，综合人工单价调整后，调增部分计入差价。

管理费及利润计取。其计取方法是按《陕西省建设工程工程量清单计价费率》（2009）中的规定执行。管理费和利润均以人工费为计算基础，对于安装工程而言，分别取 20.54％和 22.11％的费率。

其中，系统调试费按《陕西省安装工程价目表第九册通风空调工程》（2009）中的规定：对通风空调工程系统调试费按人工费的 13％计取，其中人工费占 25％、材料费占 25％、机械费占 50％。

系统调试费＝人工费＋材料费＋机械费＋管理费＋利润＋风险

其中，人工费＝人工费总和×13％×25％＝8542.60×13％×25％＝277.63 元
材料费＝人工费总和×13％×25％＝8542.60×13％×25％＝277.63 元
机械费＝人工费总和×13％×50％＝8542.60×13％×50％＝555.27 元
管理费＝系统调试费的人工费×32.1％＝277.63×20.54％＝57.03 元
利润＝系统调试费人工费×34.55％＝277.63×22.11％＝61.38 元

所以　系统调试费＝277.63＋277.63＋555.27＋57.03＋61.38＝1228.94 元

分部分项工程量清单综合单价分析表如表 6-23 所示。

2. 措施项目费的计算

（1）检验试验及放线定位费

依据《陕西省建设工程工程量清单计价规则》（2009）规定，对安装工程应按总人工费的 1.45％计取检验试验及放线定位费。

检验试验及放线定位费＝人工费总和×1.45％＝8820.23×1.45％＝127.89 元

（2）二次搬运费

依据《陕西省建设工程工程量清单计价规则》（2009）规定，对安装工程按总人工费的 1.64％计取二次搬运费。

二次搬运费＝人工费总和×1.64％＝8820.23×1.64％＝144.65 元

（3）脚手架搭拆费

计取脚手架搭拆费，应按《陕西省安装工程价目表第九册通风空调工程》（2009）中的规定：按人工费的 7％计取，其中人工工资占 25％、材料费占 65％、机械费占 10％。

脚手架搭拆费＝人工费＋材料费＋机械费＋管理费＋利润

其中人工费＝人工费总和×7％×25％＝8820.23×7％×25％＝154.36 元
材料费＝人工费总和×7％×65％＝8820.23×7％×65％＝401.35 元
机械费＝人工费总和×7％×10％＝8820.23×7％×10％＝61.75 元
管理费＝脚手架搭拆的人工费×20.54％＝154.36×20.54％＝31.71 元
利润＝脚手架搭拆的人工费×22.11％＝154.36×22.11％＝34.13 元

所以　脚手架搭拆费＝683.3 元

（4）超高增加费

计取超高增加费，应按《陕西省安装工程价目表第九册通风空调工程》（2009）中的规定：对于安装高度超过 6m 的通风空调工程按人工费的 15％计取，其中人工工资占 25％、材料费占 65％、机械费占 10％。

第6章 建筑设备安装工程施工图预算

工程名称：某工厂车间空调工程

分部分项工程量清单综合单价分析表

表 6-23

序号	项目编码	项目名称	定额编号	工程内容	单位	数量	综合单价的组成(元)					差价	综合单价	合价
							人工费	材料费	机械费	管理费	利润			
1	030701003001	恒温恒湿机	9-356	开箱检查设备，安装，找平，找正，垫铁，灌浆，螺栓固定	台	1	974.40	18.88	95.88	200.14	215.44		1504.74	1504.74
2	030702006001	玻璃钢风管(周长=3200mm)	9-72	玻璃钢风管、弯头、三通、变径管的安装和法兰、加固框、吊托支架的制作安装，除锈刷油	10m²	12.71	150.36	148.31	12.87	30.88	33.24		375.67	4774.75
3	030702006002	玻璃钢风管(周长=1840mm)	9-71		10m²	1.36	199.50	162.72	23.18	40.98	44.11		470.49	639.86
4	030702006003	玻璃钢风管(周长=1000mm)	9-71		10m²	7.04	199.50	162.72	23.18	40.98	44.11		470.49	3312.23
5	030703001001	防火阀(周长=1840mm)	9-114	防火阀制作，刷油	100kg	0.234	242.76	522.31	174.56	49.86	53.67			456.01
			9-147	防火阀的安装	个	2	41.58	20.4	26.24	8.54	9.19		228.00	
6	030703001002	密闭对开多叶调节阀(周长=1000mm)	9-112	对开多叶调节阀的制作	100kg	2.36	409.92	666.45	343.68	84.20	90.63		212.60	5102.28
			9-140	对开多叶调节阀安装(包括钻孔、对口，垫片、安装、校正)	个	24	16.8	14.98	16.82	3.45	3.71			
7	030703001003	密闭对开多叶调节阀(周长=3200mm)	9-112	对开多叶调节阀的制作	100kg	0.55	409.92	666.45	343.68	84.20	90.63		551.58	1103.16
			9-142	对开多叶调节阀的安装	个	2	21.00	35.94	47.09	4.31	4.64			
8	030703019001	帆布接口	9-394	帆布接口制作、安装	m²	1.00	86.52	157.00	11.47	17.77	19.13		291.89	291.89
9	030703007001	方形直片式散流器	9-177	方形直片式散流器制作	100kg	1.27	1468.32	756.36	605.63	301.59	324.65		220.37	5288.81
			9-224	方形直片式散流器安装	个	24	10.5	4.99	17.49	2.16	2.32			
10		小计					8542.60							22473.73
11	030704001001	系统调试费					277.63	277.63	555.27	57.03	61.38		1228.94	1228.94
		合计					8820.23					16380.43		40083.10

150

超高增加费＝人工费＋材料费＋机械费＋管理费

其中人工费＝人工费总和×15％×25％＝8820.23×15％×25％＝330.76元
　　材料费＝人工费总和×15％×65％＝8820.23×15％×65％＝859.97元
　　机械费＝人工费总和×15％×10％＝8820.23×15％×10％＝132.30元
　　管理费＝超高增加费的人工费×32.1％＝330.76×20.54％＝67.94元
　　利润＝超高增加费人工费×34.55％＝330.76×22.11％＝73.13元

所以　超高增加费＝1464.10元

措施项目清单计算结果列于表6-24。

措施项目清单与计价表　　　　　　　　　　　　　　　　　表6-24

工程名称：某工厂车间空调工程

序号	项目编码	项目名称	计算基础	费率(%)	金额(元)
1	031302001001	安全文明施工费	分部分项工程费＋措施费＋其他项目费	4.0	1700.12
2	031301018001	检验试验及放线定位费	人工费	1.45	127.89
3	031302004001	二次搬运费	人工费	1.64	144.65
4	031301017001	脚手架搭拆费			683.3
5	031302007001	超高增加费			1464.10
		合计			4120.06

3. 其他项目费的计算

其他项目费包括招标人部分费用和投标人部分费用，其中招标人部分的预留金、材料购置费可按估算金额确定；投标人部分的总承包服务费应根据招标人提出要求所发生的费用确定，零星工作费可按零星工作项目估算金额确定。需要指出的是，预留金、材料购置费和零星工作项目费均为估算预测数量，虽计入投标报价中，但不应视为投标人所有，应按承包人实际完成内容结算，剩余部分归招标人所有。

在本例中，暂列金额、暂估价、计日工、总承包服务费均按零考虑。

所以　其他项目费＝暂列金额＋暂估价＋计日工＋总承包服务费
　　　　　　　　＝0＋0＋0＋0＝0元

4. 安全文明施工措施费

安全文明施工措施费的费率为不可竞争费率，由陕建发［2017］270文件规定对房屋建筑安装工程的安全文明施工费为分部分项工程费、措施项目费、其他项目费之和的4％。

安全文明施工措施费＝(分部分项工程费＋措施项目费＋其他项目费)×4％
　　　　　　　　　＝(40083.10＋2419.94)×4％＝1700.12元

5. 规费的计算

规费，其内容包括社会保障保险、住房公积金、意外伤害保险这三项不可竞争的费用。依据《陕西省建设工程工程量清单计价费率》(2009)，工程地点在西安市的工程，其规费的费率合计为4.67％。工程地点在西安市以外的其他地市的工程，其规费的费率合计为4.67％。其中各单项费率如表6-15所示。

所以　规费＝(分部分项工程费＋措施项目费＋其他项目费)×4.67％
　　　　　＝(40083.10＋4120.06＋0)×4.67％＝2064.29元

6. 税前工程造价的计算

依据陕建发［2019］45号文件规定，对于安装工程综合系数取值为0.9437，税前工程造价计算方法如下：

税前工程造价＝(分部分项工程费＋措施项目费＋其他项目费＋规费)×综合系数
$\qquad$＝(40083.10＋4120.06＋0＋2064.29)×0.9437
$\qquad$＝43662.59元

7. 增值税销项税额的计算

依据陕建发［2016］100号文件，建筑业自2016年5月1日起纳入营业税改征增值税（以下简称"营改增"）试点范围；在现行计价依据不变的前提下，采用过渡性综合系数法计算营改增过渡后的工程造价。具体方法是，根据价税分离的原则，分别计算出营业税下不含税工程造价和增值税下税前工程造价；再测算出营业税下不含税工程造价和增值税下税前工程造价的比值，即为过渡性综合系数；然后以该综合系数乘以营业税下不含税工程造价，得出增值税下税前工程造价，作为计算增值税的计税基础。依据陕建发［2019］45号文件增值税销项税额的计算方法如下：

增值税销项税额＝税前工程造价×增值税销项税额比例
$\qquad$＝43662.59×9％＝3929.63元

8. 附加税的计算

附加税，指城市维护建设税、教育费附加、地方教育费附加三项，按照纳税地点的不同，分别选择不同的税率。依据陕建发［2019］45号文件规定纳税地点在市区为：0.48％；纳税地点在县城、镇为：0.41％；纳税地点在市区、县城、镇以外为：0.28％。本工程在西安市区，

所以　附加税＝(分部分项工程费＋措施项目费＋其他项目费＋规费)×费率
$\qquad$＝(40083.10＋4120.06＋0＋2064.29)×0.48％＝222.08元

9. 系统安装工程造价

系统安装工程造价＝税前工程造价＋增值税销项税额＋附加税
$\qquad$＝43662.59＋3929.63＋222.08＝47814.30元

6.3　工程造价软件简介

编制工程建设的概预算是基本建设管理工作的重要环节。每当初步设计和施工图设计完成后，都要求准确、迅速地编制好概算和施工图预算，依据它开展各项基建活动。可是一个大型建设项目，可能有数以吨计的设计图纸，计算工程量任务巨大，整个预算工作量很大，需要相当长的时间才能完成预算工作。因为数据多、计算量大，还难免出错，所以效率低。因此手工法编制预算已不能适应现代社会发展的需要。

随着计算机广泛应用和计算机技术的不断发展，目前已多采用它来编制工程造价。工程造价专业应用软件可以为工程造价管理人员完成大量工作，例如人工、机械台班、材料量及费用的统计，根据统计资料进行造价水平或材料价格的预测，通过施工组织管理系统了解工程进度，根据已完成的工程量对基本建设投资计划进行动态调整，在不影响工程进度的条件下调整建设资金的到位时间，有效减少建设期贷款利息等。通过计算机，可以积累大量的工程造价信息，形成经验数据库，而以往用手工手段进行这样大规模的统计、保

存和管理几乎是不可能的。管理部门还可以借助计算机系统进行合同管理、招投标管理、成本核算、材料和设备采购供应计划的编制以及大量的单位内部管理工作,设计单位和施工单位还可以通过计算机系统实现快速投标报价,在建设市场中赢得主动。因此,计算机在工程造价管理应用中起着举足轻重的作用。

目前,国内计价软件较多,如鲁班软件、筑业软件、清单大师、广联达等等。其中广联达工程造价系列软件是国内较为流行的造价软件之一,工程中应用较多,它包括云计价软件 GCCP5.0,BIM 安装计量 GQI 等系列。其中云计价软件为计价客户群,提供概算、预算、结算阶段的数据编制、审核、积累、分析和挖掘再利用的平台产品,于 2015 年研发完成并投放市场。平台基于大数据、云计算等信息技术,实现计价全业务一体化,全流程覆盖,从而使造价工作更高效、更智能。广联达软件中提供了清单和定额两种计价模式,用户可以根据自己的需求来选择使用。

其中《筑业软件》包括多套定额,内含不同省份的消耗定额、价目表、计价程序、计价规范可以同时做全国各个地区、各个行业的土建、安装、市政、园林和房修等专业的预算,不仅能够使预算工作迅速准确完成,而且也便于在全国有分公司的大集团统一管理和异地招标。对于建筑平面较规整的土建工程标准层,还可通过其中的《图形自动计算工程量软件》输入土建工程施工图,完成工程量计算,将计算结果传输给概预算软件,进一步完成施工图预算,从而大大简化了预算过程,运算速度得到提高,计算结果更加准确。限于篇幅和文字稿对软件工程造价编制叙述的枯燥性,本书对利用工程造价软件进行设备安装工程计价的编制方法不加详细叙述,有兴趣者可参阅有关安装工程工程量清单计价软件使用手册。

电子课件说明

有关第 6 章"建筑设备安装工程施工图预算"的内容,编写制作了"PPT6-1 安装工程定额计价实例"与"PPT6-2 安装工程清单计价实例"两个电子课件,每个电子课件均有"知识演示与互动学习"两大部分。在"知识演示"的第一部分中,课件 PPT6-1 又细分为"PPT6-1-1 定额计价程序"和"PPT6-1-2 定额计价案例详解"两个小节。在 PPT6-1-1 课件中,主要涉及安装工程定额计价模式下直接工程费(人工费、材料费、机械使用费)、总价措施费、企业管理费、利润、规费、税金计算方法;在 PPT6-1-2 课件中,主要涉及定额计价模式下安装工程的案例计算详解。课件 PPT6-2 同样细分为"PPT6-2-1 工程量清单计价程序"和"PPT6-2-2 工程量清单计价案例详解"两个小节。在 PPT6-2-1 课件中,主要涉及安装工程工程量清单计价模式下分部分项工程费用(人工费、材料费、机械使用费、管理费、利润和风险费)、措施项目费(单价措施费与总价措施费)、其他项目费(暂列金额、暂估价、计日工、总承包服务费)、规费与税金的计算方法;在 PPT6-2-2 课件中,主要涉及工程量清单计价模式下的安装工程计算详解。在"互动学习"的第二部分中,根据有关第 6 章的"知识演示"所呈现内容的层次与水平,将问题分为三类:基础性问题、系统性问题、挑战性问题,在这三类问题中包括:单项选择题、多项选择题、概述题、填空题、简答题、计算题、思考题等,并给出了相应的参考答案要点。

思考题与习题

1. 某酒店 4 层空调扩建工程须增装矩形风管(1200mm×400mm)共 45m,单层百叶风口的制作、安装（T202-2，550×375）共 30 个。请对各工程项目计算其工程量。

2. 某系统安装了 HF25-01DDB 型恒温恒湿空调机一台，重 0.2t，计算空调机组安装的工程量、直接费及人工费。

3. 某工程人防地下室滤毒间 600mm×400mm 薄钢板矩形风管，设计要求风管厚度 $\delta=3$mm，风管采用焊接，长度 2.8m。试计算工程量，套用定额。

4. 部件手动密闭式对开多叶调节阀制作安装，规格 630mm×320mm，T308-1，8 只，试计算工程量，套用定额。

5. 某住宅给水排水管道安装工程的平面图和系统图如图 6-11～图 6-13 所示，试求室内排水系统 JL-1 系统衬塑钢管安装（丝接）工程量。

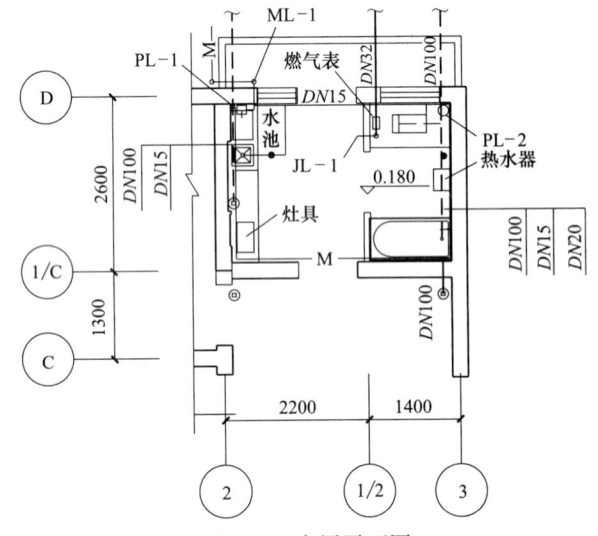

图 6-11　底层平面图

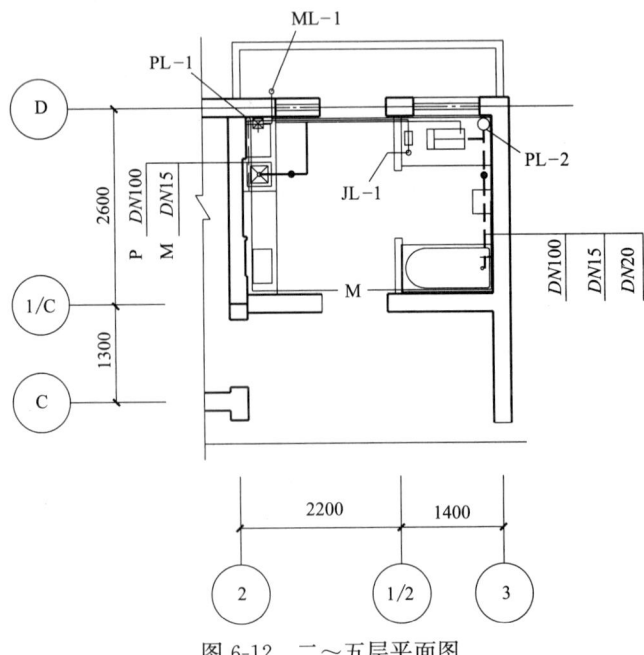

图 6-12　二～五层平面图

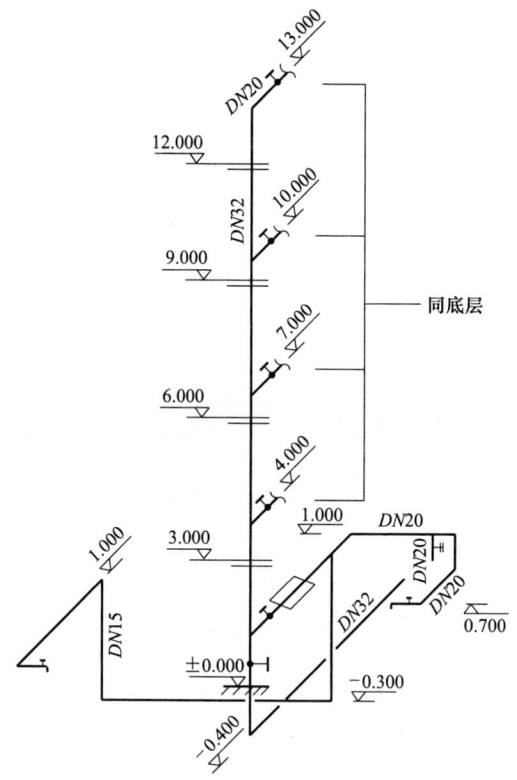

图 6-13 给水系统图（JL-1 系统）
注：给水管道采用衬塑钢管、螺纹连接。

6. 某办公楼采用热水供暖，一层、二层供暖平面图和供暖系统图如图 6-14～图 6-16 所示，求其明装管道的工程量。

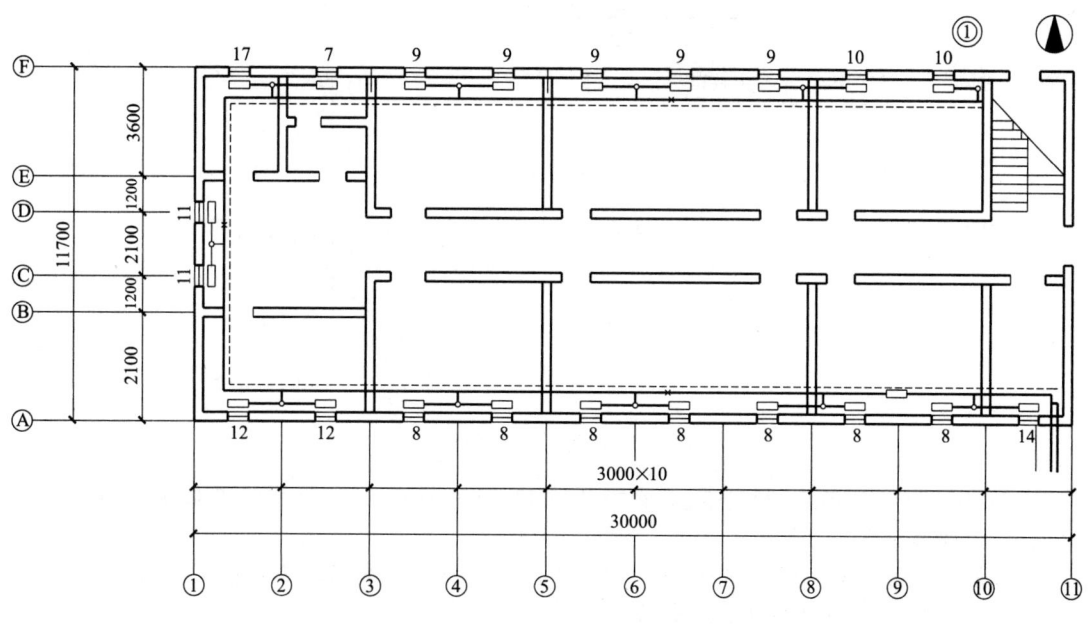

图 6-14 一层供暖平面图

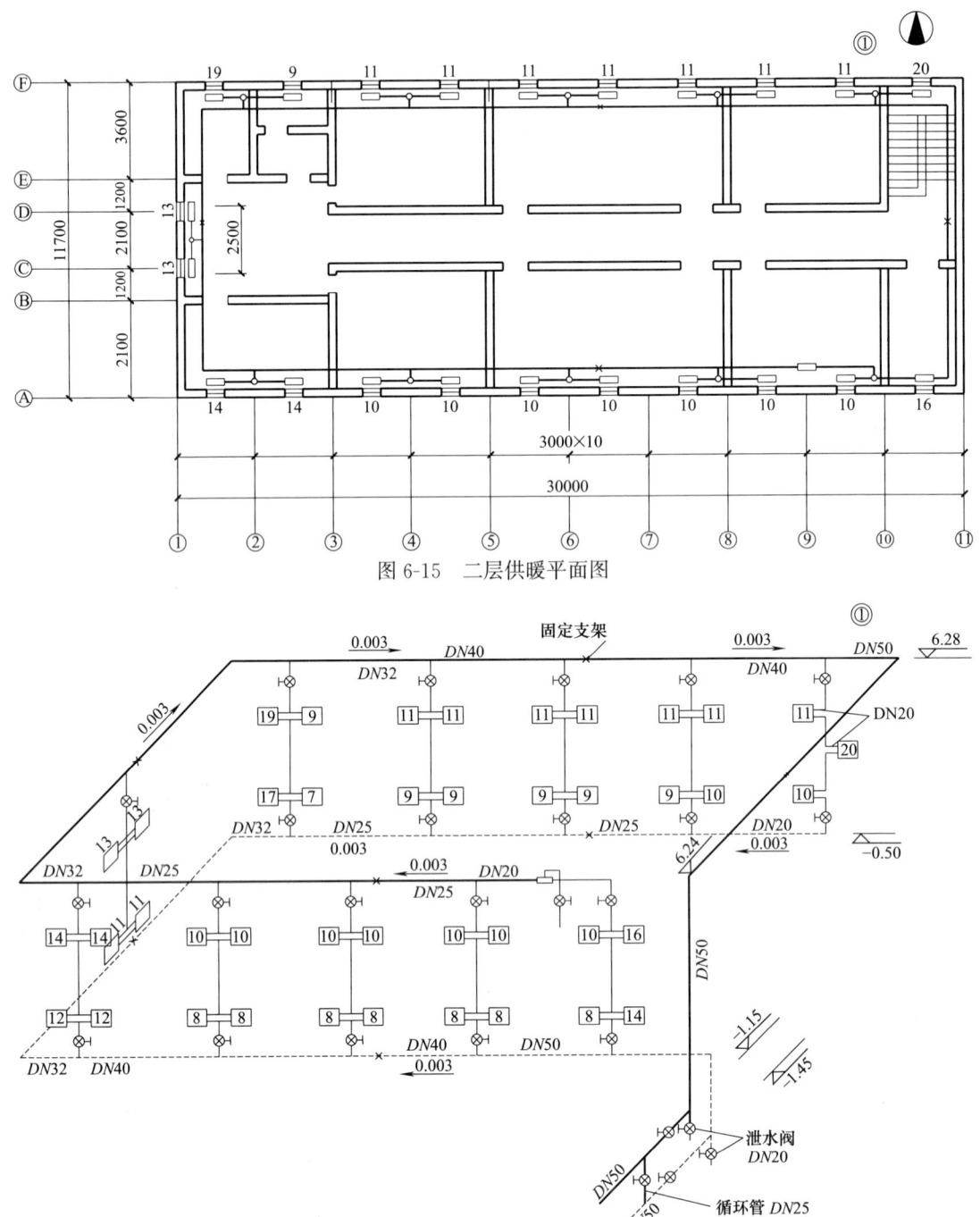

图 6-15 二层供暖平面图

图 6-16 某办公楼供暖系统图

7. 某小区住宅楼平面图和燃气管道系统图如图 6-17～图 6-19 所示，试计算其工程量（该住宅有四个单元），工程概况如下：

（1）燃气为天然气，每户装 JZ 双眼灶一台，额定用气量 1.4m³/h，管材采用镀锌钢管，丝扣连接。住宅楼层高 3.0m，同一单元两侧系统图对称。

（2）图中标高以"m"计，其余以"mm"计。

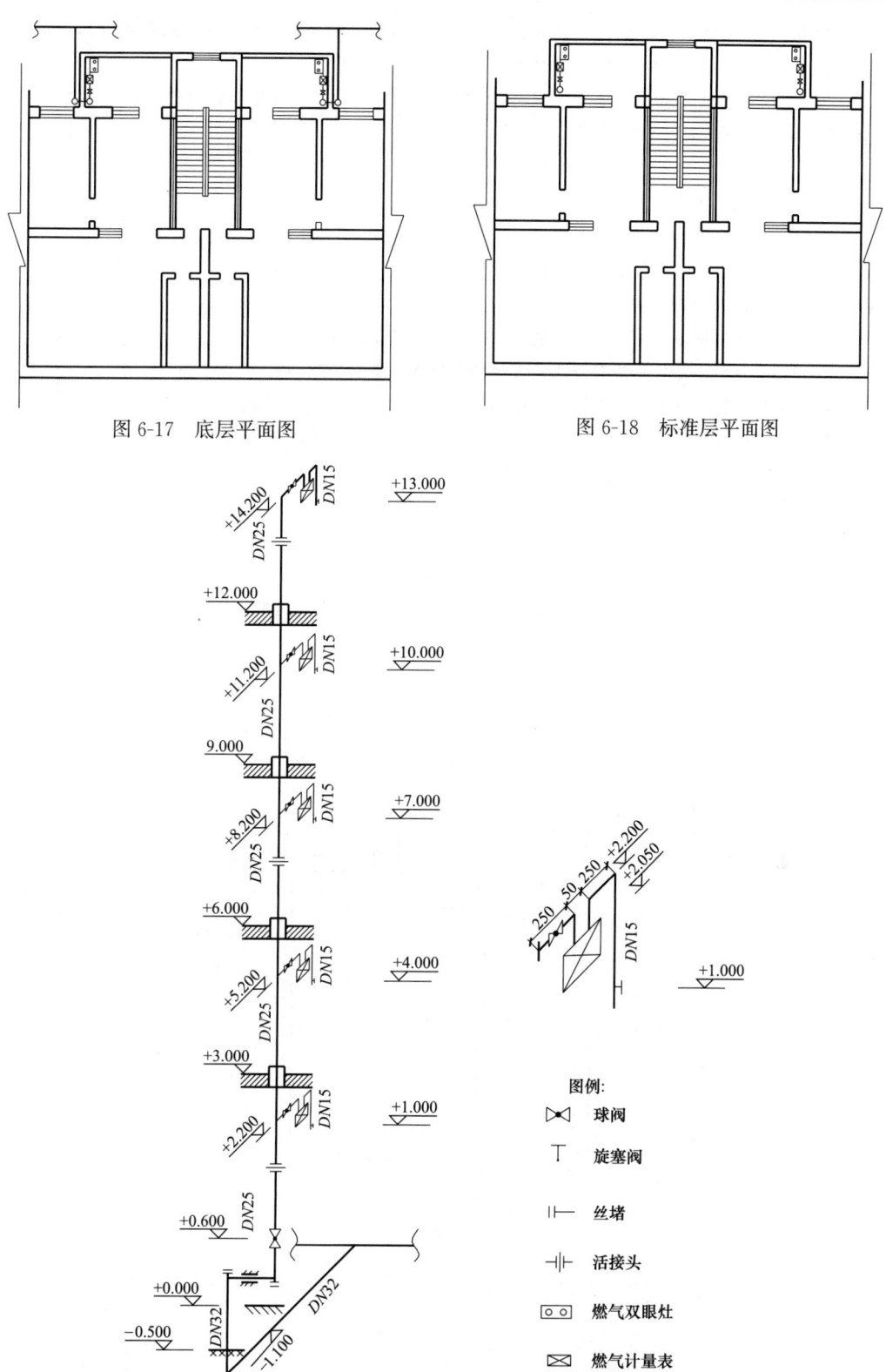

图 6-17 底层平面图

图 6-18 标准层平面图

图 6-19 系统图

8. 某酒店 4 层空调扩建工程需增装矩形风管（1200mm×400mm）共 45m，单层百叶风口的制作、安装（T202-2，550×375）共 30 个。请对各工程项目计算其工程量。

9. （1）山东省某住宅楼一个单元的室内给水排水工程，给水管道采用镀锌钢管，螺纹连接，排水管采用铸铁排水管，石棉水泥接口。

（2）各用户室内冷水计量采用旋翼干式远传水表，卫生洁具为节水型。

（3）洗脸盆水龙头、洗涤盆水龙头均为普通冷水嘴。

（4）给水管穿越楼板时设一般钢管套，管道穿基础侧墙设柔性防水套管。

（5）施工完毕，给水系统进行净水压力试验，试验压力为 0.6MPa；排水系统安装完毕进行灌水试验，施工完毕再进行通水、通球试验。

（6）图中标高均以"m"计，其他尺寸标注均以"mm"计。

（7）管道及卫生器具安装参照陕西省《给水排水设备安装图集》。

（8）本例题暂不计刷油、保温等工作内容。

（9）本例题图见图 6-20～图 6-23。

（10）未尽事宜执行现行施工及验收规范的有关规定。

请完成该安装工程的工程量计算、施工图预算及安装工程预算。

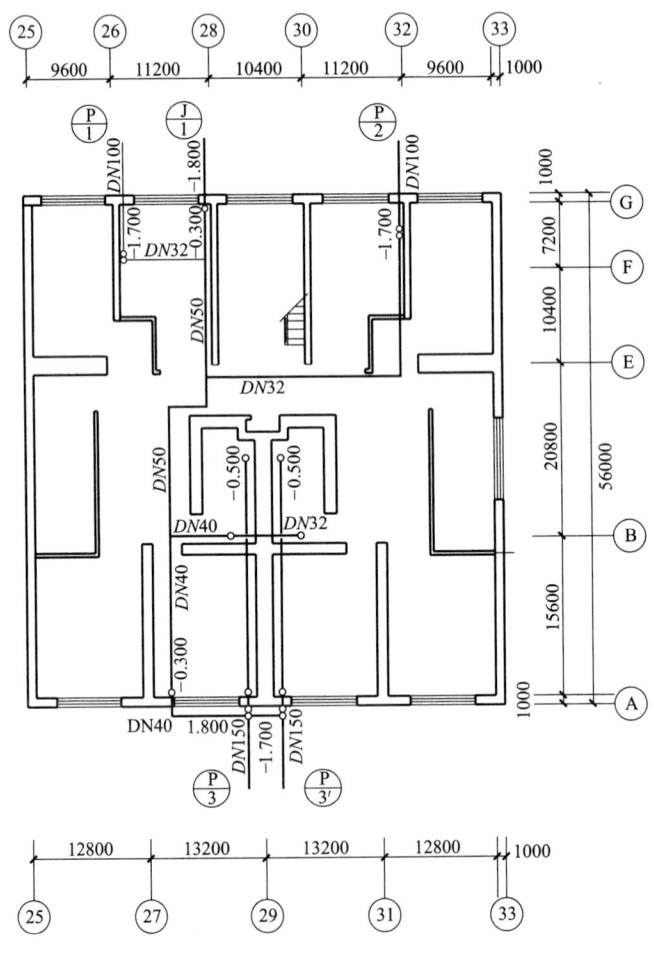

图 6-20 半地下室给水排水平面图

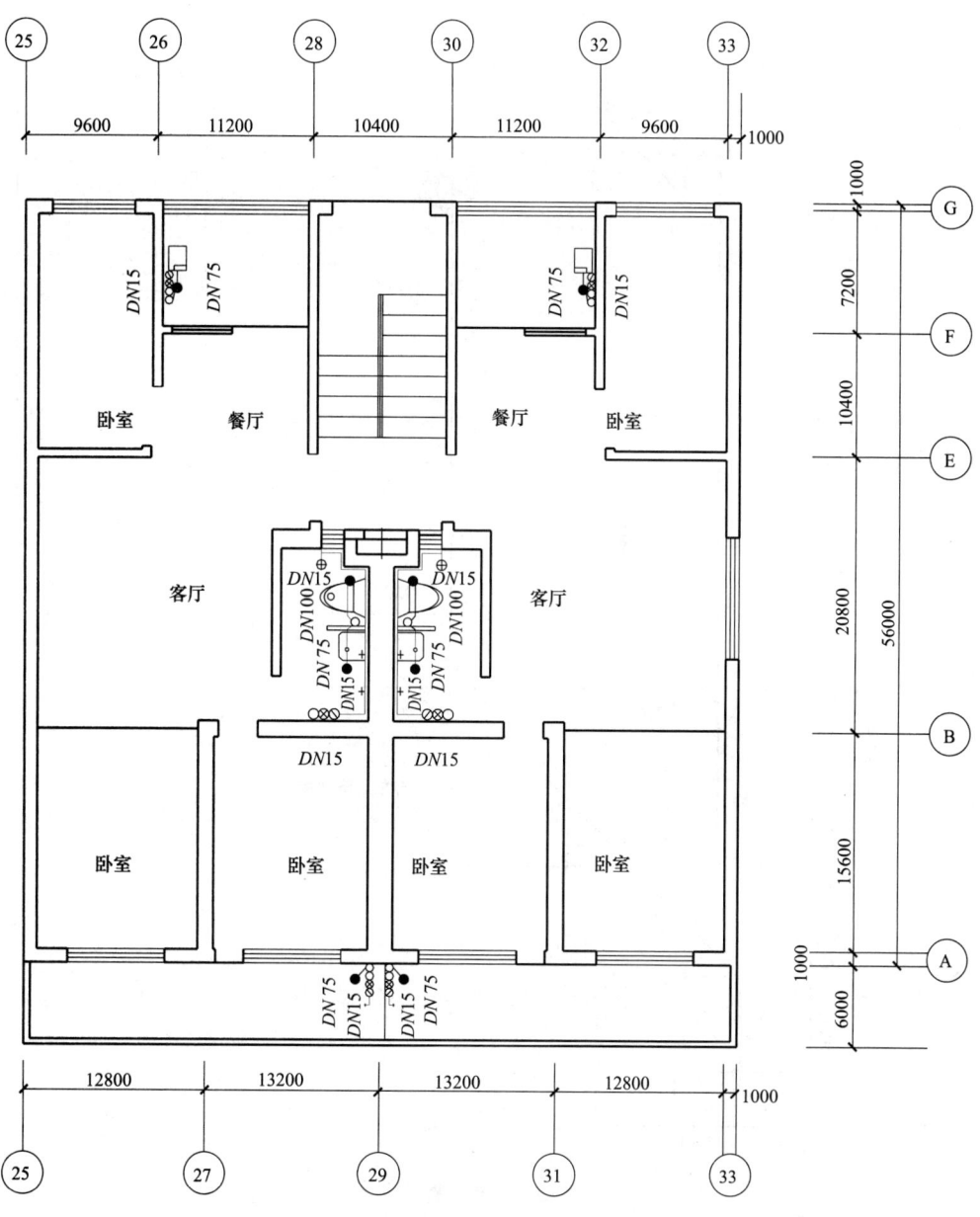

图 6-21 一～五层给水排水平面图

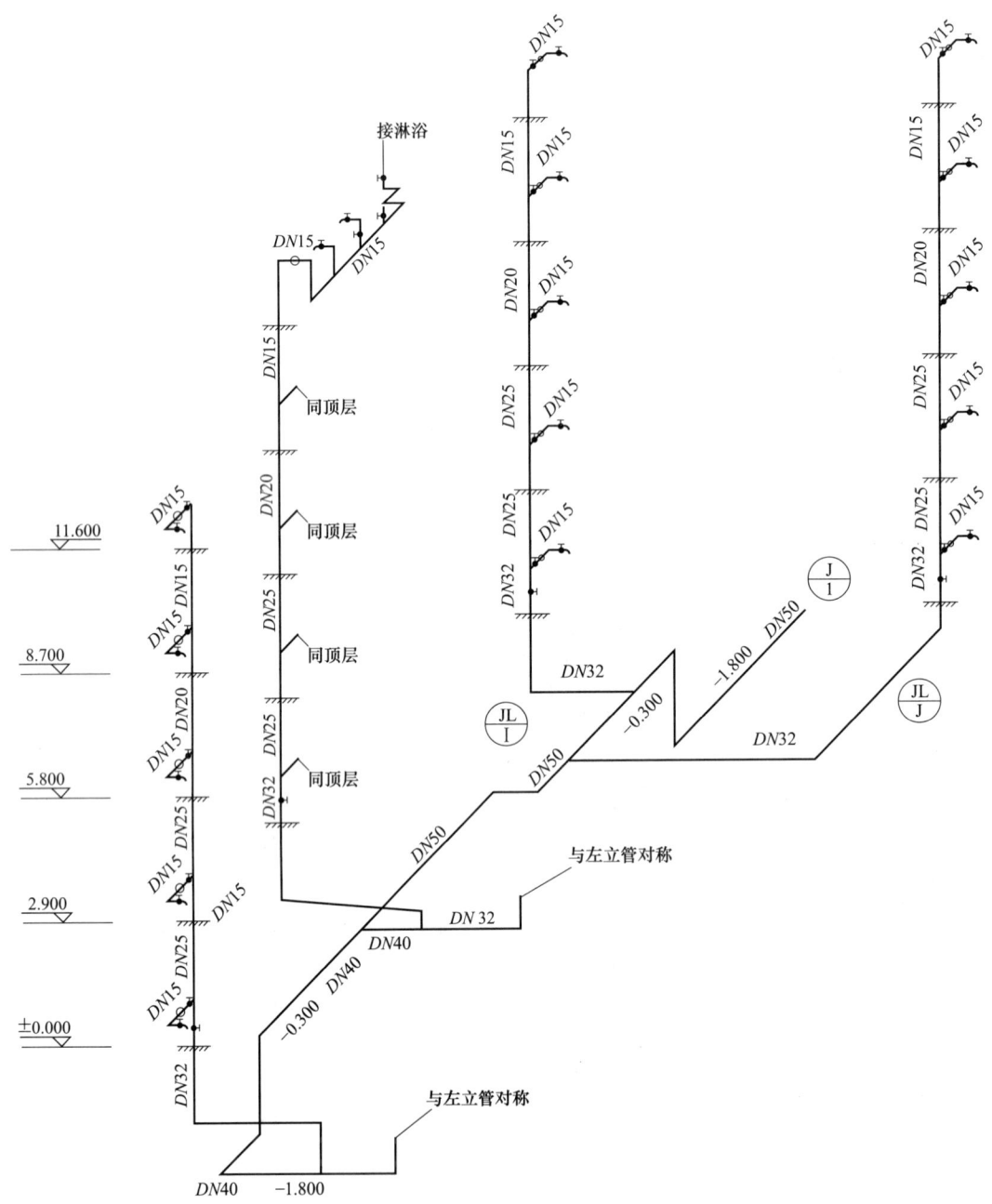

图 6-22 给水系统图

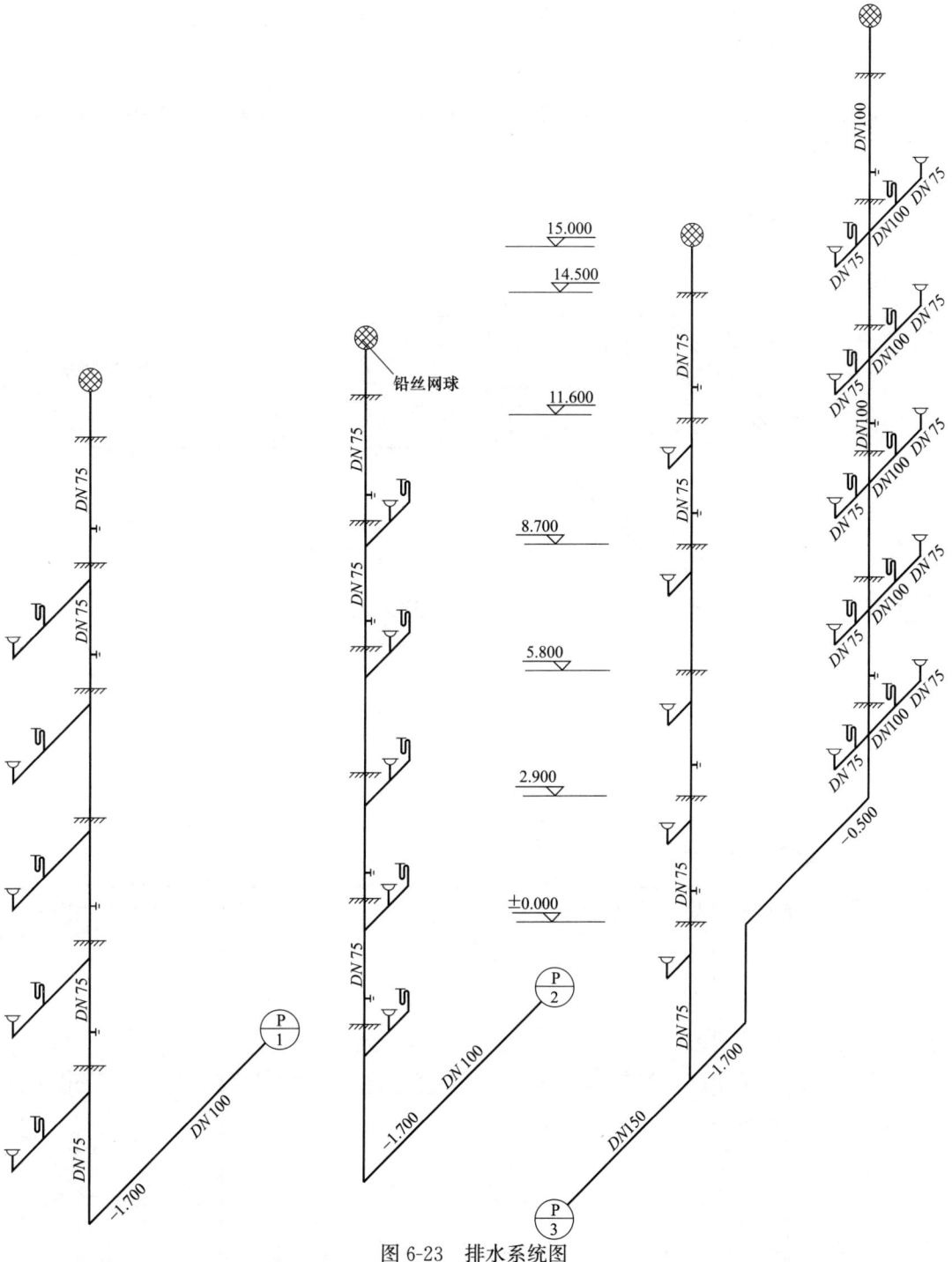

图 6-23 排水系统图

10. 图 6-24～图 6-27 分别是某宾馆餐厅通风管道空调系统图、平面图、机房平面图和机房剖面图（空调风管平面图中走廊尺寸为 2800mm）。试计算其工程造价。

技术说明：

（1）本工程设计范围为舒适性空调，采用风管式送风，夏季使用空气调节机，冬季使用蒸汽供暖

（供暖略）。系统形式为直流式，吊顶内自然排气。

（2）夏季室内调节温度 27～29℃，冬季供暖温度 16～18℃。

（3）夏季总送风量 10000m³/h，过渡季节尽量使用新鲜空气。

（4）风管均采用薄钢管制作，风管材料厚度 1.2mm。风管及风管法兰制作参见《全国通用通风风管管道配件重量表》。

（5）风管安装中的支架参见《暖通空调标准图集合订本 T6》中的国标图 T616 第 113～120 页。

（6）机房内壁均采用木丝板贴面，外窗为双层钢窗。

（7）LH-48 空气调节机，产冷量 $2.01×10^5$ kJ/h，重 1.5t。空气过滤器经常打扫，以免阻力过大，影响进风量。

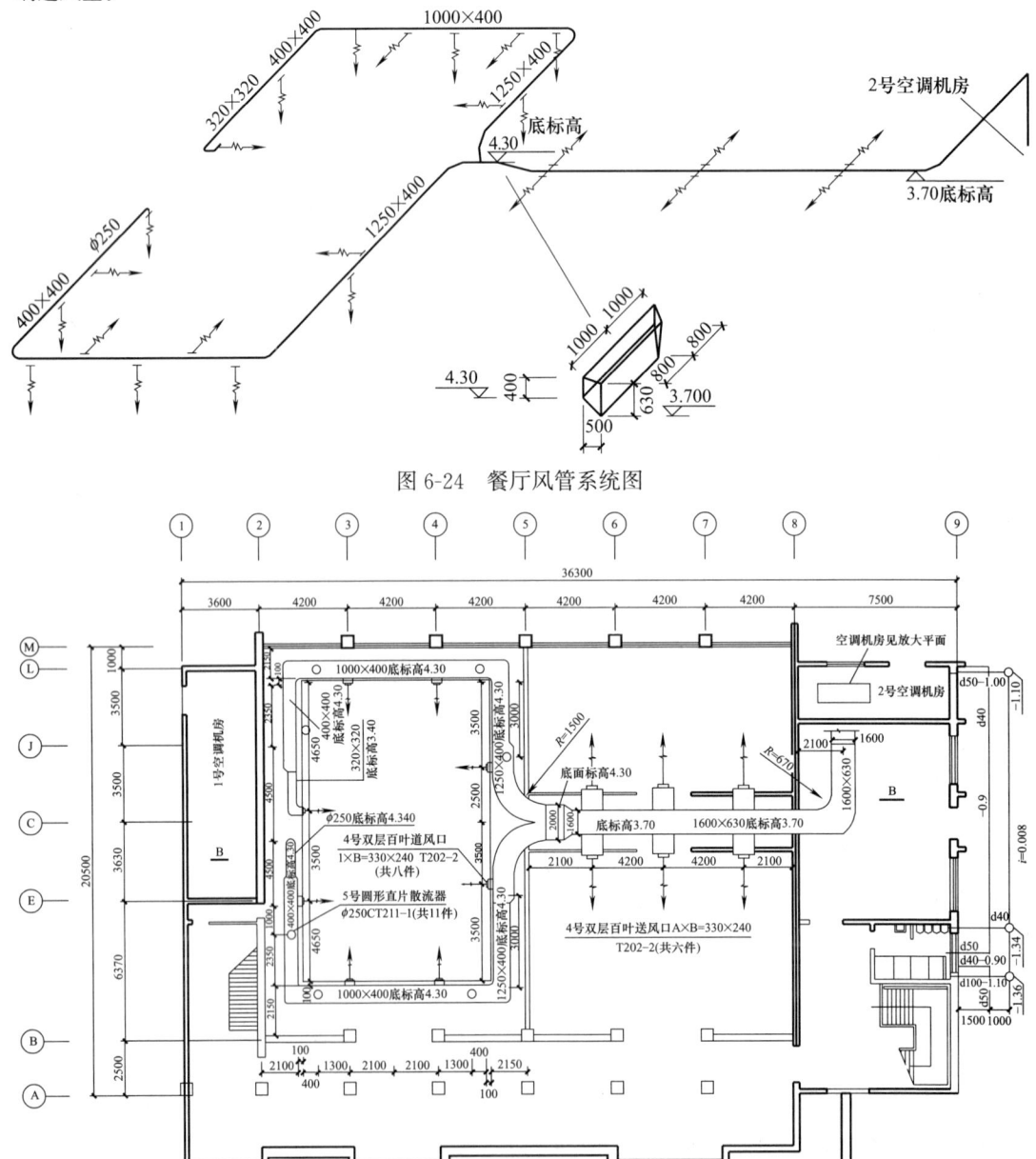

图 6-24　餐厅风管系统图

图 6-25　空调风管平面图

6.3 工程造价软件简介

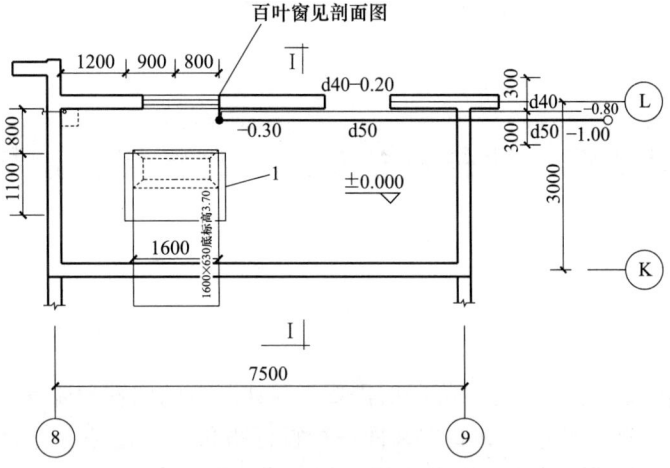

图 6-26 机房平面图

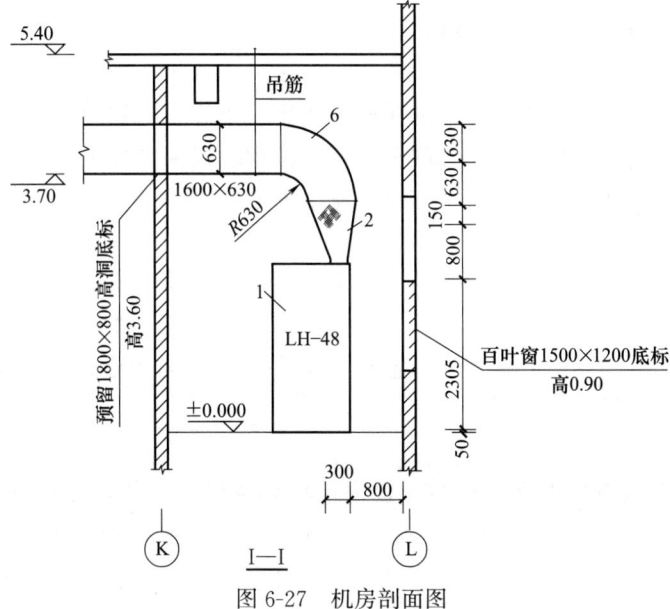

图 6-27 机房剖面图

第7章 建筑设备安装工程招标、投标

7.1 概 述

招、投标是由买方（发包方）说明所需要产品或服务的内容和要求，邀请若干个卖方（承包方）根据买方的这些内容和要求条件进行投标报价，通过综合评比，并从中选择优胜者与之达成交易协议的活动。建设工程的招、投标不仅是我国工程项目管理同国际接轨、开拓国际工程承包市场，也是我国工程建设体制改革的主要方向之一。

7.1.1 建设工程招投标的基本概念

（1）标

标是指发包单位公开的建设项目的规模、内容、条件、工程量、质量、工期、适用标准等要求，以及不公开的标底价。标的公开部分是招、投标过程中发包单位和所有投标单位必须遵守的条件，是投标单位报价和评比竞争的基础。

（2）招标

招标是指工程发包单位利用报价的经济手段择优选择承包单位的商业行为。发包单位在发包建设工程项目、购买物资之前，以文件形式标明参加条件和工程（物资）内容、要求，由符合条件的承包单位按照文件内容和要求提出自己的价格，参与竞争，经过评比，选择优胜者作为该项目承包者。

（3）投标

投标是工程承包单位根据招标要求提出价格和条件，供招标单位选择，以期获得承包权的活动。投标过程实质上是一个商业竞争过程，它不只是在价格方面的竞争，还包括信誉、管理、技术、实力、经验等多方面的综合竞争。投标的目的在于中标，在投标过程中应正确理解招标条件和要求，投标文件中要充分体现、证明自己在各方面的优势。

（4）开标

开标是指招标单位在规定的时间和地点，在有公证监督和所有投标单位出席的情况下，当众公开拆开投标书，宣布投标各单位投标项目、投标价格等主要内容，并加以记录和认可的过程。开标过程必须按法定的程序进行。

（5）评标

评标是指由招标单位组织专门的评标委员会，按照招标文件和有关法规的要求，对投标单位递交的投标资料进行审查、评比，择优选择中标单位的过程。评标过程要按招标要求，对投标单位提供的投标文件中的投标工程价格、质量、期限、商务条件等进行全面的审查，因此要求生产、质量、检验、供应、财务和计划等各方面的专业人员和公证机关参加。

(6) 中标

招标单位以书面的形式通知在评标中择优选出的投标单位,被选中的投标单位为中标单位,即该投标单位中标。

7.1.2 建设工程招投标的作用

招投标能规范建筑工程市场,保证建筑安装施工企业公平竞争,提高施工企业技术水平和管理水平,增强企业活力。具体作用体现在以下几个方面:

(1) 规范建设工程操作过程

招标过程中对工程从设计、材料设备采购到工程的施工和竣工验收都有明确说明。在工程开始前,各方对工程的要求和建设程序达成共识,明确各方关系和各自责任,减少扯皮和混乱现象。

(2) 提高施工企业自身水平

通过招投标,施工企业公平竞争,迫使企业在竞争中提高自身技术水平和管理水平,增加竞争力,才能获得较好的经济效益。

(3) 保证建设工程按期高质量完工,降低工程造价

在投标竞争中,每个施工企业都会通过发掘自身潜力,提高工程质量、合理缩短工期、降低工程造价,以求在招标时中标。这样,除了提高了施工企业竞争力外,也保证了建设单位的利益,提高了整个建设行业的经济效益和社会效益。

(4) 适应国际工程承包需要

通过完善招标投标制度,与国际工程承包惯例接轨,能增加我国建筑施工企业在国际工程承包时的竞争力。

7.1.3 建设工程招投标原则

(1) 建设工程招投标当事人和中介机构的一切活动必须符合法律、法规和有关政策的规定。具体体现在招投标的依据、程序,招投标当事人的资格及对招、投标过程的管理监督都必须是合法的。

(2) 招标文件、招标条件、工作程序、评标标准等要统一规范,招投标过程应公开、开放,保证招投标活动的透明度。投标单位平等竞争,评标过程客观公正。

(3) 招投标当事人和中介机构独立、自愿地表达自己的意志,自主决定自己行为,承担相应的责任,任何一方不得将自己的意志强加于对方或干预对方表达自己的意志。

(4) 招投标过程应采取合理科学的程序和评标定标方法,讲求效益,择优定标。

(5) 招投标当事人和中介机构在招投标过程中应实事求是、信守诺言,不得有隐瞒欺诈、损害他人利益的行为。

7.1.4 建设工程招投标方式

常用的工程招标方式有公开招标、邀请招标和议标三种。

(1) 公开招标

由招标单位通过报纸、广播、电视等媒体公开发布招标公告,对投标单位没有数量限制,所有承包商参与机会均等。投标单位通过资格审查后,都可购买招标文件,参加投标。各投标单位的密封投标文件按规定时间交到指定地点,由招标单位统一当众开封唱标、统一评比后,在其中选择最优者作为中标单位。

公开招标是一种无限制竞争性招标,由于参加投标的单位较多,竞争性强,能降低工

程投资，但招标单位应加强对投标单位的资格审查。公开招标过程工作量大，一般适合于大中型建设项目。

（2）邀请招标

由招标单位根据经验或了解的情况，不刊登广告，直接邀请若干个有信誉和对投标项目有经验的承包单位前来投标。向被选择的这些企业发放招标邀请书，经过资格预审，对投标文件评比后，选择出中标单位。

邀请招标又称选择性招标，是一种有限竞争性招标。因为在投标前对被邀请的承包单位的施工经验、技术能力和信誉等有一定的了解，项目实施过程能基本保证预期的进度和质量；但投标报价可能高于公开招标，或遗漏某些具有竞争力的承包单位。一般邀请招标的投标单位少于公开招标，招标评标工作相对简单。邀请招标一般适用于工程规模较小，没必要公开招标；或规模大、专业性强，只有少数单位有承包能力的工程。

（3）协议招标

又称议标，招标单位直接向一个或几个承包单位发出招标通知，双方通过谈判，就招标条件、要求和价格等达成协议。

议标是一种无竞争性招标。适用于专业性强、工期要求紧、工程性质特殊（如有保密要求）；设计资料不完整，需要承包单位配合；或主体工程的后续工程等。

此外，按招标项目的工作范围，招标可分为全过程招标和工程各环节招标。

全过程招标又称"交钥匙工程"招标，是指包括从工程的可行性研究、勘测、设计、材料设备采购、施工、安装调试、生产准备、试运行到竣工交付使用整个过程的全部内容的招标。工程各环节的招标包括勘察设计招标、工程施工招标和材料、设备采购招标等，其内容为全过程招标中的某一部分。

7.2　建筑设备安装工程招标

7.2.1　招标条件

在建设项目招标以前，建设单位必须做好招标准备。只有当建设单位和建设项目具备了必要的招标条件，才能保证招标过程和以后的施工过程能顺利、合法地进行。

（1）建设单位招标条件

建设单位必须是法人或依法成立的其他组织，并具备与招标相适应的经济、技术管理能力；有组织、编制招标文件的能力；有审查投标单位资质的能力；有组织开标、评标、定标的能力。不具备以上条件的招标单位应委托具有相应资质的法人或组织代理招标。

（2）建设项目招标条件

建设项目已经报建立项、概算已经批准；建设用地的征用工作已经完成，并取得建设规划许可；有能够满足施工需要的施工图纸和技术文件；资金和主要建筑材料、设备来源已经确定；项目的工程建设许可证得到当地规划部门的批准，施工现场准备已经落实。

7.2.2　招标程序与内容

招标过程要按照规定的程序进行。招标程序是指从开始提出招标要求和条件直到确定中标单位，签订施工合同的全部工作环节。不同的招标方式的招标程序不尽相同，招标中各操作环节和它们之间的关系见表7-1。

建设工程招标程序   表 7-1

公开招标	邀请招标	议标	管理监督
报建	报建	报建	备案登记
招标人资格审查	招标人资格审查	招标人资格审查	审批发证
招标申请	招标申请	招标申请	审批
编制投标资格预审文件			审查
编制招标文件	编制招标文件	编制招标文件	审查
编制标底	编制标底		
发布资格预审公告、招标公告	发出投标邀请书	发出投标邀请书	
资格预审			复核
发放招标文件	发放招标文件	发放招标文件	
勘察现场	勘察现场	勘察现场	
招标预备会	招标预备会		现场监督
接受投标文件	接受投标文件	接受投标文件	
标底报审			审定
开标	开标	开标、评标	现场监督
评标	评标		现场监督
中标	中标	中标	核准
合同签订	合同签订	合同签订	协调、审查

建设单位有招标项目时，提出招标申请，主管部门按照前述招标条件对建设单位和建设项目进行审查，获得批准后，才能进入工程招标过程。招标过程主要操作环节有编制招标文件、编审标底、发布招标公告、投标单位资格预审、发放招标邀请书、发放招标文件、组织现场勘察、招标文件答疑、接受投标文件、开标、评标与定标等。

（1）编制招标文件

招标文件是由符合招标条件的建设单位自行编制或委托有招标条件单位（机构）编制的。招标文件中要完整说明招标项目的规模、内容、建设要求、商务条件和招、投标过程的有关规定等。主要内容包括以下几个方面：

① 招标项目综合说明和招标工程范围说明：主要说明项目名称、地址、现场条件、招标工程内容、技术要求、质量要求、工期要求和对投标企业的资质要求等。

② 承包条件：根据工程性质和条件，招标单位提出工程的承包方式、工程价款结算方式、材料设备供应方式等。

③ 设计图纸和技术资料：满足施工要求的完整设计图纸，施工方法要求和有关施工、验收要求和规范标准；材料、设备的要求等。

④ 施工合同条件：明确建设单位和中标单位应承担的责任和义务。

⑤ 工程的工程量清单以及工程量清单计价格式。

⑥ 投标须知：填写和递交投标书的注意事项。如书写要求、印章、密封要求，投标书递交地点和截止时间等；现场勘察和答疑安排；投标保证金的规定；开标地点和时间；废标条件等。

⑦ 其他需要说明的事项。

(2) 编审标底

标底是由招标单位或其委托的具有编制标底能力和资格的单位编制的投标项目参考价格。标底价格由成本、利润和税金组成，一般应控制在批准的概算和投资包干限额内。标底要根据招标工程的工程量清单、施工图纸和有关资料、招标要求等，参照国家有关规范、标准和定额、当地近期的预算价目表、取费标准等预算文件编制，力求与工程实际造价相吻合。一个工程只能有一个标底。标底编制完成后，经主管部门审定，必须密封，防止外传，直到开标时才能公布。协议招标时，承包价格由招投标双方谈判确定后，报主管部门备案。但是随着采用工程量清单招标后，因为工程量清单作为招标文件的一部分，是公开的，标底只起到参考和一定的控制作用（即控制报价不能突破工程概算的约束），而与评标过程无关，并且在适当的时候，甚至可以不编制标底，这就从根本上消除了标底准确性、标底泄露所带来的负面影响。所以现在大部分招标均实行无标底投标报价，评标细则中规定为合理最低价中标，在评标中将各投标单位的报价，剔除一个最高报价和最低报价，其余的取平均值作为评标基数，并设立一个有效区间，与之接近或有效区间下限的赋予高分值，反之得低分，这样对每家投标单位来说应该是公平合理、机会均等的竞争条件，这样也有利于招标人对投标人的投标报价进行分析，真正做到择优选择中标人。

(3) 发布招标公告

采用公开招标时，一般要在当地或全国公开发行的报刊等媒体上发布投标单位资格预审通告或招标公告。邀请施工企业申请资格预审或通过预审的企业购买招标文件。招标公告一般包括：招标单位和招标项目名称，招标项目简况和基本要求，投标者资格要求，发放资格预审表或购买招标文件的时间、地点等内容。

(4) 投标单位资格预审和发放招标邀请书

投标单位资格预审是在投标前，招标单位对自愿投标的单位进行财政状况、技术能力、管理水平和资信等方面的审查，以确保投标单位具有足够的能力承担招标项目。施工企业在获知投标单位资格预审通告和招标公告后，若有投标意向，需购买《申请投标企业资格预审表》，填写后在规定的时间内交回。招标单位对投标单位资格的审查内容主要包括企业性质、组织机构、法人地位、注册证明和技术等级证明；企业人员状况、技术力量、机械设备情况；资金、财务状况和商业信誉；主要施工业绩等方面。通过审查后，招标单位向其发售投标邀请书。

采用邀请和协议招标时，招标单位要预先选定被邀请的施工企业，并向他们发出招标邀请书。

(5) 发放招标文件

招标单位按照招标邀请书规定的时间和地点，向接到邀请书有投标意向的施工企业发售招标文件和有关的图纸、资料等附件。获得招标文件的施工企业即成为合法的投标单位，具有本次投标的权利。

(6) 组织现场勘察、招标文件答疑

为保证投标单位能全面了解招标项目、正确理解招标文件，合理地编制投标文件，招标单位要组织投标单位进行现场勘察和对招标文件答疑。现场勘察主要了解工程的施工场地、施工条件等。招标文件答疑是由招标单位组织设计单位、招标管理部门和有关招标文件编制人员，介绍工程情况和招标文件内容及要求，解答投标单位提出的问题，补充、完善招标文件，并对补充内容作会议纪要，作为投标单位编制投标文件的依据之一。

（7）接受投标文件

按照招标通告和招标文件中规定的时间、地点和方式，招标单位接受投标文件。在接受投标文件时，招标单位要检查投标文件的密封和送达时间是否符合要求。合格者发给回执，否则视为废标。在投标截止时间以前，招标单位仍接受投标单位的正式调价函件或补充说明。

（8）开标

开标是由招标单位主持，在规定的时间和地点，在评标委员会全体成员和所有投标单位参加的情况下，经公证检查投标文件密封后，当众宣布评标、定标办法和标底，当众启封投标文件、宣读投标报价和招标文件规定内容，并作记录。开标时，在公证人员的监督下，除了未按时送达或密封不合格视为废标外，当发现投标书中缺少单位印章、法定代表人或法定代表委托人印章；投标书未按规定的要求填写，字迹模糊；内容不全或矛盾；没有响应招标书中要求响应的内容；投标单位未参加开标会议等情况时，宣布投标文件为废标。

（9）评标与定标

评标工作由评标委员会独立、秘密地进行。评标委员会由建设单位或委托代理单位、主管部门、标底编制和审定单位、设计单位、资金提供单位等组成，成员包括有专业工程师、经济师和会计师等专业人员。评标过程分审查投标文件和投标文件内容评比。前者主要审查投标文件是否符合规定和要求，有无重大计算错误或不可接受的条件等，若有，则视为废标。后者是实质性评标，评定的重点有：①投标报价是否合理，主要将投标报价与标底比较，一般认为投标报价与标底差别不超过3%~5%为合理，在此基础上价格最低者最优；②工期适当，在保证工程质量的前提下，要满足招标文件中要求的工期，能通过采用一定技术组织措施提前工期者为佳；③施工方案可行，要求投标文件提供的施工方案或施工组织设计是合理、切实可行的。④企业的信誉好，投标企业在信守合同、遵守国家法规、保证工程质量和后期服务等方面得到社会和行业广泛好评为佳。除此之外，还要对投标单位的经验、业绩、财力、实力和所提供的附加优惠条件等其他因素作综合考虑。

评标方法有定性和打分两种。定性评标是对上述各因素进行综合定性评比，确定中标单位，评比过程主观随意性强，透明度低。打分法是将以上各因素按照规定的打分标准和权重打分，总分值最高者为最优，将评标意见总结为评标报告与评标结果上报批准。

定标是招标单位根据评标报告和结果，确定中标单位的法定过程。定标时，招标单位一般根据评标结果选择2~3家中标候选单位，分别与之会谈，澄清投标文件有关内容和其中的意愿，询问对于投标书中有关承诺的执行方法、依据和措施，进一步考察投标单位实力和投标书中施工方案的可行性。通过会谈选择最优、最可靠的投标单位为中标单位，发放中标通知书，抄报主管部门和经办银行，退还投标保证金和未中标单位投标文件。

7.3 建筑设备安装工程投标

7.3.1 投标程序与内容

投标工作的程序与招标程序相配合，一般投标程序见图7-1。主要过程包括申请投标

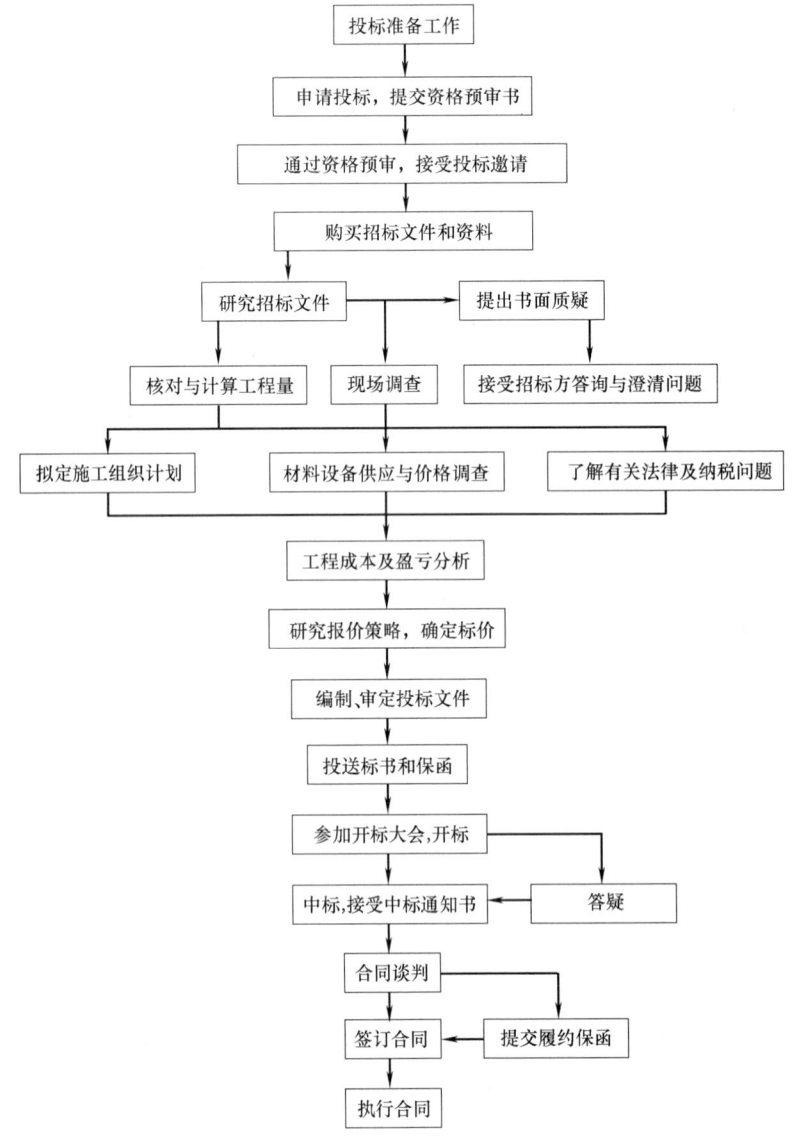

图 7-1 投标程序

和递交资格预审资料、接受投标邀请和购买招标文件、研究招标文件、调查研究和问题澄清、编制投标文件、递交投标文件、参加开标会等。

(1) 申请投标和递交资格预审资料

当施工企业获得工程招标信息,根据招标通告和招标资格预审通告中工程介绍和工程要求,结合本企业经营目标、施工能力等,经过研究,做出决定参加投标的决策后,要在规定的时间报名参加投标,购买填写《申请投标企业调查表》。《申请投标企业调查表》是招标单位对投标单位资格审查的主要依据,投标单位要如实认真填写,充分反映本单位的实力和对投标工程的经验。必要时,应提供附件,以期能使招标单位更多的了解本企业。

《申请投标企业调查表》和其他招标公告或资格申请公告中要求的资料要按照公告中要求的时间及时送到规定地点。

(2) 接受投标邀请和购买招标文件

施工企业通过资格预审或接到投标邀请书后，即表明该企业已经获得了本次投标的资格。若想参加本次投标，应携带有关证件、邀请书或预审合格证明及其他邀请书中要求的资料，按招标单位规定的时间和地点领取或购买招标文件。

(3) 研究招标文件

招标文件是编制投标文件的依据，投标文件中的投标报价、工期、质量等都要以招标文件规定内容为基础。对招标文件全面、透彻理解，才能正确制定投标报价策略。取得招标文件后，要组织有经验的设计、施工、估价、管理人员对招标文件认真研究。研究重点应放在工程条件、设计图资料、工程范围；工程技术、质量、工期等要求；商务要求和条件，付款方式等方面。

(4) 调查研究

调查研究是对工程施工现场的施工条件和当地的社会、经济、自然条件中可能影响施工的各种因素进行考察，获取有关数据和资料。调查重点为施工现场位置、地质、水文、气候、交通等条件；现场临时供水、供电、通信等情况；当地的劳动力、材料设备资源供应；当地的有关法规等。

(5) 问题澄清

在由招标单位组织的答疑会上，投标单位应根据现场调查和对招标问题的研究，提出招标文件中概念模糊或把握不准之处，请设计单位、建设单位和招标文件编制人员澄清明确。

(6) 编制投标文件

投标文件要根据招标文件要求的内容和格式以及有关施工标准、规范和定额的要求编制。投标文件主要包括投标函，施工方案或施工组织设计，投标报价，对招标文件中各条件和要求的响应，及其他附件和资料等。主要工作内容如下：

① 核实工程量

工程量大小关系投标报价的高低，准确计算工程量是分析投标工程利润、进行投标报价决策的基础。当招标文件中已给出工程量，投标单位要按照设计图纸对工程量进行复核。当发现招标文件中的工程量与复核结果出入较大时，若招标文件规定对工程量不作增减，则采用不平衡报价策略，即不对工程量做修改，但提高复核工程量高的项目的单价，降低复核工程量低的项目的单价；若招标文件无对工程量不作增减的规定，则找招标单位核对工程量，要求认可。如果招标文件中没有给定工程量，只提供图纸和工程量计算规则，投标单位要根据招标单位提供的图纸和计算规则，结合施工方案，合理划分施工项目，认真计算工程量，根据计算得出的工程量作报价决策。

② 编制施工方案或施工组织设计

招标文件中一般要求投标单位提供投标工程的施工方案或施工组织设计。施工方案或施工组织设计既是投标报价的重要前提和依据，也是评标时要考虑的主要因素之一。一般情况下，投标文件中的施工方案或施工组织设计比施工单位施工前编制的施工方案或施工组织设计深度浅、内容粗。内容主要说明施工方法、主要机械设备、施工进度、劳动力人数、技术及安全措施等。施工方案或施工组织设计的编制原则是在工期、成本和技术可行性上对招标单位有吸引力。

③ 报价

报价合理与否是投标能否中标的关键，要求投标报价必须接近标底。由于投标单位在开标前不可能知道标底，投标单位只能根据招标文件、图纸、有关工程造价的定额和规定，结合本次投标的报价决策计算报价。投标报价的依据有：(a)当地规定的招标投标办法和规定；(b)招标文件中对工程内容、质量、工期、材料及技术等的要求；(c)设计图纸资料；(d)本企业定额（或者参照建设行政部门颁发的定额）、市场参考价格；(e)施工方案或施工组织设计等。因为招标标底是由成本、利润和税金构成，投标报价也应该按照这种构成分析后确定。投标报价的确定的步骤包括定额分析、综合单价计算、确定利润及其他费率、计算工程成本和确定标价等。

④ 投标文件编制

一般情况下，完整的投标文件至少包括：投标函、投标保证金、投标报价表、法人代表授权书、投标企业资格证明、施工方案或施工组织设计、合同或商务响应条款、其他附件和资料。投标文件的大部分内容应按照招标文件的格式和要求填写。对于介绍说明性的内容，编写时要言简意赅、重点突出，主要说明投标企业的优势（如信誉、经验、资金、设备和技术优势等）、投标方案的优点和可行性、投标文件编制依据等。

(7) 递交投标文件

所有投标文件备齐盖章签字后，装订成册封入密封袋中，在规定的时间交送到指定投标地点。投标文件投送不能晚于规定时间，否则为废标，但也不必过早，以便在发生新情况时更改；投标文件发出后，在投标截止时间前，投标单位仍可更改投标文件中的有些事项。投标文件被接受并确认合格后，投标单位应领取回执作为凭证。

(8) 参加开标会

招标采用公开开标方式时，投标单位要在规定的时间到指定地点参加开标会，在开标会上，招标单位当场宣读标底和符合条件的投标单位及其投标价并记录，投标单位对宣读内容进行确认。

7.3.2 投标报价组成

建筑设备安装工程的投标报价一般是按编制工程概预算的方法编制的。随着2013年《建设工程工程量清单计价规范》GB 50500—2013的施行，工程量清单计价的新模式已经在招投标和工程发承包活动中被广泛采用。工程量清单计价是承包人依据发包人按统一项目设置（计价项目），统一计量规则和计量单位按照规定格式提供的项目实物工程量清单，结合工程实际、市场实际和企业实际，充分考虑各种风险后，提出的包括成本、利润和税金在内的综合单价并由此形成工程价格。成本主要由直接费和间接费组成。各组成部分的内容见图7-2。

直接费由直接工程费、其他直接费和现场经费组成。直接工程费是投标报价的主要部分，由人工费、材料费和机械使用费组成。人工费是指从事安装施工的生产工人的各项费用。材料费是指在生产过程中消耗的构成工程实体的原材料、辅助材料、半成品、零配件和周转使用材料的摊销费用等。机械使用费是指施工作业所发生的机械使用以及机械安、拆和进出场费。人工费、材料费和机械使用费可根据工程量套用企业定额或者建设行政部门颁发的定额计算得出。其他直接费是指直接工程费以外的在施工过程中发生的其他费用，如冬雨期施工增加费、夜间施工增加费、检验试验费、特殊工种培训费、特殊地区施工增加费、生产工具用具使用费等。现场经费是指为施工准备、组织施工生产和管理所需的临时设施费和现场管理费等。

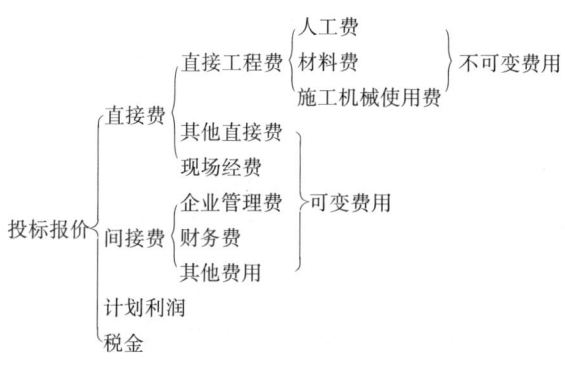

图 7-2 投标报价组成

间接费由企业管理费、财务费和其他费用组成。企业管理费是指施工企业为组织生产经营活动所发生的管理费用。财务费是指企业为筹集资金而发生的各项费用。其他费用包括向各个上级管理部门支付的管理费用。

计划利润指按规定施工企业在工程造价内应计入的利润。利润率根据工程不同的投资来源和工程类别计取。

税金是国家规定的应计入工程报价内的各项税务附加。税金是在工程直接费、间接费和计划利润之和的基础上按一定的税率计取的。

由于不同工程的类别、施工企业资质、项目资金来源等不尽相同，工程对应的各种取费系数和取费基础也不相同，所以不同投标单位的直接费、现场经费、间接费、计划利润和税金在投标报价中是不一定相同的。

7.3.3 投标决策

投标决策是施工企业在对投标竞争中的情报和资料收集、整理、分析的基础上，为实现企业生产经营目标，寻求并实现最优投标行动方案的策略和方法。施工企业的竞争力表现在工程的报价、工期、质量和信誉。这些方面都是需要提高企业的施工技术水平和管理水平来保证，因此提高企业自身的素质水平是企业生存发展的基础。但是施工企业要在投标竞争中获胜，除了要求企业具有较强的竞争力外，还要求企业能根据不同招标项目具体情况，结合自身条件和目标，做出正确的投标决策。

投标决策包括投标项目选择和工程项目投标操作中的决策。投标项目选择是指在对企业内部条件和竞争环境分析的基础上，根据企业经营目标和发展规划，对招标项目的选择。工程项目投标决策是针对某一个工程投标过程而言的，主要是指在投标过程中采用的策略和手段。

（1）影响投标决策的因素

影响投标决策的因素包括投标企业内部因素和外界环境的外部因素（表 7-2）。投标企业内部因素主要是指投标企业在技术、经济、管理和信誉等方面的实力水平。外部因素主要包括竞争对手、业主、政策法规和不可预见的风险等方面的情况。

影响投标决策的因素 表 7-2

内部因素	技术因素	专业技术人员的水平、能力；施工队伍的经验、特长；设备水平等
	经济因素	周转资金、固定资产、担保能力、资金垫付能力和抵御风险能力等
	管理因素	管理模式和水平；管理人员经验和能力；有关管理的规章制度和章程等
	信誉因素	遵纪守法；讲信用、守合同；对工期、质量、安全等的保证等
外部因素	竞争对手因素	竞争对手的数量和各对手的资质、实力、特长等
	业主因素	业主的合法地位、支付能力、信誉等；监理工程师的水平、能力和职业素养等
	政策法规因素	有关的国家和地方的法律、政策、规定；行业惯例等
	风险因素	由于政治、经济、自然等不可预见因素产生的风险

（2）投标项目选择

投标项目选择的依据主要包括工程项目的性质和特点；工程项目当地社会、经济和自然环境；本企业对该工程项目的承担能力；对后续工程的考虑；发包人的信誉等。当招标工程资质要求超过本企业资质等级；超过本企业承担能力；企业施工任务已经饱满，招标工程风险大、利润少；业主无合法地位或信誉不佳，项目有关手续不全；竞争对手竞争优势明显时，应放弃该项目投标。

（3）工程项目投标报价决策

① 投标报价策略

工程招标是以价格竞争为主的，投标项目报价策略是投标项目决策的最重要内容。工程项目报价策略包括成本估算和报价两方面的策略。

国家或地方的统一定额是反映普遍生产力水平的指标，可以作为编制工程预算、控制投资的依据。但由于实际工程的施工环境、技术要求等各异，施工企业的技术水平和管理水平也不相同，同样的工程对于不同的施工企业施工成本并不相同。施工企业在决定参加某一投标项目后首先要估算施工成本，并以此作为报价决策的依据。成本估算决策包含风险费决策和成本估算两部分。

风险费是指工程施工中难以事先预见的费用。工程中风险费用主要由于工程成本计算中工程量计算、单价估算不准确，材料、设备及人工价格波动，施工过程中自然因素的影响等原因产生。由于风险费是工程成本的组成部分，当风险费发生时，工程成本增加，企业利润减少。成本估算应尽量准确，估算越准确，风险费越小。但实际工程中风险费总是存在的，所以在投标中必须作风险费估算。由于工程中实际发生的风险费并不受风险费估算控制，当风险费估算过大，会提高估算成本，降低报价竞争力；风险费估算过小，一旦该费用发生，将减少利润，甚至亏损。在投标成本决策中应根据本企业对投标项目的把握程度，在尽量准确估算成本的基础上正确做出风险费决策。

工程的成本主要包括工程直接费和间接费，成本估算时要做到工程量计算准确、单价套用精确；满足招标要求的工期和质量，不盲目缩短工期或提高质量标准，造成成本提高；根据本企业施工管理水平，正确估算管理费用和产生的效益，合理精简管理机构、提高效率，减少工程间接费。

根据企业的发展规划和经营目标，对工程投标有三种报价策略。

(a) 高报价策略

以特长或满足特殊要求取胜。适用于有特殊技术或质量要求的工程；工期要求紧的工程；工程性质特别，一般施工企业无法竞争的工程；高风险的工程等。由于投标工程的特殊性，只有少数施工企业有能力承担的施工任务；竞争对手较少或者施工企业施工任务已经饱和时可采用高报价，以求得较高利润。

(b) 低报价策略

以价格取胜。对于普通工程，由于竞争对手多，施工企业必须在价格上占有优势才可能中标。在以下情况下施工企业多采用低价策略：为掌握新的施工技术或希望进入新专业领域；企业长期任务不饱和；为击败竞争对手进入或占据某一市场；为后续工程、追加工程或着眼于施工索赔；掌握了某些技术，可明显降低成本等。低价报价的方法有多种，如经过成本估算后保证微利的低价报价；开口升级报价；冒险低价报价等。

(c) 中报价策略

以其他策略取胜。由于招标申报价并不是唯一评标指标，投标企业采用中等报价，在报价不失大分的前提下，以缩短工期、提高质量、提供垫资等优惠条件或改进设计等吸引招标单位。

② 投标报价技巧

投标报价有各种操作方法和技巧，其目的都是既要获得工程承包权，同时要保证施工企业的最大利润。

(a) 以优胜劣。把企业在技术、经验、管理、设备、材料供应等多方面的综合优势转化成报价优势，击败竞争对手。

(b) 不平衡报价。在不影响总报价的基础上，调整总标价内部项目的报价，以求在结算时获得理想的经济效果。

(c) 多方案报价。在招标文件允许时，以原招标文件为准报价，再提出不同方案并报价，指出新方案在造价、工期、质量等方面的优势，以吸引业主。

(d) 扩大标价。对正常施工内容编制标价，对工程中变化较大的项目采用增加不可预见费用的方法，扩大标价，减少风险。

(e) 薄利或无利报价。为了进入某一市场或竞争对手优势明显时，为增加中标的机会，采用薄利或无利润的方法夺取承包权。

(f) 开口升级报价。将工程中一些风险大、利润低的项目抛开，注明由双方再协商解决，这样可明显降低投标报价，吸引业主，待中标后与业主的谈判中提高报价。

7.4 招标投标的有关法规

我国招投标制度的有关法律法规的建设，按时间顺序发展如下：

1981年我国招投标制度从深圳开始试行，1983年城乡建设环境保护部颁发《建筑安装工程招标投标试行办法》。

1984年国家计委、城乡建设环境保护部颁发《建设工程招投标暂行规定》并于2004年废止。

1992年颁布《建设工程招标投标管理办法》，随后被2001年颁布的《房屋建筑和市政基础设施工程招标投标管理办法》代替并于 2018 年进行了修订（附录 1）。

1996 年建设部印发《建设工程招标文件范本》。

1999 年颁布《招标投标法》并于 2017 年进行了修订（附录 2）。

2000 年发布《建设工程招标范围和规模标准规定》，随后被 2018 年颁布的《必须招标的工程项目规定》代替。

2001 年颁布《评标委员会和评标方法暂行规定》并于 2013 年进行了修订。

2003 年颁布《工程建设项目施工招标投标办法》并于 2013 年进行了修订。

2011 年颁布《中华人民共和国招标投标法实施条例》并于 2017 年进行了第 3 次修订。

2013 年颁布《电子招标投标办法》。

我国建设工程的招标投标法律法规历经了从无到有，逐渐完善成熟的过程。

7.5 建筑设备安装工程招投标文件范本示例

建筑设备安装工程招标文件中的招标申请书、投标单位资格预审通告表、投标单位资格预审申请书、投标单位资格预审合格通知书、招标公告表、招标邀请书和中标通知书见附录 3（表 1~表 7）。招投标文件格式见附录 4。

电子课件说明

有关第 7 章"建筑设备安装工程招标、投标"的内容，编写制作了"PPT7-1 安装工程招投标引论"、"PPT7-2 安装工程招标实施方法"、"PPT7-3 安装工程投标实施方法"、"PPT7-4 安装工程决标实施方法"四个电子课件。每个电子课件均有"知识演示与互动学习"两大部分。在"知识演示"的第一部分中，在 PPT7-1 课件中，主要涉及有关招投标的基本概念知识、招投标相关法律法规的演进及渊源；在 PPT7-2 课件中，主要涉及安装工程招标的实施程序，包括招标准备阶段实施步骤（申请批准招标、组建招标机构等）、招标阶段实施步骤（编制招标文件、编制标底或招标控制价等）；在 PPT7-3 课件中，主要涉及安装工程投标的实施程序，包括投标准备阶段实施步骤（获取投标信息、前期投标决策等）、投标阶段实施步骤（编制投标文件、计算投标报价等）；在 PPT7-4 课件中，主要涉及安装工程决标实施程序（开标、评标、定标、中标、合同签订）、安装工程评标案例分析。在"互动学习"的第二部分中，根据有关第 7 章的"知识演示"所呈现内容的层次与水平，将问题分为三类：基础性问题、系统性问题、挑战性问题，在这三类问题中包括：概述题、填空题、选择题、综述题、材料题等，并给出了相应的参考答案要点。

思考题与习题

1. 什么是工程招标？招标的条件、原则、招标方式是什么？不同招标方式的使用范围和程序是什么？
2. 什么是工程投标？在编制投标文件中应注意的事项是什么？
3. 什么是拦标价？
4. 单位工程报价是怎么确定的？
5. 项目分析决策、投标报价策略、投标报价的分析策略分别是什么？各策略的使用范围及其优缺点是什么？

第8章 建筑设备安装施工合同

8.1 概 述

8.1.1 施工合同的概念

建设工程施工合同,简称施工合同,是工程发包人(甲方)和工程承包人(乙方)为完成某一建设任务,就工程内容、要求和付款等问题,明确双方的权利和义务而达成的具有法律效力的协议。与其他经济合同一样,施工合同包含三个基本要素:主体、客体和内容,施工合同中的主体是以法人或其他经济组织形式存在的建设单位和建筑安装施工企业;客体指建筑安装工程项目;内容就是合同中的具体条款。施工合同除了具有一般经济合同的特征外,还有以下基本特征:

(1) 合同标的物的特殊性

施工合同标的物是建设工程项目。不同于其他产品或商品,建设工程一般都具有结构复杂、体量庞大、资源消耗多、投资大;产品具有单件性,不同项目的施工对象、施工环境、施工方法等各不相同,生产过程不确定因素多;生产具有流动性等特点。这些特点要求施工合同与之相适应。

(2) 合同内容多

由于建设工程项目受多方面、多种因素的限制和影响,各种因素都要反映在合同中。因此施工合同中要包括工作范围、工期、质量、造价、材料、设备、付款、保修、索赔等各种条款,合同中要全面考虑各种因素和完善各个条款,以保证合同无障碍履行。

(3) 执行周期长

这是由于一般建设工程本身施工周期较长而决定的。这就要求合同有很强的计划性,施工过程必须按要求按计划进行;另一方面由于周期较长,合同履行中不可预见因素的存在,要在合同履行过程中保证能实现双方约定的权利和义务。

(4) 合同涉及面广

在合同的签订和履行过程中会涉及建设单位、施工单位和设计、监理、质检、咨询、材料设备供应等单位及银行、保险公司、主管部门等。各单位相互联系协调都是以合同为基础的。

(5) 合同风险大

由于施工合同涉及内容多、金额大、周期长、涉及面广,履行过程中存在不可预见因素及激烈的竞争,造成施工合同比一般经济合同具有更大的风险。

8.1.2 施工合同的作用

施工合同是就某一工程项目的施工内容和要求,明确签订当事人责、权、利关系的合同文件，它除了具有经济合同一般作用外，还具有以下作用：

(1) 计划作用

施工合同的计划作用体现在三个层次。一是实现国家或地方建设计划的重要手段，施工合同的订立和履行实际上是实现国家建设计划和指标的过程。二是施工企业经营计划的体现，施工企业通过签订施工合同承包工程，实现企业的经营计划。三是通过合同条文的规定，确保工程按计划施工、按期完工。

(2) 组织管理作用

施工合同确定了工程项目施工及管理的目标。对于工程的质量、工期、费用和安全等提出具体目标，为施工过程中的质量控制、进度控制和费用控制以及工程施工过程的监理监督提供了依据。

(3) 法律保障作用

合同一旦签订，合同当事人之间即形成一定的经济法律关系。合同中明确规定工程项目各环节的组织协调关系，明确了合同当事人的权利、义务关系。便于实现投资、设计、施工、监理、供货等环节相互协作。各方都必须按照合同中各条款规定内容履行应尽的义务，享受应得的权益。一旦发生纠纷，应以合同作为解决纠纷的主要依据。

8.1.3 施工合同的内容

施工合同的内容应包括工程范围、建设工期、中间交工工程的开工和竣工时间、工程质量、工程造价、技术资料交付时间、材料和设备供应责任、拨款和结算、竣工验收、质量保修范围和质量保证期、双方相互协作等条款。

8.1.4 施工合同的分类

(1) 按合同适用范围分

有建设工程勘察设计合同，建筑工程施工准备合同，建筑工程施工合同，材料、成品、半成品或设备供应合同，劳务合同。其中建筑工程施工合同又包括土建工程施工合同、建筑设备安装施工合同、装饰工程施工合同、修缮工程施工合同、机械设备安装施工合同等。

(2) 按承包方式分

有工程总承包合同、工程分包合同、劳务分包合同、联合承包合同等。

(3) 按计价方式分

① 固定工程总价合同

又称总包干合同，建设单位与工程承包单位根据招标文件和施工图纸资料商定的工程内容和造价，一次性包死。除非建设单位要求变更原定的承包工程内容，工程造价不得更改。

② 固定单位造价合同

发包单位与承包单位根据招标文件和施工图纸资料共同确认工程内容，确定每一单位的工程造价，并以此为根据签订施工合同。

③ 固定总价加奖金合同

发包单位与承包单位共同确定一个固定工程总价，并规定奖金计算条件和办法。

8.2 建筑设备安装施工合同示范文本

8.2.1 示范文本组成

为了完善经济合同制度，解决施工合同存在的合同文本不规范、条款不完备、执行过程易发生纠纷的情况，我国根据有关法规、法律，借鉴国际经验，结合我国国情颁布了《建筑施工合同（示范文本）》。示范文本由《通用条款》、《专用条款》、《协议条款》和附件组成。

《通用条款》共11部分47条，为一般工程所具备的共同条款，基本适用于公共建筑、民用建筑、工业厂房、交通设施和管线道路等的施工和设备安装工程。其作用在于全面地对合同中涉及的各方面做出解释和给出普遍规定，除了双方经过协商就其中的某些条款进行修改、补充或取消，双方都必须履行。《通用条款》为双方签订合同提供一个提纲和参考，以防甲乙双方在签订合同时遗漏或由于表达含糊带来合同履行中发生纠纷。《通用条款》具体内容见下一节介绍。

《专用条款》部分是根据工程实际情况，按照《通用条款》中各条款的顺序，对《通用条款》条款的补充和具体化。《通用条款》只对合同的各方面做出了原则上和普遍性的规定，由于各实际工程的工程性质、施工内容、施工环境和条件各异，施工单位的施工能力不同，建设单位对工程的工期、质量、进度、造价等要求也不尽相同，需要根据双方协商结果，对《通用条款》进行补充、修改。《专用条款》中的条款号与《通用条款》中的条款号对应。

《协议书》是施工合同中总纲性文件，是工程承包人和发包人根据有关法律，在平等、自愿、公平和诚实信用的原则下，就工程施工中最基本、最重要的事项协商一致而订立的合同。它规定了合同当事人双方最主要的权利和义务，规定了合同的文件组成和双方对履行合同的承诺。建设单位和施工企业签字盖章后，《协议书》即具有法律效力。《协议书》主要包括以下内容：

(1) 工程概况；
(2) 工程承包范围；
(3) 合同工期：开、竣工时间和合同工期总日历天数；
(4) 质量标准；
(5) 合同价款；
(6) 合同文件：合同协议书，中标通知书，投标书及附件，合同专用条款、合同通用条款，标准、规范及有关技术文件，图纸，工程清单，工程报价表或预算表等；
(7) 协议书中的有关词语含义与合同示范文本《通用条款》中的定义相同；
(8) 承包人向发包人承诺按照合同约定进行施工、竣工及质量保证期内的保修责任；
(9) 发包人向承包人承诺按照合同约定的期限和方式支付合同价款和其他应支付的款项；
(10) 合同生效：合同订立的时间、地点及约定生效时间。

8.2.2 示范文本

第一部分 协 议 书

发包人（全称）： ××市×××房地产开发公司
承包人（全称）： ××市×××建筑工程公司

依照《中华人民共和国合同法》、《中华人民共和国建筑法》及其他有关法律、行政法规，遵循平等、自愿、公平和诚实信用的原则，双方就本建设工程施工项目协商一致，订立本合同。

一、工程概况

工程名称： ××大厦工程
工程地点： ××市××路南段
工程内容： 空调系统安装
群体工程应附承包人承揽工程项目一览表（附件1）
工程立项批准文号： XJB第2000—18
资金来源： 承包人自筹

二、工程承包范围
承包范围： 空调系统、排风系统、防烟排烟系统安装

三、合同工期
开工日期： 2018年4月1日
竣工日期： 2018年6月20日
合同工期总日历天数 81天

四、质量标准
工程质量标准： 省级优良

五、合同价款
金额（大写）： 陆佰壹拾捌万捌仟元（人民币）
￥： 6188000.00 元

六、组成合同的文件

组成本合同的文件包括：①本合同协议书，②中标通知书，③投标书及其附件，④本合同专用条款，⑤本合同通用条款，⑥标准、规范及有关技术文件，⑦图纸，⑧工程量清单，⑨工程量清单报价书（综合单价）。双方有关工程的洽商、变更等书面协议或文件视为本合同的组成部分。

七、本协议书中有关词语含义与本合同第二部分《通用条款》中分别赋予它们的定义相同。

八、承包人向发包人承诺按照合同约定进行施工、竣工并在质量保修期内承担工程质量保修责任。

九、发包人向承包人承诺按照合同约定的期限和方式支付合同价款及其他应当支付的款项。

十、合同生效
合同订立时间： 2018年2月28日

合同订立地点：___×××房地产开发公司___
本合同双方约定___本合同签订后立即生效___

发包人：（公章）　　　　　　　　　承包人：（公章）
　　××市×××房地产开发公司　　　　　　××市×××建筑工程公司
住　　所：××市××路×号　　　　住　　所：××市××路×号
法定代表人：×××　　　　　　　　法定代表人：×××
委托代表人：×××　　　　　　　　委托代表人：×××
电　　话：××××××　　　　　　电　　话：××××××
传　　真：××××××　　　　　　传　　真：××××××
开户银行：××××银行　　　　　　开户银行：××××银行
账　　号：×××××××××　　　账　　号：×××××××××
邮政编码：××××××　　　　　　邮政编码：××××××

专 用 条 款

一、词语定义及合同文件
1. 词语定义
2. 合同文件及解释顺序
合同文件组成及解释顺序：按照合同示范文本通用条款
3. 语言文字和适用法律、标准及规范
3.1　本合同除使用汉语外，还使用___无___语言文字
3.2　适用法律和法规
需要明示的法律、行政法规：___无___
3.3　适用标准、规范
适用标准、规范的名称：GB 50243—2016、GB 50274—2010、GB 50738—2011
发包人提供标准、规范的时间：___2018年3月5日___
国内没有相应标准、规范时的约定：___经双方认可按照行业习惯执行___
4. 图纸
4.1　发包人向承包人提供图纸日期和套数：___2018年3月2日，3套___
发包人对图纸的保密要求：___按照合同示范文本通用条款要求___
使用国外图纸的要求及费用承担：___无___

二、双方一般权利和义务
5. 工程师
5.2　监理单位委派的工程师
姓名：___×××___　职务：___经理___　发包人委托的职权：审查承包人提出的施工组织设计、施工方案和施工进度计划，提出改进意见；检查工程使用的材料和设备规格和质量；控制工程质量和进度；监督施工技术标准执行；工程验收和签署付款凭证；协调发包人和承包人争议。

　　需要取得发包人批准才能行使的职权：___无___
5.3　发包人派驻的工程师

姓名：___×××___　职务：___科长___　职权：___发布开工、暂停施工和复工令；确认监理工程师签署的变更、移交、缺陷和付款等凭证；审核工程索赔。___

7. 项目经理

姓名：___×××___　职务：___经理___

8. 发包人工作

8.1　发包人应按约定的时间和要求完成以下工作：

（1）施工场地具备施工条件的要求及完成的时间：___2018 年 3 月 25 日前，提供现场仓库用地和加工场地，大厦土建施工满足空调系统安装条件。___

（2）将施工所需的水、电、通信线路接至施工场地的时间、地点和供应要求：___利用已有的临时设施。___

（3）施工场地与公共道路的通道开通时间和要求：___2018 年 3 月 25 日，具备大型设备运输条件。___

（4）工程地质和地下管线资料的提供时间：___2018 年 3 月 5 日___

（5）由发包人办理的施工所需证件、批件的名称和完成时间：___2018 年 3 月 20 日___

（6）水准点与坐标控制点交验要求：___2018 年 3 月 5 日___

（7）图纸会审和设计交底时间：___2018 年 3 月 8 日___

（8）协调处理施工场地周围地下管线和邻近建筑物、构筑物（含文物保护建筑）、古树名木的保护工作：___无___

（9）双方约定发包人应做的其他工作：___2018 年 3 月 28 日前，发包人保证冷水机组等设备到货___

8.2　发包人委托承包人办理的工作：___无___

9. 承包人工作

9.1　承包人应按约定时间和要求，完成以下工作：

（1）需由设计资质等级和业务范围允许的承包人完成的设计文件提交时间：___2018 年 3 月 10 日。___

（2）应提供计划、报表的名称及完成时间：___2018 年 3 月 15 日前提交施工进度计划、物资资料供应计划、机械需用量计划和工程进度款支付计划。___

（3）承担施工安全保卫工作及非夜间施工照明的责任和要求：___承包人负责施工现场安全保卫、防盗、消防和文明施工，在原有设施的基础上解决非夜间施工照明。___

（4）向发包人提供的办公和生活房屋及设施的要求：___利用原有的办公和生活房屋及设施。___

（5）需承包人办理的有关施工场地交通、环卫和施工噪声管理等手续：___利用原有手续。___

（6）已完工程成品保护的特殊要求及费用承担：___无___

（7）施工场地周围地下管线和邻近建筑物、构筑物（含文物保护建筑）、古树名木的保护要求及费用承担：___无___

（8）施工场地清洁卫生的要求：按通用条款要求。

（9）双方约定承包人应做的其他工作：___无___

三、施工组织设计和工期
10. 进度计划
10.1 承包人提供施工组织设计（施工方案）和进度计划的时间：<u>2018年3月15日</u>

工程师确认的时间：<u>2018年3月23日</u>。
10.2 群体工程中有关进度计划的要求：<u>无</u>
13. 工期延误
13.1 双方约定工期顺延的其他情况：<u>发包人未能按时提供其供应的设备超过8小时</u>。

四、质量与验收
17. 隐蔽工程和中间验收
17.1 双方约定中间验收部位：<u>裙房部分施工完成</u>。
19. 工程试车
19.5 试车费用的承担：<u>承包人承担</u>

六、合同价款与支付
23. 同价款及调整
23.2 本合同价款采用<u>固定总价</u>方式确定，合同价款中包括的风险范围：<u>无</u>。
24. 工程预付款
发包人向承包人预付工程款的时间和金额或占合同价款总额的比例：<u>2018年3月10日前支付合同总价的25％，计1547000.00元作为预付工程款</u>。

扣回工程款的时间、比例：<u>完成工程量30％时，扣回预付工程款50％；完成工程量50％时，扣回预付工程款30％；完成工程量80％时，扣回预付工程款20％</u>。

25. 工程量确认
25.1 承包人向工程师提交已完工程量报告的时间：<u>完成工程量7日内</u>
26. 工程款（进度款）支付
双方约定的工程款（进度款）支付的方式和时间：<u>完成工程量30％时，支付合同总价的25％；完成工程量50％时，另支付合同总价的20％；完成工程量80％时，另支付合同总价的30％；工程竣工后，另支付合同总价的20％；其余5％作为质量保证金，一年后支付。支付方式为转账支票</u>。

七、材料设备供应
27. 发包人供应
27.4 发包人供应的材料设备与一览表不符时，双方约定发包人承担责任如下：
（1）材料设备单价与一览表不符：<u>由发包人承担所有价差</u>。
（2）材料设备的品种、规格、型号、质量等级与一览表不符：<u>经发包人同意，承包人可代为调剂替换，由发包人承担相应费用。承包人负责检验或试验材料设备，不合格的不得使用，检验或试验费用由发包人承担</u>。
（3）承包人可代为调剂替换的材料：<u>无</u>
（4）到货地点与一览表不符：<u>由发包人负责运至一览表指定地点</u>。

(5) 供应数量与一览表不符： 供应数量少于一览表约定的数量时，由发包人补齐，多于一览表约定数量时，发包人负责将多出部分运出施工场地。

(6) 到货时间与一览表不符： 到货时间早于一览表约定时间，由发包人承担因此发生的保管费用；到货时间迟于一览表约定的供应时间，发包人赔偿由此造成的承包人损失，造成工期延误的，相应顺延工期。

27.6 发包人供应材料设备的结算方法： 合同总价以内部分，从合同总价内扣除。

28. 承包人采购材料设备

28.1 承包人采购材料设备的约定： 品种、规格、型号、质量应与材料设备供应一览表相符，并接受监理工程师检查。

九、竣工验收与结算

32. 竣工验收

32.1 承包人提供竣工图的约定： 竣工后 7 日内提供 5 套竣工图。

32.6 中间交工工程的范围和竣工时间： 冷水机组安装，裙房的空调系统、排风系统和防排烟系统风机盘管和水系统安装，2018 年 10 月 20 日。

十、违约、索赔和争议

35. 违约

35.1 本合同中关于发包人违约的具体责任如下：

本合同通用条款第 24 条约定发包人违约应承担的违约责任： 发包人未能按第 24 条约定支付预付工程款，承包人有权要求根据实际支付时间工期顺延。

本合同通用条款第 26.4 款约定发包人违约应承担的违约责任： 发包人未能按第 26 条约定执行付款时，承包人有权暂停施工，要求工期顺延；由发包人赔偿由此对承包人造成的经济损失；并按同期银行贷款利率向承包人支付拖欠工程价款的利息。

本合同通用条款第 33.3 款约定发包人违约应承担的违约责任： 除通用条款规定外，从第 29 日到 55 日每日期间，每延迟一日由发包人向承包人支付欠款额的 1‰作为经济赔偿。

双方约定的发包人其他违约责任： 无

35.2 本合同中关于承包人违约的具体责任如下：

本合同通用条款第 14.2 款约定承包人违约承担的违约责任： 每延迟一日由承包人向发包人支付合同款额的 1‰作为经济赔偿。

本合同通用条款第 15.1 款约定承包人违约应承担的违约责任： 承包人承担工程返修全部费用，并扣除未达要求部分工程费用 20‰，由此产生的工期延迟按上述条款执行。

双方约定的承包人其他违约责任： 无

37. 争议

37.1 双方约定，在履行合同过程中产生争议时：

(1) 请 ××市建设工程招标中心 调解；

(2) 采取第二种方式解决，并约定向仲裁委员会提请仲裁或向人民法院提起诉讼。

十一、其他

38. 工程分包

38.1 本工程发包人同意承包人分包的工程： 无

39. 不可抗力

39.1 双方关于不可抗力的约定：<u>按通用条款执行。</u>

40. 保险

40.6 本工程双方约定投保内容如下：

（1）发包人投保内容：<u>为建设工程和施工场地内的自有人员及第三方人员生命财产办理保险。</u>

发包人委托承包人办理的保险事项：<u>场地内用于工程的材料和待安装设备。</u>

（2）承包人投保内容：<u>为从事危险作业的职工办理意外伤害保险，并为施工场地内自有人员生命财产和施工机械设备办理保险。</u>

41. 担保

41.3 本工程双方约定担保事项如下：<u>发包人向承包人提供付款担保，承包人向发包人提供质量担保和工期担保。</u>

（1）发包人向承包人提供履约担保，担保方式为：<u>担保合同作为本合同附件。</u>

（2）承包人向发包人提供履约担保，担保方式为：<u>担保合同作为本合同附件。</u>

（3）双方约定的其他担保事项：<u>无。</u>

46. 合同份数

46.1 双方约定合同副本份数：<u>8 份。</u>

47. 补充条款

附件1：承包人承揽工程项目一览表（略）

附件2：发包人供应材料设备一览表（略）

附件3：工程质量保修书（略）

8.3 FIDIC土木施工合同条款

8.3.1 简介

《土木施工合同条款》是国际咨询工程师协会"FIDIC"总结各国在土木建筑工程施工承包方面的经验，几经改编完善，从法律、技术、管理、经济等方面详细规定了发包方、承包方和监理方的责任、义务和权益的国际通用的合同。《土木施工合同条款》已被许多国家广泛采用，成为国际工程承包的合同的范本。各国也根据该合同内容，结合本国特点制定土建工程的合同范本。了解FIDIC土木施工合同条款，对于完善我国施工合同，我国施工企业进行国际工程承包谈判、承包国际工程项目都有积极作用。

8.3.2 组成部分

FIDIC土木施工合同由通用条款、专用条款、投标书及附件、协议书组成。

通用条款涉及各方的责任和权益，工程劳务，材料和设备，工期，付款，变更，合同管理等各方面内容。条款共有72条194款，内容包括：定义及解释；工程师及工程师代表；转让及分包；合同文件；一般义务；劳务；材料；工程设备和工艺；暂时停工、开工及延误；缺陷责任；变更、增添和省略；索赔程序；承包商设备、临时工程和材料；计量；备用金；指定的分包商；信用证与支付；补救措施；特殊风险；解除合同；纠纷处理；通知；业主违约；费用和法规的变更；货币及汇率等25个小节。通用条款是一个全面的标准合同范本，普遍适用于各种工程项目。

尽管通用条款针对地区、各行业已分类编制了详尽的合同样本，但由于各个工程的具体特点和工程所在地的具体情况不同，实际的合同不能照搬通用条款，而要对其中的个别项目适当调整。专用条款是根据具体工程特点，对于通用条款的选择、补充或修正。专用条款的序号应与所调整的通用条款序号相同。

专用条款包括以下三方面内容：
① 疏浚与填筑工程的有关条款；
② 对于通用条款的修正、补充或替代条款；
③ 作为合同文件组成部分的某些文件的标准格式。

FIDIC土木施工合同编制了标准的投标书、协议书和投标书的附件。标准的投标书和投标书的附件由投标人在规定的空格或表格中填写后递交。标准协议书由双方在空格处填写相应的内容，签字或盖章后即可生效。

8.3.3 有关条款

按条款功能不同，FIDIC土木施工合同可划分为权义性条款、管理性条款、经济性条款、技术性条款和法律性条款五个方面。

（1）权义性条款

权义性条款分为四个方面的内容：

① 合同文件组成和术语定义

FIDIC土木施工合同规定的合同文件由合同协议书、中标通知书、投标书、专用条款、通用条款和组成合同的其他文件共同组成，体现合同完整的法律效力。术语定义是明确合同中各术语的涵义和解释语言，以免由于发生理解歧义，引起纠纷。

② 业主的权益

业主有对工程的发包、指定分包权利，业主对工程质量、进度控制的权利。业主应承担向承包商提供施工场地、图纸，向承包商按期付款，协助承包商工作等义务；应承担由于战乱、政变、污染、无法预测的自然力产生的风险，由于设计不当或提前使用造成的损失等。

③ 承包商的权益

承包商有付款或奖金合理要求，有获取由于业主或监理方原因造成损失的赔偿的权利。承包商应承认合同，并承担合同中规定的本方的全部义务，不得没有经过业主同意将合同或合同的一部分转让给第三方，遵守工程所在地的法律法规，执行监理工程师指令，照管工程、材料、设备和人员安全，完成工程和负责修补缺陷等。

④ 监理方权力和职责

监理工程师可以执行合同中规定或从合同中必然引申出的权力。监理工程师有权任命监理工程师代表和反对承包商授权的承包方施工监督管理人员；有权要求暂停施工、负责审核承包商索赔申请。监理工程师的职责包括：接受业主委托监督管理承包商的施工；向承包商发布指示，解释合同文件；评价承包商建议；保证材料质量和工艺符合规定；批准工程测量值和校核承包商向业主提交的付款申请；调解业主与承包商之间的合同争议和纠纷等。

（2）管理性条款

① 合同责任方面的条款

主要有承包商有向业主提交履约保证金的责任；保管施工图纸、现场材料、设备和临时工程的责任；处理交通、设施使用费和专利、污染等问题的责任；向业主移交发掘出的文物古迹，由业主根据相应法律和法规处理的责任；向同一施工现场其他承包商提供方便的责任；执行监理方指令的责任；按时开工、按进度计划和质量要求施工的责任等。

② 管理程序方面的条款

包括签订合同前业主有关手续的办理，并向承包商移交程序；工程款支付的方式和程序；工程竣工验收和移交程序；由于业主违约，承包商要求解除合同的程序等。

(3) 技术性条款

包括进度控制和质量控制两方面内容。进度控制条款包含合同签订后承包方提供施工进度计划和说明，施工中定期进度报告，工程进度延缓后的赶工，非承包商责任造成的工期延长等。质量控制条款包括承包商应按照合同、图纸和监理工程师要求施工，工程中使用的材料、设备和采用的工艺必须符合合同要求，并接受监理工程师的检查，承包商按照监理工程师要求对工程缺陷进行修补、重建。

(4) 经济性条款

包括工程保险、承包商设备保险、人身保险和第三者责任保险等各种保险的投保规定；合同执行过程中中期付款、竣工结算条款和备用金使用、滞留金扣留和退还等条款；合同被迫终止时结算的有关条款；有关变更涉及的经济方面问题的条款；其他由于额外实验、检查，货币和价格调整，国家法律、法令或政策变更等引起的经济问题。

(5) 法律性条款

主要包括选择并明确使用的法律，解决和仲裁争端的条款，劳务人员的工资标准、劳动条件、安全健康、食宿遣返、宗教习俗等条款和其他涉及法律问题的条款。

8.4 建筑设备安装施工合同谈判与订立

8.4.1 合同谈判

(1) 谈判准备

谈判是一个双方为各自利益和目标企图说服对方，互相让步，最终达成协议的过程。要达到谈判目的，首先要作好谈判的准备工作。谈判准备包括组织谈判人员、了解工程情况、明确谈判目标、分析对方情况、估计谈判结果和安排谈判议程。

参加谈判的代表成员的素质反映所代表方的企业形象。业务能力强、经验丰富和素质高的代表成员在谈判中能掌握谈判的根本问题、分析对方心理、维护本单位利益、根据谈判过程的实际情况，运用谈判技巧，达到谈判目的。谈判前了解工程情况，是确定谈判目标的基础。了解工程情况，在谈判中才能有的放矢，避免由于不了解工程情况造成谈判漏项损失或目标过高而难以达成协议。谈判的目标有多种，如施工单位的盈利目标、扩大知名度目标、进入或占有市场目标、建设单位的投资目标、工期目标和质量目标等。不同的目标，谈判的侧重点、态度、诚意不同。谈判是与对方就某一问题进行当面交流的过程，因此必须对对方的目标、要求和关键人员的态度、心理进行分析，在谈判中才能抓住关键问题、引起对方兴趣。在谈判前还应该充分准备有关文件资料、安排谈判议程,保证在谈判中能有理有据,引导谈判方向、控制谈判节奏。

(2) 谈判技巧

由于谈判是一个相互说服、相互让步的过程,在谈判过程中要审时度势,利用一些技巧,达到目的。常用的一些谈判技巧如下:

① 承包商应反复强调自身的优势、特点,加深对方的印象;建设单位则强调竞争性和对方的不利因素。

② 抓住工作范围、价格、支付条件、工期、违约责任等实质性问题,不轻易让步;并利用其他次要问题转移对方注意力。承包商在出价时充分利用非价格因素,如技术、经验等。

③ 根据对方态度、心理采取对策,在价格谈判中采用灵活的让价策略。当竞争较少时,承包商先采用坚持不让步,削弱对方信心后再稍做让步;当竞争激烈时,可先作较大幅度的让价,吸引对方,继续谈判中少让价。建设单位可充分利用竞争作用,从承包商之间的竞争中渔利,也可将让步作为继续谈判或签约的条件,要挟承包商让价。

④ 在谈判中应尽量不要让对方看出自己的心理价位或底线条件。

⑤ 在谈判中还应该注意语言文字准确清楚,以免引起歧义,日后产生纠纷;避免有名无实的条款;防止因谈判考虑不周引起的潜在损失等。

(3) 主要谈判内容

① 工作范围、承包方式;

② 开、竣工日期和保修期;

③ 工程总价、预付款、保证金等和付款方式;

④ 工程有关罚款和奖金的条件和计算、执行方法;

⑤ 工程变更和增减工程款的手续;

⑥ 有关工程质量、施工工艺标准、规程;

⑦ 承包商、建设单位和监理单位的权利和义务;

⑧ 违约责任,合同纠纷的解决办法和地点;

⑨ 其他未尽事宜的解决办法等。

8.4.2 合同订立

(1) 合同订立的原则

① 施工合同必须依法订立

施工合同必须依据《中华人民共和国经济合同法》、《建筑法》、《建筑安装工程承包合同条例》、《建筑工程施工合同管理办法》等法律、法规订立,合同的内容、形式均不得违反有关法律规定,也不得在违反其他法律、法规的基础上签订合同,或通过合同从事违法活动。

② 施工合同应严密完善

由于施工合同履行时间长、涉及面广,合同主体之间有连带的权利和义务关系,在订立合同时,要求合同条款完整、严密、细致,不留漏洞,避免日后履行中发生纠纷。

③ 施工合同应体现平等、互惠和协作关系

与其他经济合同一样,施工合同必须体现订立双方平等互惠的关系。订立合同的当事人在法律地位上是平等的,其各自的权利和义务也是对等的,双方需要相互协作才能实现合同中规定的双方的权利,任何一方都不得干预合同的合法执行,或将自己的意志强加于对方。合同的变更或解除需要经过双方共同认可。

④ 施工合同具有强制性和严肃性

施工合同体现合同主体之间的法律关系,合同中规定的当事人的权利、义务和责任受法律保护和限制。合同一旦订立,当事人必须按合同履行其规定义务,任何其他人无权阻碍当事人合法履行合同,否则要承担法律责任。

(2) 合同生效

合同订立后,若法律上对所订立的合同无专门规定,则根据当事人的意愿,合同立即生效;若另有法律规定,则合同订立后要经过主管部门的认可,或经过司法公证后才能生效。合同生效的标准是:合同的内容是合法的,并符合国家和社会利益的;合同当事人订立合同是真实自愿的;必要时合同经过主管部门签证和司法公证。

8.5 施工合同履行

8.5.1 施工合同履行方式

施工合同签订生效后,即具备法律效力,合同当事人必须依法履行合同内容。建设工程合同的履行,是指当事人双方按照建设工程合同规定的标的、价金、期限、地点、方式等条款,全面适当地完成各自的义务,实现建设工程合同的目的和内容。履行方式主要有以下几种:

(1) 实际履行

建设工程合同的实际履行,是指建设工程合同当事人按照合同的约定,完成各自的义务,不得不履行或用其他方式替代履行;在一方违约时,另一方有权要求违约方按照合同的约定,在客观可能的条件和限度内继续完成应尽的义务。按照实际履行的原则,招标人和中标人都不得转让定标后的建设工程项目;双方都有根据合同的性质、目的和交易习惯履行通知、协助、保密等义务;合同生效后,双方不得因姓名、名称的变更或法定代表人、负责人、承办人的变动而不履行合同的义务。

(2) 全面履行

建设工程合同的全面履行,是指当事人对合同规定的所有义务不折不扣地履行。如果当事人只完成建设工程合同规定的部分义务,称为不完全履行或部分履行。对部分履行,债权人有权拒绝,但部分履行不损害债权人利益的除外。因债务人部分履行而给债权人增加的费用,由债务人负担。

(3) 适当履行

对建设工程合同的适当履行,是指建设工程合同履行的主体、标的、时间、地点和方式等,都符合合同规定的要求,合同生效后,当事人就质量、价款或报酬、履行地点等内容没有约定或约定不明确的,可以协议补充;不能达成补充协议的,按照合同有关条款或交易习惯确定;按照合同有关条款或交易习惯仍不能确定的,适用下列规定:

① 质量要求不明确的,按照国家标准、行业标准履行,没有国家标准、行业标准的,按照通常标准或符合合同目的的特定标准履行。

② 价款或报酬不明确的,按照订立合同时履行地的市场价格履行;依法应当执行政府指导价的,按照规定履行;在合同约定的交付期限内政府价格调整时,按交付时的价格计价;逾期交付标的物的,遇价格上涨时,按原价格执行;价格下降时,按新价格执行;逾期提取标的物或者逾期付款的,遇价格上涨时,按新价格执行;价格下降时,按原价格执行。

③ 履行地点不明确的,给付货币的,在接受货币一方所在地履行;交付不动产的,在不动产所在地履行;其他标的的,在履行义务一方所在地履行。

④ 履行期限不明确的,债务人可以随时履行,债权人也可以随时要求履行,但应给对方必要的准备时间。

⑤ 履行方式不明确的,按照有利于实现合同目的的方式履行。

⑥ 履行费用的负担不明确的,由履行义务一方负担。

8.5.2 施工合同当事人的权利和义务

(1) 施工合同发包方的权利和义务

① 办理正式工程和临时设施范围内的土地征用、租用,申请施工许可执照和占道、爆破以及临时铁路专用线接岔等的许可证。

② 确定建筑(或构筑物)、道路、线路、上下水道的定位标桩、水位点和坐标控制点。

③ 开工前,接通施工现场水源、电源和运输道路,拆迁现场内民房和障碍物(也可委托承包方承担)。

④ 按双方商定的分工范围和要求,供应材料和设备。

⑤ 向经办银行提供拨款所需的文件(实行贷款或自筹的工程要保证资金供应),按时办理拨款和结算。

⑥ 组织有关单位对施工图等技术资料进行审定,按照合同规定的时间和份数交付承包方。

⑦ 派驻工地代表对工程进度、工程质量进行监督,检查隐蔽工程,办理中间交工工程验收手续,负责签证、解决应由发包方解决的问题,以及其他事宜。

⑧ 负责组织设计单位、施工单位共同审定施工组织设计、工程价款和竣工结算,负责组织工程竣工验收。

(2) 承包方的权利和义务

① 施工场地的平整、施工界区以内的用水、用电、道路和临时设施的施工。

② 编制施工组织设计(或施工方案),做好各项施工供应和管理。

③ 及时向发包方提供开工通知书、施工进度计划表、施工平面布置图、隐蔽工程验收通知、竣工验收报告;提供月份施工作业计划,月份施工统计报表、工程事故报告以及提出应由发包方供应的材料、设备的供应计划。

④ 严格按照施工图与说明书进行施工,确保工程质量,按合同规定如期完工和交付。

⑤ 已完工的房屋、构筑物和安装的设备,在交工前应负责保管,并清理好场地。

⑥ 按照有关规定提出竣工验收技术资料,办理工程竣工结算,参加竣工验收。

⑦ 在合同规定的保修期内,对属于承包方责任的工程质量问题,负责无偿修理。

8.5.3 违反施工合同的责任

施工合同的当事人既有一定的权利,也承担一定的义务。因此,当合同当事人有一方没有履行合同规定义务或违约,就会使另一方享有的权利受到损害,违约一方就要承担一定的违约责任。

违反施工合同责任,是指施工合同当事人不履行合同义务或履行合同义务不符合约定时依法应当承担的民事法律责任。不履行合同义务或履行合同义务不符合约定即通常所说的违约,包括不能履行、逾期履行、拒绝履行、不完全履行、受领迟延、迟延支付等各种形态。违反施工合同责任,实际上就是当事人因违约而引起的法律后果,通常主要是财产责任,既具有惩罚性,又具有补救性。至于具体责任形式,可以由当事人在法律允许的范围内约定。对于一般建筑安装工程项目,违反施工合同的责任通常包括以下内容:

(1) 发包方违反合同的责任

① 未按合同规定的时间和要求提供材料、场地、设备、资金、技术资料等,除竣工日期得以顺延外,还应赔偿承包方因此发生的实际损失。

② 工程中途停建、缓建或由于设计变更以及设计错误造成的返工,应采取措施弥补或减少损失,同时,应赔偿承包单位因停工、窝工、返工和倒运、人员和设备调迁、材料和构件积压等实际损失。

③ 工程未经竣工验收,发包单位提前使用或擅自动用,由此发生的质量问题或其他问题,由发包方自己负责。

④ 超过承包合同规定的日期验收,按合同的违约责任条款的规定,应偿付逾期违约金。

⑤ 不按合同规定拨付工程款,应按合同规定和银行有关逾期付款办法处理。

(2) 承包单位违反合同的责任

① 承包工程质量不符合合同规定,负责无偿修理或返工。由于修理或返工造成逾期交付的,应偿付逾期违约金。

② 承包工程的交工时间不符合合同规定的期限,应按合同中违约责任条款,偿付逾期违约金。

③ 由于承包方的责任,造成发包方提供的材料、设备等的损坏或丢失,应承担赔偿责任。

8.6 合同的变更、解除及合同争议处理

8.6.1 合同变更和解除

合同变更是指在合同仍然存在的前提下,由于施工条件的改变而不得不对合同中某些权利义务作相应修改。合同变更一经成立,原合同相应条款就要解除。发包方和承包方签订的建设工程施工合同是一种法律行为,任何一方都不能随意提出变更或解除合同的要求。但是《中华人民共和国经济合同法》、《建筑安装工程承包合同条例》规定,若确定发生下列情况之一时,可以按一定程序变更或解除施工合同:

① 当事人双方经过协商同意,并且不因此损害国家利益和影响国家计划的执行;

② 订立施工合同所依据的国家计划被修改或取消;

③ 当事人一方由于关闭、停产、转产、破产而确定无法履行施工合同；

④ 由于不可抗力或由于一方当事人虽无过失但无法防止的外因，致使施工合同无法履行；

⑤ 由于一方违约，使施工合同履行成为不必要。

当事人一方要求变更或解除经济合同时，应及时通知对方，因变更或解除合同使一方遭受损失的、除依法可以免除责任的外，应由责任方负责赔偿。其中可追究责任的变更有下列情况：国家计划调整；发包方要求缩短或延长工期，扩大或缩减工作范围和数量，暂停或缓建工程或部分工程；设计错误，设计所依据条件与实际不符，图与说明不一致，施工图的遗漏与错误等。

不可追究责任的变更有：固定总价合同，物价不正常波动；发生强烈自然灾害或其他不可抗力情况；国家标准修订等。

变更或解除施工合同的通知、答复和协议均应在事件后一定期限内采用书面形式提出。协议未达成以前，原施工合同仍然有效。施工合同的变更或解除如涉及国家指令性产品或项目，在签订变更或解除协议前应报下达计划的国家业务主管部门批准。

8.6.2 合同争议处理

施工合同的争议是指施工合同订立至完全履行前，合同当事人因对合同的条款理解产生歧义或因当事人违反合同的规定、不履行合同中应承担的义务等原因而产生的纠纷。发生争议后，双方都要继续履行合同或采取措施保全工程。但发生下列情况除外：当合同确已无法履行；双方协议停止施工；调解要求停止施工，且为双方接受；仲裁机关要求停止施工；法院要求停止施工。

合同争议的处理方式有和解、调解、仲裁和诉讼四种。

（1）和解

和解是指在合同发生争议后，合同当事人在自愿互谅的基础上，依据法律、法规的规定和合同的约定，自行解决合同争议。当合同争议产生时，当事人双方依照平等自愿的原则，自由、充分地进行意思表达，弄清争议的内容、要求和焦点所在，分清责任是非，在互谅互让的基础上，使合同争议得到及时圆满的解决。一般是在合同争议发生时，由一方当事人以书面形式向对方提出具体、完整的解决方案，另一方对提出的方案根据自己的意愿做出修改，或提出其他方案，双方对新方案进行反复的协商、修改，最终达成一致协议，并以书面的形式确认，作为对原合同的变更或补充。施工合同的和解应遵守合法、自愿、平等和互谅互让的原则。

（2）调解

调解是指当合同争议发生后，在第三人的参与和主持下，对双方当事人进行说服、协调和疏导工作，使双方当事人互相谅解并按照法律、法规的规定及合同的有关约定达成解决争议的过程。当合同争议产生后，双方当事人将自己的想法和解决方案通过调解人向对方提出；调解人在初步审查合同内容、发生争议的问题后选择调解的时间、地点和主持人，确定调解方式、方法，召集当事人说明争议的问题、原因和要求，研究证据材料，以事实为根据，以法律、法规为准绳，进行说服工作；在争议双方对争议分歧缩小后，调解人提出调解意见，并促成双方达成调解协议，签订调解书。调解应在自愿、合法和公平的原则下进行。根据调解人不同，调解的种类有民间调解、行政调解、仲裁调解和诉讼调解等。

（3）仲裁

仲裁当施工合同当事人发生争议，协商不成时，根据当事人之间的协议，由仲裁机构依照法律，对争议在事实上做出判断，在权益上做出裁决的过程。施工合同双方发生争议，应先根据平等、协商的原则先行和解、调解，尽量取得一致意见。若仍不能达成一致协议，则可要求有关主管部门调解或有管辖权的经济合同仲裁委员会仲裁。仲裁应在独立、自愿、一裁终局和先行调解的原则下进行。

施工合同纠纷的解决应首先采取调解方式。一般在施工合同协议条款中应预先写明双方同意的调解单位或调解方式。若施工合同的纠纷经调解仍无法解决，可送交工程所在地工商行政管理局的经济合同仲裁委员会进行仲裁。我国经济合同纠纷仲裁的程序如下：

仲裁的受理——调查和取证——保全措施——进行调解——案件的仲裁——仲裁决定的生效与执行。

已发生法律效力的仲裁决定书，当事人应当按照规定的期限自动执行。一方逾期不执行，另一方有权请求仲裁机关监督执行。

（4）诉讼

施工合同的诉讼是指合同争议的一方当事人诉诸国家机关，由人民法院对合同纠纷案件行使国家审判权，法院在按照法律程序查清事实、分清是非、明确责任、认定双方当事人的权利、义务关系，解决纠纷，裁判发生法律效力后，由国家强制执行。

8.7 工程索赔与反索赔

8.7.1 工程索赔与反索赔的内容

工程索赔是指承包人或发包人对由于非自身原因发生的建设工程合同规定之外的工作或损失，向对方提出的给予合理补偿的要求。一般把承包人向发包人提出的赔偿或补偿要求称为索赔；把发包人向承包人提出的索赔要求称为反索赔。

（1）建设工程索赔的内容

① 工程延期索赔。因业主要求延长工期，或未按合同要求提供施工条件，或因业主指令暂停或不可抗力事件等原因提出的索赔。

② 施工加速索赔。由于业主或监理工程师指令承包商加快施工速度，缩短工期，引起承包方人、财、物的额外开支而提出的索赔。

③ 不利现场条件索赔。是指在施工中由于地质条件变化或人为障碍使得施工现场条件异常困难和恶劣引起的索赔。

④ 工程范围变更索赔。由于业主或监理工程师指令增加或减少工程量或增加附加工程、修改设计、变更施工顺序等提出的索赔。

⑤ 其他索赔。如由于业主或监理工程师原因造成临时停工和工效降低；由于业主不正当的终止施工；由于拖欠工程款；由于业主承担的风险导致承包人损失；由于物价上涨或法规、货币、汇率变化造成的损失；由于拖欠工程款；由于合同条文漏洞或错误等产生的索赔。这种分类能明确指出每一项索赔的根源所在，使业主和工程师便于审核分析。

（2）建设工程反索赔的内容

① 施工责任反索赔。指由于承包人的施工质量未达到规定要求，或在保修期内未履行修补工程义务，发包人向承包人提出的索赔。

② 工期延误反索赔。由于承包人原因，工程未能按期完工，而给承包人造成经济损失而产生的索赔。

③ 对超额利润反索赔。由于工程量增多而承包人并不增加任何固定成本，或因法规变化使承包人降低了工程成本，业主要求回收由此产生的部分超额利润。

④ 对指定分包商的付款索赔。由于承包人未按合同要求向指定的分包商付款，业主向指定的分包商付款，并从承包人的付款中如数扣除。

⑤ 承包人不履行的保险费用索赔。承包人未按合同约定投保，业主可直接投保，并从工程承包款中扣除。

⑥ 业主正当终止合同或承包人不正当放弃工程的索赔。发包人合理终止合同，或承包人不正当放弃工程，发包人要求回收的合同未付工程款与新承包人完成工程工程款的差额。

⑦ 业主或第三方由于事故损失的索赔。由于工伤事故或其他原因给业主或第三方造成的人身或财产损失。

8.7.2 建设工程索赔程序

建设工程索赔程序，一般包括发出索赔意向通知、收集和提供索赔证据、编制和提交索赔报告、评审索赔报告、举行索赔谈判、解决索赔争端等。

① 发出索赔意向通知

索赔意向通知是一种维护自身索赔权利的文件。承包方发现索赔或意识到存在潜在的索赔机会后，要将自己的索赔意向在索赔事件发生后 28 天内，用书面形式通知业主或监理工程师。索赔意向通知主要包括以下几点内容：索赔事由发生的时间、地点、简要事实情况和发展动态；索赔所依据的合同条款和主要理由；索赔事件对工程成本和工期产生的不利影响。

② 索赔资料的准备

索赔的成功很大程度上取决于承包商对索赔做出的解释和真实可信的证明材料。因此，承包商要注意记录和积累保存工程施工过程中的各种资料，并可随时从中索取与索赔事件有关的证明资料。

③ 索赔报告的编写与提交

索赔报告是承包商向业主或监理工程师提交的一份要求业主给予一定经济补偿和（或）延长工期的正式报告。发出索赔意向通知后 28 天内，承包商应向业主或监理工程师提出补偿经济损失和（或）延长工期的索赔报告及有关资料。如果索赔事件影响持续延长，承包商应当分阶段性向业主或监理工程师报告，并在索赔事件终了后 28 天内，提交有关资料和最终索赔报告。业主或监理工程师在收到承包人送交的索赔报告和有关资料后 28 天内给予答复，或要求承包人进一步补充索赔理由和证据。若 28 天内未予答复，或未对承包人作进一步要求，视为该项索赔已经认可。

④ 索赔报告的评审

业主或监理工程师在接到承包商的索赔报告后，应当站在公正的立场，以科学态度及时认真地审阅报告，重点审查承包商索赔要求的合理性和合法性，审查索赔值的计算是否正确、合理。对不合理的索赔要求或不明确的地方提出反驳和质疑，或要求做出解释和补充。

⑤ 索赔谈判

业主或监理工程师经过对索赔报告的评审后，由于承包商常常需要做出进一步的解释和补充证据，而业主或监理工程师也需要对索赔报告提出的初步处理意见作出解释和说明。因此，业主、监理工程师和承包商三方就索赔的解决要进行讨论、磋商、谈判。

⑥ 索赔争端的解决

如果业主和承包商通过谈判不能协商解决索赔，就要将争端提交给监理工程师解决，监理工程师在收到有关解决争端的申请后，在一定时间内要做出索赔决定。业主或承包商如果对监理工程师的决定不满意，可以申请仲裁或起诉。

承包人未能按合同约定履行自己的各项义务或发生错误给发包人造成损失，发包人也按以上各条款确定时限和程序向承包人提出索赔。

8.8 施工合同的管理

8.8.1 合同管理的作用和内容

施工合同管理是指各级主管部门和合同当事人根据法律和自身的职责对合同的订立和履行进行指导、监督、检查和管理。主管部门的管理主要从法律和市场管理的角度出发，执行指导、监督、检查、考核和调解合同纠纷的作用。建设单位对合同的管理体现在合同的前期策划和签订后的监督方面。施工企业是合同内容的主要执行者，要把合同管理转换成企业生产经营机制，建立合同管理制度、制定管理办法和指定管理人员。

施工合同管理的整个过程可分为合同签订和合同履行过程两个阶段的管理。施工合同签订阶段管理的任务是提出合理的工程报价和签订公平、合理、有利的施工合同。工作内容包括合同类型的选择、投标策略、风险防范、合同分析、合同谈判和签订等方面。合同签订管理是合同履行过程管理的基础。合同履行阶段管理的目标是保证工程进度、质量、造价和双方权益能够实现，施工企业能够获得赢利和信誉。工作内容包括合同分析、合同资料的文档管理、合同事件网络、合同实施控制、合同变更和索赔管理等。

8.8.2 合同管理的特点

合同管理是项目管理的重要组成部分，是项目管理的核心。合同管理贯穿于工程的策划和实施的整个过程，完善的合同管理是项目管理中其他管理职能和项目目标实现的重要条件。由工程项目的特点决定合同管理具有下列特征：

（1）由于工程项目的工程量大、施工周期较长、变数多，一般情况下，工程合同的管理期较长、变更多、风险大、管理难度大。

（2）合同内容和条款多、涉及单位多、实施过程参与专业多，合同综合性强。

（3）工程项目造价高、市场竞争激烈，施工合同对经济效益影响大。

8.8.3 合同管理方法

（1）设立专门的合同管理机构和管理人员。合同管理是项目管理中的一个专业管理职能，必须由专业人员组成专门的合同管理机构负责合同管理。

（2）进行合同分析，落实合同责任。通过合同分析和合同交底，落实实施合同时的具体问题，明确各方或各施工小组的责任。用合同指导工程的实施。

（3）建立合同管理工作程序。建立严格的经常性合同管理工作程序和非经常性应变程序，规范合同管理工作，使合同管理有序、协调进行。

（4）建立报告和行文制度。严格的报告和行文制度是合同履行管理和避免纠纷的保证。合同报告和行文都以书面形式，并应有相关机构或人员签收手续。

（5）建立文档管理制度。建立合同文档管理制度，全面、科学、系统地收集、整理、保存合同管理中的大量资料、信息等。

8.9 安装施工合同的有关法规

有关施工合同的法规主要有：1997年第八届全国人大常委会第28次会议通过的《中华人民共和国建筑法》（2011年4月22日第十一届全国人大常委会第20次会议修订）。第九届全国人民代表大会第二次会议于1999年3月15日通过，于1999年10月1日起施行的《中华人民共和国合同法》（附录5）。2000年1月10日国务院第25次常务会议通过，2000年1月30日发布起施行的《建设工程质量管理条例》。国务院于2000年9月25日公布，2017年10月23日修订的《建设工程勘察设计管理条例》。2015年1月22日中华人民共和国住房和城乡建设部令第22号发布的《建筑业企业资质管理规定》。2017年由住房城乡建设部，国家工商行政管理总局修订的《建设工程施工合同》示范文本（附录6）。

电子课件说明

有关第8章"建筑设备安装工程施工合同"的内容，编写制作了"PPT 8-1 合同与合同法引论"、"PPT 8-2 施工合同实施方法"两个电子课件，每个电子课件均有"知识演示与互动学习"两大部分。在"知识演示"的第一部分中，在PPT 8-1课件中，主要涉及合同法演进与渊源（国际上合同法的产生与发展、我国合同法的产生与发展）、合同与合同法概述（合同概念与特征、合同法概念与特征等等）、安装工程施工合同概述（施工合同分类、施工合同的实施程序等）；在PPT 8-2课件中，主要涉及施工合同的订立与效力、施工合同履行、施工合同变更与转让、施工合同终止及违约责任、施工合同索赔及争议处理；在"互动学习"的第二部分中，根据有关第8章的"知识演示"所呈现内容的层次与水平，将问题分为三类：基础性问题、系统性问题、挑战性问题，在这三类问题中包括：概述题、填空题、选择题、综合分析题、思考题等，并给出了相应的参考答案要点。

思考题与习题

1. 什么是施工合同？施工合同的内容和分类是什么？
2. 示范文本中的《通用条款》、《专用条款》、《协议条款》以及附件是什么？
3. 什么是FIDIC土木施工合同条款？概述其组成部分的内容。
4. 在建筑设备安装施工合同的谈判和订立过程中应该注意的事项以及技巧是什么？
5. 什么是合同的变更和解除？相应的程序是什么？
6. 什么是工程索赔和反索赔及其相应内容是什么？

第9章 建筑设备安装工程施工组织设计

9.1 概 述

建筑设备安装施工是一项复杂的生产过程，施工过程涉及基本生产、附属生产和辅助生产等生产中各专业工种在时间和空间上的配合，要合理安排人力、资金、材料和机械等各生产因素，才能保证施工过程有组织、有秩序、按计划地进行。施工组织设计是对拟建工程施工过程进行规划和部署，以指导施工全过程的技术经济文件。

9.1.1 施工组织设计的任务

在施工组织设计中，要制定先进合理的施工方案和技术措施，确定施工顺序，编制进度计划，编制各种资源的需要和供应计划，进行施工现场布置规划。希望以最低的成本、最少的劳动力消耗、最合理的工期高质量地完成工程。具体任务体现在以下方面：

① 确定开工前必须完成的各项准备工作；
② 确定在施工过程中，应执行和遵循国家的法令、规程、规范和标准；
③ 从全局出发，确定施工方案，选择施工方法和施工机具，做好施工部署；
④ 合理安排施工程序，编制施工进度计划，确保工程按期完成；
⑤ 计算劳动力和各种物资资源的需用量，为后期供应计划提供依据；
⑥ 合理布置施工现场平面图；
⑦ 提出切实可行的施工技术组织措施。

9.1.2 施工组织设计的分类和内容

根据不同适用场合，施工组织设计分为内用型和外用型两种。外用型适用于施工企业投标过程。主要向招标机构或建设单位就投标项目施工组织方案进行说明，编制重点在于对施工企业资质条件、施工技术力量、施工队伍素质和与工程各方的协调上。内用型用于施工企业内部施工过程的组织管理。编制时施工条件已基本确定，编制重点在于组织的合理性和技术的可行性上。通常所说的施工组织设计是指内用型的。根据施工对象的规模和阶段，编制内容的深度和广度，施工组织设计可分为施工组织总设计、单位工程施工组织设计和分部工程施工组织设计。

（1）施工组织总设计

施工组织总设计是以整个建设项目群或大型单项工程为对象，对项目全面的规划和部署的控制性组织设计。是在初步设计阶段，根据现场条件，由工程总承包单位组织建设单位、设计单位和施工分包单位共同编制的。施工组织总设计的主要内容有：

① 工程概况

工程概况是对拟建工程的总说明，主要说明工程的性质、规模、建设地点、总投资、总工期，工程要求，建设地区的交通、资源及其他与施工有关的自然条件，人力、材料、预制件和机具的供应等。

② 施工部署

施工部署是对如何完成整个工程项目施工总设想的说明，是施工组织总设计的核心，主要内容包括确定拟建工程各项目的开、竣工程序，规划各项准备工作，明确各分包施工单位的任务，规划整个工地大型临时设施的布置等。

③ 总进度计划

施工总进度计划是根据施工部署所确定的工程开、竣工程序，对单位工程施工在时间上的安排。主要内容是确定施工准备时间、各单位工程的开、竣工时间，各项工程的搭接关系，工程人力、材料、成品、半成品和水电的需用量和调配情况，各临时设施的面积等。

④ 施工准备工作

其作用在于为施工过程创造有利的施工条件，保证工程施工能按施工进度计划进行。包括技术准备、现场施工准备、物资准备和施工队伍准备等。

⑤ 劳动力和主要物资需要量计划

是施工过程中劳动力和各种物资供应安排的依据，便于在施工中提前安排劳动力和各种物资。包括劳动力需要量计划，主要材料、成品、半成品等需要量计划和主要机具的需要量计划。

⑥ 施工总平面图

施工总平面图是包括施工工区范围内已建及拟建的建筑物、构筑物、各种临时设施、临时建筑、运输线路和供水供电等内容的总规划和布置图，是施工现场空间组织方案。

⑦ 技术经济指标

技术经济指标是评价一个施工组织总设计优劣的依据。主要包括以下指标：工期指标、劳动生产率指标、工程质量指标、安全生产指标、机械化施工程度指标、劳动力不平衡系数、降低成本率等。

(2) 单位工程施工组织设计

单位工程施工组织设计是以单位工程为对象对施工组织总设计的具体化，是指导单位工程施工准备和现场施工过程的技术经济文件。它是由施工单位根据施工图设计和施工组织总设计所提供的条件和规定编制的，具有可实施性。

单位工程施工组织设计主要包括以下内容：

① 工程概况和施工条件。单位工程的地点、工程内容、工程特点、施工工期和工程的其他要求。

② 施工方案。确定单位工程施工程序，划分施工段，确定主要项目的施工顺序、施工方法和施工机械，制定劳动组织技术措施。

③ 施工进度计划。确定单位工程施工内容及计算工程量，确定劳动量和施工机械台班数，确定各分部分项工程的工作日，考虑工序的搭接，编排施工进度计划。

④ 施工准备计划。单位工程的技术准备，现场施工准备，劳动力准备，施工机具和各种施工物资准备。

⑤ 资源需要量计划。单位工程劳动力、材料、成品、半成品和机具等的需要量计划。

⑥ 施工现场平面图。各种临时设施的布置，各施工物资的堆放位置，水电管线的布

置等。

⑦ 各项经济技术指标。单位工程工期指标、劳动生产率指标、工程质量和安全生产指标、主要工种机械化施工程度指标、降低成本指标和主要材料节约指标等。

⑧ 质量及安全保障措施和有关规定。

(3) 分部工程施工组织设计

分部工程施工组织设计是以分部工程为对象,用于具体指导分部工程施工的技术经济文件。所涉及的内容与单位工程施工组织设计相同,但更具体详尽。

9.1.3 编制施工组织设计的依据和原则

(1) 编制依据

① 工程的计划任务书或上一级的施工组织设计要求,建设单位的要求,设计文件和图纸,有关勘测资料。

② 国家现行的有关施工规范和质量标准、操作规程、技术定额等。

③ 施工企业拥有的资源状况、施工经验和技术水平。

④ 工程承包合同。

⑤ 施工现场条件等。

(2) 编制原则

① 严格遵守基本建设程序,保证重点、统筹安排,确保工程按期按质完成。

② 科学安排施工工序,合理安排各工序在时间和空间上的搭接,在保证质量的前提下,缩短工期。

③ 确保工程质量,推行全面质量管理,遵守施工操作规程和技术规范。重视安全教育,贯彻安全技术,落实安全防范措施,确保安全生产。

④ 积极采用先进的施工技术和施工组织方法,提高施工技术和组织管理水平。

⑤ 提高施工机械化水平和预制装配化程度,提高劳动生产率,加快施工进度。

⑥ 重视季节性施工措施,提高施工的连续性和均衡性。

⑦ 加强经济核算,注意节约,减少施工消耗和临时设施规模,努力降低成本。

9.2 流水施工

9.2.1 建筑设备安装施工展开的基本形式

由于建筑设备安装是建设工程施工的一部分,所以,与建设工程施工相同,建筑设备安装施工的基本展开形式有顺序施工法、平行施工法和流水施工法三种形式。

(1) 顺序施工法

将工程对象按劳动量划分成若干个施工段,各专业班组依次进入各施工段完成施工任务,一个施工段的施工任务全部完成后,再以同样的施工顺序进入下一个施工段施工。图9-1所示的是某一工程采用顺序施工法的施工过程和劳动力需用示例,图中各施工段工程量相同,且都由四个工序组成,各施工段对应工序的工程量相等。各工序施工持续时间和需用劳动力如下:

工序1:施工持续时间2天、需用劳动力10人; ▬

工序2:施工持续时间2天、需用劳动力8人; ▨

工序3：施工持续时间4天、需用劳动力10人；
工序4：施工持续时间2天、需用劳动力6人。

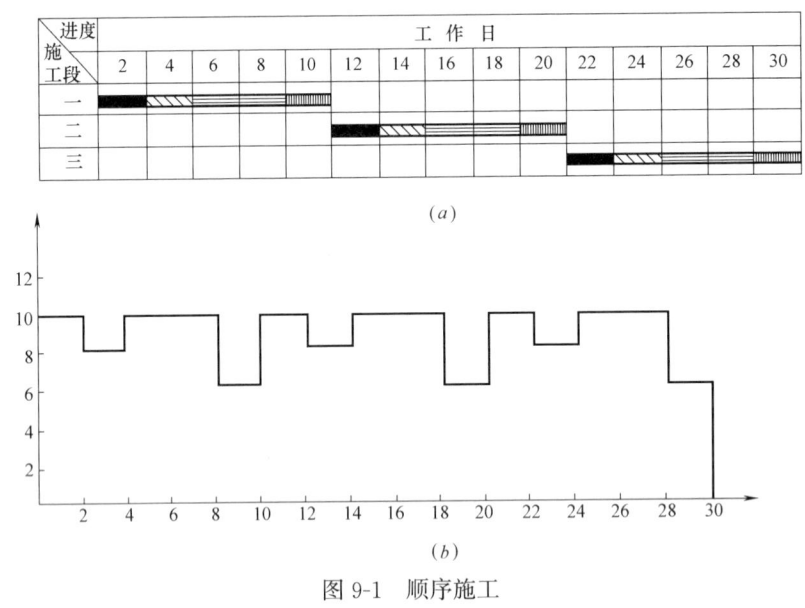

图 9-1　顺序施工
(a) 施工进度图；(b) 劳动力需用图

顺序施工法同时投入的劳动力和物资资源较少，但各专业班组的施工是间歇性的，有窝工现象，施工工期太长。只适用于工程规模小、对工期要求不紧或工作面有限的场合。

（2）平行施工法

平行施工法是指各专业班组同时进入各施工段，采用同样工序平行作业，同时竣工。上例所述的施工任务采用平行施工法施工时，施工进度和劳动力图需用如图9-2所示。

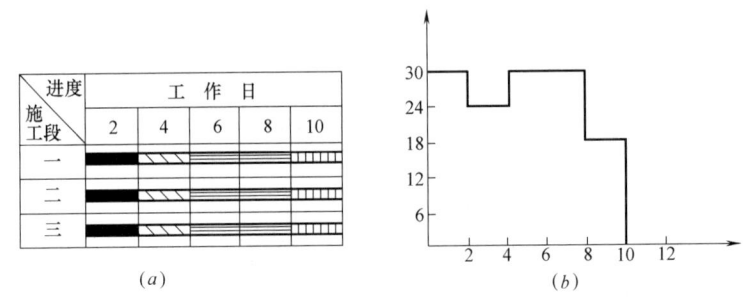

图 9-2　平行施工
(a) 施工进度图；(b) 劳动力需用图

平行施工法的特点是充分利用工作面，施工工期短；但同时投入的劳动力和物资资源与施工段的数量成倍数关系，各专业班组的施工是间歇性的。适用于工期要求紧的施工。

（3）流水施工法

流水施工法综合以上两种施工法的优点，每个施工段内各专业班组按工序依次施工，每个专业班组完成前一个施工段施工后进入下一个施工段施工。这样，各施工段的开、竣工间隔为一个专业班组施工时间。上例所述的施工任务采用流水施工法时的施工进度和劳动力如图 9-3 所示。

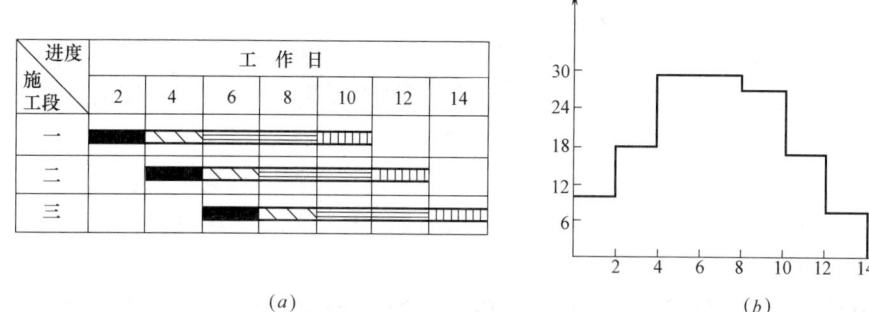

图 9-3　流水施工
(a) 施工进度图；(b) 劳动力需用图

流水施工法各专业班组和各施工面上都是连续施工，消除了窝工现象，便于提高施工人员的技术熟练程度，保证工程的质量和生产安全。施工过程对劳动力、材料和机具要求等能保持连续性、均衡性和节奏性，提高了施工经济效益。流水施工法是比较科学、先进的施工方法，在施工组织中应推广采用。

由图 9-1、图 9-2 和图 9-3 可见，对于同样的施工任务，采用顺序施工法工期太长（30 天）；平行施工法工期最短（10 天），但同时需要的人力和物资太多、太集中；流水施工需要的施工人力与顺序施工法相同，人力和物资供应均衡，工期合适，劳动生产率高。所以除了在特殊情况下采用顺序施工法或平行施工法外，实际施工过程各工序之间的展开大都采用流水施工法；或以流水施工法为主，对有特殊要求的施工过程采用其他两种形式穿插在流水施工中。以下对施工组织的介绍以流水施工为主。

9.2.2　流水施工的参数

为了能说明流水施工的内在规律、方便流水施工组织，需要引入流水施工在空间、时间和工艺上的一些参数。

(1) 施工过程（工序）数（n）

施工过程是指根据施工工艺要求将施工任务划分成若干个部分，每一部分由对应的专业班组完成施工。施工过程数与工程的复杂程度、施工工艺和工序划分的粗细有关。施工过程数要取值适当，施工过程划分过细，脱离现场施工实际，会使施工进度计划主次不分，且施工组织计算困难；划分过粗，则计划过于笼统，降低指导作用。一般来讲，主要的、工程量大的分部工程可划分细些；次要、工程量小或工序相同的施工过程可粗划或合并。

(2) 施工段数（m）

为了保证各专业班组在各工作面的施工不互相影响，便于流水施工，一般将施工对象划分成劳动量相等或大致相等的若干个施工段。施工段的划分应尽量利用施工对象本身的阶段性，如伸缩缝、沉降缝和抗震缝，中央空调系统中的各分区系统等。各施工段的工程量或劳动量尽量相近。施工段的划分不能过细，以免破坏施工的整体性或增加施工组织难度。每个施工段上的施工过程应有适当的工作量，避免工作量太小，造成施工过程频繁转换,降低施工效率和施工连续性;或工作量太大,降低施工连续性。每个施工段应有足够的施工面,以便于施工班组操作和保障安全施工。施工段应与施工过程数协调,为保证施工过程的连续性,要求施工段数满足:

$$\min(m) \geqslant n \tag{9-1}$$

当 $m>n$ 时,各施工班组能连续施工,但有停歇施工段。考虑到实际施工过程难以精确确定,需要留有一定时间余量,在实际施工中多采用 $m>n$。当 $m=n$ 时,各施工班组能连续施工,各施工段上始终都有施工作业,没有停歇施工段。理论上最理想,但实际工程中难以实现。当 $m<n$ 时,存在有些施工班组因无工作场地而停歇窝工现象。

(3) 流水节拍(t)

流水节拍是指在一个施工段上完成一个施工过程的持续时间。流水节拍的大小与施工过程可能投入的劳动力、机械和材料的数量、质量有关。流水节拍确定施工的速度和节奏。流水节拍的确定,一种是根据能投入的劳动力、机械台班数和材料量计算,计算公式如下:

$$t = \frac{Q}{SRB} = \frac{P}{RB} \tag{9-2}$$

式中 Q——某施工段的工作量;
S——产量定额,即每一工作日(或台班)的产量;
R——每班投入的工作人数(或机械台数);
B——每天工作班数;
P——某施工段所需要的劳动量(或机械台班数)。

另一种是根据工期要求确定:

$$t = \frac{T - t_{zj}}{m + n - 1} \tag{9-3}$$

式中 t_{zj}——施工技术间隔和组织间隔时间;
T——工期。

利用式(9-3)计算出流水节拍后,可利用式(9-2)反算出某施工段所需要劳动力或机械需要量。

(4) 流水步距(K)

流水步距是指相邻两个施工过程相继投入流水施工的时间间隔。流水步距反映相邻的两个施工过程前后搭接的程度,流水步距较大时,相邻的两个施工过程搭接较小。流水步距数目为施工过程数减1。

9.2.3 流水施工组织形式

(1) 流水段法施工组织

将施工对象划分成若干个施工段,每个施工段内的各个施工过程由各对应施工队伍按照一定的工艺顺序完成,施工队伍完成一个施工段内施工后,转入下一个施工段工作。根据各施工过程的流水节拍相等与否,流水段法又分为节奏性流水施工组织和非节奏性流水施工组织。

节奏性流水施工组织包括固定节拍流水施工组织和成倍节拍流水施工组织。

① 固定节拍流水施工

在流水施工中，各施工过程的流水节拍相等，流水步距等于流水节拍的施工方法称为固定节拍流水施工，施工进度如图 9-4 所示。

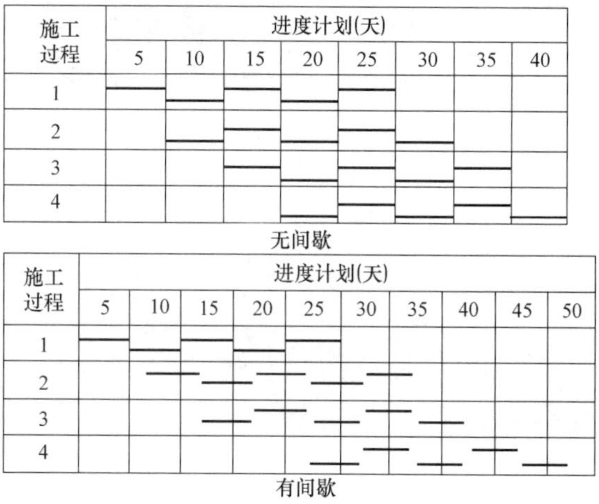

图 9-4 固定节拍流水

固定节拍流水施工有以下特点：
(a) 各施工过程的流水节拍相等，$t_1=t_2=t_3=\cdots=t$；
(b) 两个相邻施工过程的流水步距相等，$K_1=K_2=K_3=\cdots=K$；
(c) 流水段数为总施工过程数与施工间隔相当的施工过程数之和；
(d) 流水工期计算：

当各施工过程之间无间隔时：
$$T=(n-1)K+m \cdot j \cdot t=(m \cdot j+n-1)t \tag{9-4}$$
式中 j——施工层数。

当各施工过程之间有间隔时：
$$T=(m \cdot j+n-1)t+\Sigma G-\Sigma C \tag{9-5}$$
式中 G、C——施工间隔时间、施工过程搭接时间。

② 成倍节拍流水施工

当不同施工过程的流水节拍不相等，但各施工段的同一种施工过程流水的节拍相同时，可采用成倍节拍流水施工。在成倍节拍流水施工组织中，以工程量最小的施工过程的施工持续时间作为流水施工的流水节拍；对于工程量大的施工过程，增加施工班组。施工进度安排见图 9-5。

成倍节拍流水施工特点为：
(a) 流水步距等于各施工过程流水节拍的最大公约数；
(b) 各施工过程投入的施工班组数（b）为该施工过程持续时间除以流水步距；
(c) 流水工期为：
$$T=(m \cdot j+\Sigma b-1) \cdot K+\Sigma G-\Sigma C \tag{9-6}$$

③ 分别流水施工

当各施工过程持续时间不同，施工班组增加困难时，可采用分别流水法施工。分别流水施工的各施工过程在每个施工段上能保持连续施工，流水节拍维持不变。因为流水节拍

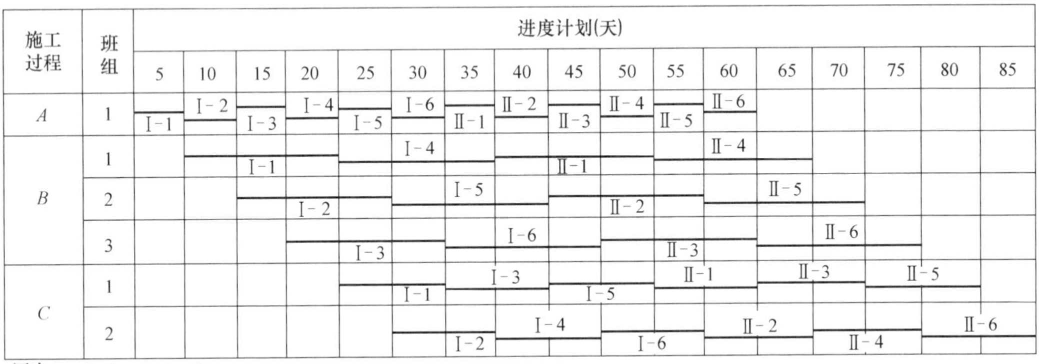

施工过程	班组	进度计划(天)																
		5	10	15	20	25	30	35	40	45	50	55	60	65	70	75	80	85
A	1	Ⅰ-1	Ⅰ-2	Ⅰ-3	Ⅰ-4	Ⅰ-5	Ⅰ-6	Ⅱ-1	Ⅱ-2	Ⅱ-3	Ⅱ-4	Ⅱ-5	Ⅱ-6					
B	1			Ⅰ-1					Ⅰ-4			Ⅱ-1			Ⅱ-4			
	2				Ⅰ-2				Ⅰ-5			Ⅱ-2			Ⅱ-5			
	3					Ⅰ-3			Ⅰ-6			Ⅱ-3			Ⅱ-6			
C	1							Ⅰ-1	Ⅰ-3	Ⅰ-5		Ⅱ-1		Ⅱ-3		Ⅱ-5		
	2							Ⅰ-2	Ⅰ-4	Ⅰ-6		Ⅱ-2		Ⅱ-4		Ⅱ-6		

图中 $t_A=2$，$t_B=4$，$t_C=6$。

图 9-5 成倍节拍流水进度

不同，流水步距不等于流水节拍。

采用分别流水施工组织时，应考虑各施工过程在工艺上的约束。有些工艺并不一定要求前一个施工过程完成后，下一个施工过程才能进入。在编排过程中应充分利用施工过程之间的搭接关系，保证主要施工过程连续施工，次要施工过程可断续施工。同一工程可编排不同的分别流水施工组织，各种流水施工组织的流水工期不一定相同，一般用试排法择优采用。

(2) 线性流水施工

在室外管道、线路、沟渠等线性工程施工中，工程在长度方向延伸很长距离。对此类工程的施工可不划分流水段，采用线性流水施工。线性流水施工是在工艺上相互关联的施工班组，以相同的速度按照工艺顺序进行施工作业，沿线性工程长度向前推移的施工方法。

在线性流水施工中，将工程划分为各个独立的施工过程，找出主导施工过程；确定主导施工过程投入的施工班组，从而得到主导施工过程的推进速度；再以该速度为准，确定其他施工过程的施工细部组织，使各施工过程能相互协调，以相同的速度完成各自的施工任务。

9.3 施工进度计划编制方法

建筑设备安装工程施工进度计划编制方法主要有横道图计划和网络图计划两种。横道图计划编制简单，各施工过程进度形象、直观，流水情况表达清楚；但只反映计划编制的结果，难以反映计划内部各工序的相互联系，不能对计划进行控制和调整。网络图计划虽然编制过程比较复杂，但能反映工程各工序之间的逻辑关系，突出关键线路，显示各工序的机动时间，便于在计划制定阶段进行优化、在实施阶段根据实际情况进行及时调整。在实际编制施工进度计划时，可以用网络计划技术编制计划和调整计划；用横道图计划来表达进度计划，完成执行和检查功能。本节主要介绍网络计划技术。

9.3.1 横道图施工进度计划

横道图计划又称水平图表计划。横道图形式如表 9-1 所示，图表由两部分组成。左边部分按施工顺序反映工程各施工项目（施工过程组合）的工程量、定额、劳动量、机械台班量、工作班制、劳动力人数和施工持续时间等内容，即反映工程量要求和预计投入的劳动力、机械和施工时间。右边用横线表示各施工项目的持续时间和时间安排，综合反映各施工项目相互关系及各施工班组在时间上和空间上的配合关系，即反映施工的进度安排。

横道图施工进度计划　　　　　　　　　　表 9-1

序号	施工项目	工程量		定额	劳动量		机械		工作班制	每班人数	工作日	进度日程								
												月						月		
		单位	数量		工种	工日	名称	台班				5	10	15	20	25	30	35	40	45

施工进度横道图应按照流水施工的原理编制，具体方法有两种：一种是根据已确定的各个施工项目的施工持续时间和施工顺序，凭编制人员的经验在上表右侧直接画出所有施工项目的进度线。另一种方法是先排主导施工项目的施工进度，将各主导施工项目尽可能的搭接起来，尽量能够保证主导施工项目连续施工，其他施工项目配合主导施工项目穿插、搭接或平行施工。

在实际编制过程中，根据进度计划编制对象情况，可能进行几个层面的排序。如在单位工程施工进度计划中，应先根据以上原则安排主导分部工程和其他分部工程，再对主导分部工程内寻找主导分项工程（或施工项目）按以上原则安排。

9.3.2 网络计划技术介绍

网络计划技术是利用网络图进行计划和控制的管理方法。其原理是用网络的形式表达出一个计划中各施工过程的先后顺序和相互关系；对网络计算后找出关键线路和关键工作；再以关键线路为主对网络进行优化，获得最优计划方案；在计划实施过程中，依据优化网络的网络图对执行过程进行控制和调整，以达到对人力、物资、资金和时间最合理的利用。

网络计划的核心是网络图，根据工序（施工过程）表达方式的不同，网络图分为单代号网络图和双代号网络图。单代号网络图上的一个节点代表一个工序，节点圆圈中标出工序的编号、名称和作业时间，节点之间的箭线只表示工序之间的衔接顺序，箭头所指方向为工序进行方向（图 9-6）。双代号网络图中一个工序由两个节点圆圈内的编号表示，两个节点之间的箭杆代表工序，箭头所指方向为工序进行方向，工序名称标在箭杆上面，工序作业时间标在箭杆下面（图 9-7）。

根据计划目标的数量，网络计划分单目标网络计划和多目标网络计划。单目标网络计

图 9-6　工序的单代号表示　　　　　　　图 9-7　工序的双代号表示

划网络图只有一个终点，网络计划只有一个目标。多目标网络计划网络图有两个以上终点，网络计划可有多个目标。多目标网络计划的每个目标都有自己的关键线路和关键工序，同时这些关键线路互相联系，过分强调一个目标会影响其他目标的完成。

另外，根据工序的作业时间是否肯定，网络计划可分为肯定型和非肯定型两种。前者又称为关键线路法（Critical Path Method，CPM），是以经验数据或定额来规定各工序的持续时间；后者也称为计划评审（Program Evaluation and Review Technique，PERT）技术，工序的持续时间无经验可循，只能以估计代替。

网络计划的功能特点：
① 能够反映工程全貌和各工序之间相互制约、相互依赖的关系；
② 能够反映各工序的最早可能开工时间和结束时间，最迟必须开工时间和结束时间；
③ 能够从网络图中寻找到必须按时完成的关键工序和允许延缓的工序；
④ 能够从许多方案中选择出最佳方案；
⑤ 能够预见某一个工序的提前或延误对其他工序及整个工程的影响，以便及时调整；
⑥ 能够实现工期、成本等多个目标的控制和监督；
⑦ 网络计划所需的原始资料容易获取。

网络图由工序、事项和线路三部分组成。

工序，即需要消耗人力、物资和时间的某一作业过程。在双代号网络计划中，工序由箭线表示，工序的名称和持续时间标在箭线的上下；在单代号网络计划中工序由节点表示，工序的名称和持续时间标在节点圆圈内。根据它们之间的关系，工序可分为紧前工序、紧后工序、平行工序、交叉工序和虚工序。紧前工序指紧接在某工序之前的工序；紧后工序指紧接在某工序之后的工序；与某工序平行的工序称为平行工序；相互交叉进行的工序可称互为交叉工序；虚工序只反映其前后两个工序的逻辑关系，不消耗人力、物资和时间。

事项是指网络图中的节点，反映某工序开始或结束的瞬间，不消耗人力、物资和时间。根据事项发生时的状态，事项可分成开始事项、结束事项、起点事项和终点事项。开始事项和结束事项分别反映工序的开始和结束；起点事项和终点事项分别反映工程的开始和结束。网络图中两工序之间的节点既代表前面工序的结束事项，也代表后续工序的开始事项。

线路是指从起点事项开始，顺着箭头所指方向，经过一系列事项和箭线，最终到达终点事项的一条通路。线路经过的所有工序的作业时间之和就是该线路所需的时间。在一个网络图中，一般都有多条线路，由于每条线路经过的事项和箭线有差别，各线路的时间也不一定相同。时间最长的线路为关键线路，关键线路控制整个工程的总工期，此线路上的任何工序的延误必然影响总工期。关键线路上的各工序为关键工序，要缩短总工期，就必须压缩关键工序的施工时间。关键线路一般用黑粗线、双线或红线表示，以区别于非关键线路。

9.3.3 网络图绘制

由于双代号网络图逻辑关系比较清楚，适应关键线路分析，故多被一般工程管理所采用。以下主要介绍双代号网络图的绘制。

（1）绘制规则

① 双代号原则：网络图绘制必须符合双代号网络图表示方法。图中每一条箭线必须

都是单箭头,并从一个节点指向另一个节点;不能出现双箭头箭线、无箭头箭线,或者箭线的一端无节点。

② 一一对应原则:每个工序必须与箭线两端的代号一一对应,两节点之间只能有一条箭线。不能出现几个工序用一个代号的现象。

③ 无循环线路原则:因为时间是不可逆的,不应该出现经过一系列工序后,又回到原开始事项的线路。在有时间坐标的网络图中,不应该出现与时序逆向的箭线。

④ 唯一起点、终点原则:一个网络图只有一个起点事项和一个终点事项。

⑤ 客观实际原则:网络图中的事项、箭线关系必须与实际工程中的工序原则相符合。不能出现无关工序直接联系。若要反映无关工序的逻辑关系,则应引入虚工序。

(2) 网络图绘制步骤和方法

绘制工程网络图应首先确定工序项目,计算各工序的劳动量、机械台班和所需要的时间;然后根据施工工艺流程和施工组织要求,确定各工序之间的逻辑关系;最后根据前述规则绘制网络图。具体步骤如下:

① 分解工程任务

根据工程任务规模的大小、复杂程度和组织管理的要求,将工程任务划分到单位工程、分部或分项工程。

② 编制工序逻辑关系明细表

工序逻辑关系明细表应包括工序的序号、名称、代号、作业时间、紧前工序和紧后工序。工序应按照施工的先后顺序依次排列。排列时要分析某工序开始前,哪些工序必须完成;哪些工序可以同时进行施工;某一个工序结束后,哪些工序可以接着开工。

③ 绘制网络图

网络图绘制可采用顺推法或逆推法,前者是从工程起点事项开始,依次确定其后的紧后事项,直到工程终点事项;后者是从工程终点事项开始,依次确定其前的紧前事项,直到工程起点事项。无论哪种方法,在网络图中每绘制一个工序,要在工序逻辑关系明细表中找出和已绘制工序的所有逻辑关系,并反映在网络图上,将对应的内容从工序逻辑关系明细表中抹去。

应先绘制网络草图,草图中体现所有工序和它们的逻辑关系。草图完成后要认真检查,去除不必要的虚工序,找出重复、矛盾的逻辑关系分析后合理解决。

④ 网络图编号

编号从网络起点事项开始,由小到大,终点事项的编号最大。一个事项对应一个编号,两个相关事项的编号要保证开始事项的编号小于结束事项。编号排列要有规律,可采用从上到下的垂直编号,从左到右推移的方法;或从左到右的水平编号,从上到下推移的方法。

(3) 网络图时间参数计算

没有时间参数的网络图只相当于工艺流程图,仅仅反映工序之间的衔接关系,加上时间参数,网络图才能反映工序的活动状态。网络图时间参数分为节点时间参数和工序时间参数。计算时,一般先计算节点时间参数,再根据节点时间参数计算工序时间参数,最后计算时差。

① 节点时间参数计算

(a) 节点最早时间（TE）

节点最早时间是指在某事项以前各工序完成后，从该事项开始的各项工序最早可能开工时间。在网络图上表示为以该节点为箭尾节点的各工序的最早开工时间，反映从起点到该节点的最长时间。起点节点 $TE_n=0$，其他节点最早时间的确定方法如下：

$$TE_j = \max\{TE_i + t_{ij}\} \tag{9-7}$$

式中　TE_j——计算节点最早时间；

TE_i——紧前节点最早时间；

t_{ij}——紧前工序作业时间。

当只有一个箭头指向节点时，该节点的最早时间为紧前节点的最早时间加上其紧前工序作业时间；当有两个以上的箭头指向节点时，该节点的最早时间为各紧前节点的最早时间与对应紧前工序作业时间之和中取最大值。

(b) 节点最迟时间（TL）

节点最迟时间是指某一事项为结束的各工序最迟必须完成的时间。在网络图上表示为以该节点为箭头节点的各工序的最晚开工时间，反映从终点到该节点的最短时间。终点节点 $TL_n = TE_n \leqslant T$（工期），其他节点最迟时间的确定方法如下：

$$TL_i = \min\{TL_j - t_{ij}\} \tag{9-8}$$

式中　TL_i——计算节点的最迟时间；

TL_j——紧后节点的最迟时间。

当只有一个箭头从节点引出时，该节点的最迟时间为紧后节点的最迟时间减去其紧后工序作业时间；当有两个以上的箭头从节点引出时，该节点的最迟时间为各紧后节点的最迟时间与对应紧后工序作业时间之差中取最小值。

② 工序时间参数计算

(a) 工序最早开始时间（ES）

是指一个工序在具备了一定工作条件和资源条件后可以开始工作的最早时间，要求所有紧前工序完成后才能开始工作。起点工序的最早开始时间 $ES=0$；

其他工序最早开始时间：（$h<i<j$）

$$ES_{ij} = TE_i = \max\{ES_{hi} + t_{ij}\} \tag{9-9}$$

(b) 工序最迟开始时间（LS）

是指在不影响施工任务按期完成，并满足工序的各种逻辑约束条件下工序最迟必须开工时间，要求在计划紧后工序开始之前完成。设（$i<j<k$）

$$LS_{ij} = TL_i = \min\{LS_{jk} - t_{ij}\} \tag{9-10}$$

(c) 工序最早结束时间（EF_{ij}）

工序最早结束时间等于工序最早开始时间与工序作业时间之和。

$$EF_{ij} = ES_{ij} + t_{ij} = TE_i + t_{ij} \tag{9-11}$$

(d) 工序最迟结束时间（LF_{ij}）

工序最迟结束时间等于工序最迟开始时间与工序作业时间之和。

$$LF_{ij} = LS_{ij} + t_{ij} = TL_i + t_{ij} \tag{9-12}$$

(e) 工序总时差（TF）

是一个工序在不影响总工期的情况下所拥有的机动时间的极限值，其本质是工序所在线路的机动时间总和。工序总时差计算如下：

$$TF_{ij} = LS_{ij} - ES_{ij} = TL_j - ES_{ij} - t_{ij} \tag{9-13}$$

(f) 工序自由时差 FF

是在不影响其紧后工序最早开始时间的情况下，工序所具有的机动时间，反映是工序本身独立的机动时间。工序自由时差计算如下：

$$FF_{ij} = ES_{jk} - EF_{ij} = ES_{jk} - ES_{ij} - t_{ij} \tag{9-14}$$

网络图上参数计算步骤：

① 从起点事项顺着箭杆计算各节点的最早时间 TE，直到终点事项；
② 从终点事项逆着箭杆计算各节点的最迟时间 TL，直到起点事项；
③ 计算工序最早开始时间 ES、工序最迟开始时间 LS、最早结束时间 EF；
④ 计算工序总时差 TF 和自由时差 FF；
⑤ 将第 3 步和第 4 步的计算结果按一定排列顺序标在箭杆附近。

（4）关键线路和关键工序的确定

关键线路是网络图中需要时间最长的线路，线路上的所有工序都是关键工序。关键线路长短决定工程的工期，反映工程进度中的主要矛盾。关键线路经常有以下特点：

① 关键线路中各工序的自由时差总和为零；
② 关键线路是从起点事项到终点事项之间最长的线路；
③ 在一个网络图中，关键线路不一定只有一条；
④ 如果非关键线路中各工序的自由时差都被占用，次要线路变成关键线路；
⑤ 非关键线路中的某工序占用了工序总时差时，该工序成为关键工序。

在网络图中计算各工序的总时差，总时差为零的工序为关键工序；由关键工序组成的线路即为关键线路。

以下以某空调系统的安装为例介绍网络图的绘制和计算过程。根据工程施工特点和施工方案将工程分解成三个施工段，每个施工段都包括制作风管、空调机安装、风管安装、保温和系统调试五个工序，计算各工序作业持续时间，按工艺过程要求和施工组织要求确定各工序的紧前工序和紧后工序。将分析计算结果填写到工序逻辑关系明细表中（表 9-2）。

工序逻辑关系明细表　　　　　　　　　　　表 9-2

序号	工序名称	工序代号	紧前工序	持续时间(天)	紧后工序
1	制作风管 1	A	……	5	B、F
2	空调机安装 1	B	A	3	C、G
3	风管安装 1	C	B	3	D、H
4	风管保温 1	D	C	4	E、I
5	系统调试 1	E	D	1	J
6	制作风管 2	F	A	3	G、K
7	空调机安装 2	G	B、F	5	H、L

续表

序号	工序名称	工序代号	紧前工序	持续时间(天)	紧后工序
8	风管安装 2	H	C、G	2	I、M
9	风管保温 2	I	D、H	3	J、N
10	系统调试 2	J	E、I	1	O
11	制作风管 3	K	F	4	L
12	空调机安装 3	L	G、K	4	M
13	风管安装 3	M	H、L	3	N
14	风管保温 3	N	I、M	2	O
15	系统调试 3	O	J、N	1	……

绘制网络图。根据各工序允许紧前工序的条件确定各紧后工序，根据各紧前工序确定其紧前节点位置，根据各紧后工序确定其紧后节点位置。绘制网络计划草图，每绘制完成一个工序要将对应的内容从工序逻辑关系明细表中抹去，并按照一定的规律对绘出网络计划图进行编号。网络草图绘制完后要检查逻辑关系。图 9-8（a）是根据上表绘制的网络图，经检查发现在节点 4、6、9、11 处逻辑关系不正确，如制作风管 3 与空调机安装 1 工艺上没有直接关系，但在图上却显示了空调机安装 1 对制作风管 3 的制约关系。引入虚工序调整后正确的网络图如图 9-8（b）所示。

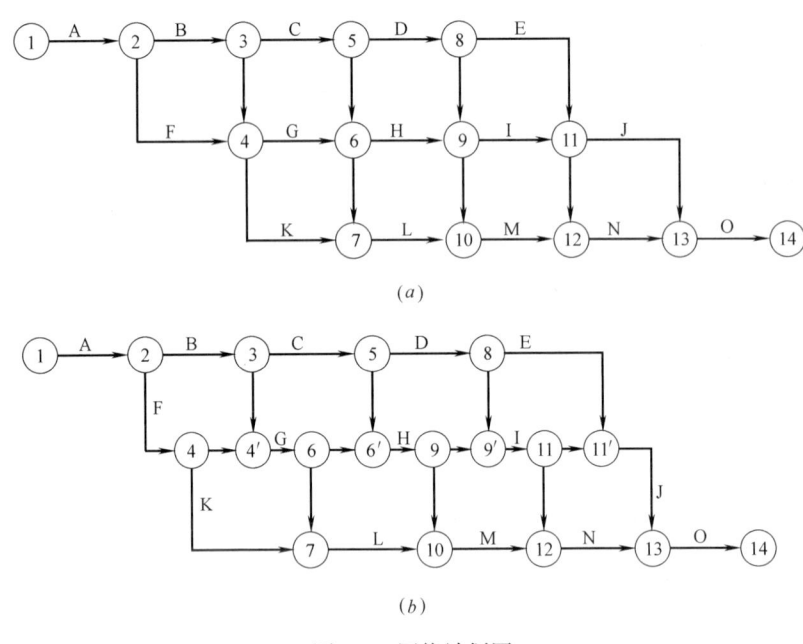

图 9-8 网络计划图
（a）逻辑关系不正确；（b）逻辑关系正确

根据前述各计算公式在图上直接计算或列表计算时间参数。可以计算工序时间参数，也可以计算节点时间参数。在图上直接计算节点时间参数的形式和结果见图 9-9。列表计算工序时间参数见表 9-3，将计算结果表示到图上见 9-10。

9.3 施工进度计划编制方法

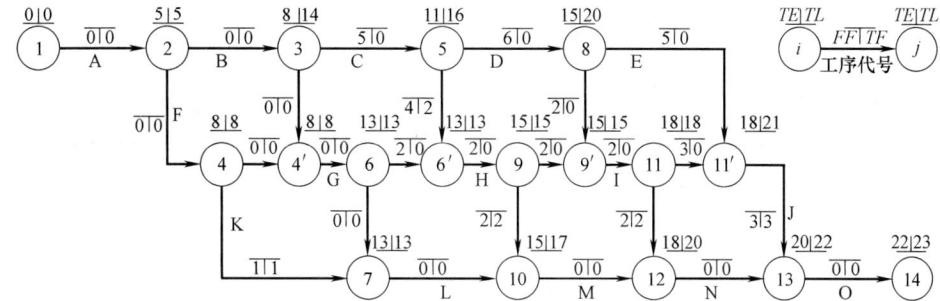

图 9-9 节点时间参数计算结果

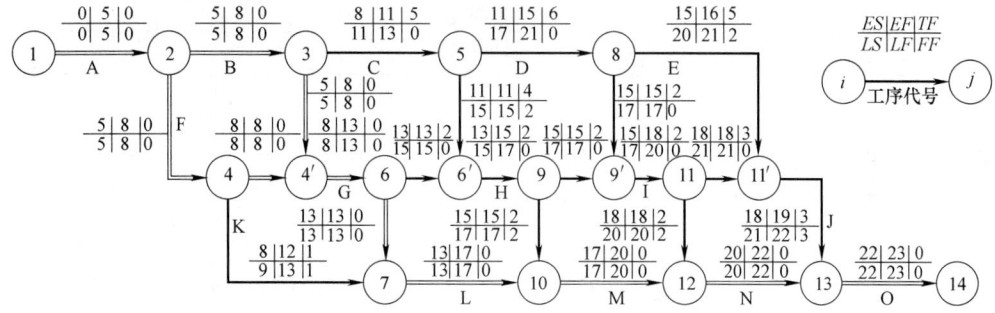

图 9-10 工序时间参数计算结果

工序时间参数列表计算　　　　　　　　　　　　　表 9-3

序号	工序代号	节点编号		持续时间	最早时间		最迟时间		总时差	自由时差	关键工序
		i	j	t_{ij}	ES_{ij}	EF_{ij}	LS_{ij}	LF_{ij}	TF_{ij}	FF_{ij}	
		①	②	③	④	⑤=③+④	⑥	⑦=⑥+③	⑧=⑦-⑤	⑨=紧后④-⑤	
1	A	1	2	5	0	5	0	5	0	0	√
2	B	2	3	3	5	8	5	8	0	0	√
3	F	2	4	3	5	8	5	8	0	0	√
4	C	3	5	3	8	11	13	16	5	0	
5	虚	3	4′	0	8	8	8	8	0	0	√
6	K	4	7	4	8	12	9	13	1	1	
7	虚	4	4′	0	8	8	8	8	0	0	√
8	G	4′	6	5	8	13	8	13	0	0	√
9	D	5	8	4	11	15	17	21	6	0	
10	虚	5	6′	0	11	11	15	15	4	2	
11	虚	6	7	0	13	13	13	13	0	0	√
12	虚	6	6′	0	13	13	15	15	2	0	
13	H	6′	9	2	13	15	15	17	2	0	
14	L	7	10	4	13	17	13	17	0	0	√
15	E	8	11′	1	15	16	20	21	5	2	

续表

序号	工序代号	节点编号 i ①	节点编号 j ②	持续时间 t_{ij} ③	最早时间 ES_{ij} ④	最早时间 EF_{ij} ⑤=③+④	最迟时间 LS_{ij} ⑥	最迟时间 LF_{ij} ⑦=⑥+③	总时差 TF_{ij} ⑧=⑦-⑤	自由时差 FF_{ij} ⑨=紧后④-⑤	关键工序
16	虚	8	9'	0	15	15	17	17	2	0	
17	虚	9	9'	0	15	15	17	17	2	0	
18	虚	9	10	0	15	15	17	17	2	2	
19	I	9'	11	3	15	18	17	20	2	0	
20	M	10	12	3	17	20	17	20	0	0	√
21	虚	11	11'	0	18	18	21	21	3	0	
22	虚	11	12	0	18	18	20	20	2	2	
23	J	11'	13	1	18	19	21	22	3	3	
24	N	12	13	2	20	22	20	22	0	0	√
25	O	13	14	1	22	23	22	23	0	0	√

图 9-10 中由双线组成的线路为关键线路。

9.3.4 网络计划的优化

网络计划的优化是在满足既定条件下，利用工序时差调整网络计划，按照某一指标寻求最佳方案的过程。工程项目网络计划的技术评价指标包括工期、成本和资源消耗等。网络计划的优化主要解决两方面问题：(a) 在指定工期（或最短工期）的情况下寻求资源使用最优或成本最低；(b) 在资源条件限定下寻求与最低成本对应的最优工期。一般情况下，首先要保证工程按期完成，在此前提下，进行工期——资源优化和工期——成本优化。工期——资源优化的主要目的是在工期指定的前提下，调整工序，以减少资源供应的不均衡性。工期——成本优化的目标是在既定条件下寻找工期和成本之间的最优结合。以下主要介绍工期——成本优化。

(1) 工期和成本的关系

工程成本由直接费和间接费组成。一般情况下，随工期延长，直接费会降低；间接费主要由工程组织管理费用构成，工期越长，间接费越高。工程成本与工期之间存在最佳组合点（图 9-11）。

工期——成本优化的主要思想是从工期与成本的关系中，找出既能使工程工期缩短，又能使工程直接费增加额最少的工序；缩短该工序作业时间，分析由此而减少的间接费、综合直接费增加额和直接费减少额，即可获得与合理成本工程对应的最优工期或与指定工期对应的最低成本。

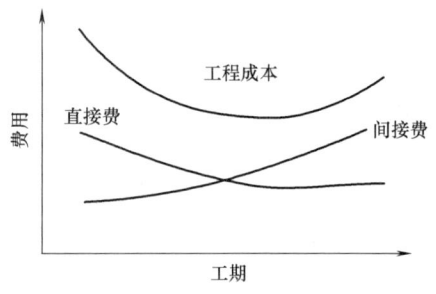

图 9-11 工期费用曲线

(2) 工期——成本优化方法

① 按各工序的正常作业时间和最短作业时间分别绘制网络图。

② 计算两个网络图时间参数，确定关键线路，计算正常作业时间总工期和相应的总

成本、最短作业时间总工期和相应的总成本。

③ 在正常作业时间网络图的每条关键线路上选择成本斜率（成本随作业时间的增加率）最小的关键工序，对选择的各关键工序缩短相同作业时间。计算调整后的总工期和总成本。

④ 比较调整后的总工期与最短作业时间总工期。若前者仍大于后者，重新寻找前者的关键线路并重复第三步调整和计算。直到调整后的总工期与最短作业时间总工期相等。

⑤ 在各调整结果中寻找成本最低的计划，其对应的工期为最佳工期。

9.4 建筑设备安装工程施工组织设计

9.4.1 建筑设备安装工程施工组织设计编制的依据和程序

建筑设备安装工程在建筑施工项目中大多属于单位工程，其施工组织设计与其他单位工程施工组织设计的方法和内容相同。

（1）编制依据

① 主管机构、建设单位、监理单位对工程的要求；
② 国家现行的有关施工规范、标准、规程、定额等；
③ 设计文件、施工图、标准图，图纸会审记录；
④ 工程承包合同；
⑤ 施工组织总设计的要求；
⑥ 施工企业的机具水平、施工队伍素质和技术水平；
⑦ 施工材料、成品、半成品供应情况；
⑧ 施工现场条件，如地形、气象、场地、交通运输、水电供应和土建条件等；
⑨ 类似工程的施工组织设计资料。

（2）编制程序

建筑设备安装工程施工组织设计各组成部分之间是相互联系和约束的，在编制过程中要按照一定的工艺先后关系，依次完成各部分的编制，才能形成一个完整、合理的施工组织设计文件。建筑设备安装工程施工组织设计编制程序见图9-12。

9.4.2 建筑设备安装工程施工组织设计内容

（1）工程概况

主要是对拟建建筑设备安装工程的工程特点、施工条件和建设地点环境的介绍。

① 工程概述

主要介绍工程设计单位、建设单位、施工单位和监理单位，工程名称、造价和开、竣工日期等。

② 工程特点

主要包括工程的性质、用途、规模、系统布置形式、建筑形式和结构特点，对采用的新材料、新工艺、新技术和施工难度大的部分应重点介绍。

③ 工程施工环境和条件

介绍拟建工程的位置、地形、地质、气象等及场地环境，供水供电、交通运输、材料和设备供应，劳动力和施工机具条件等。

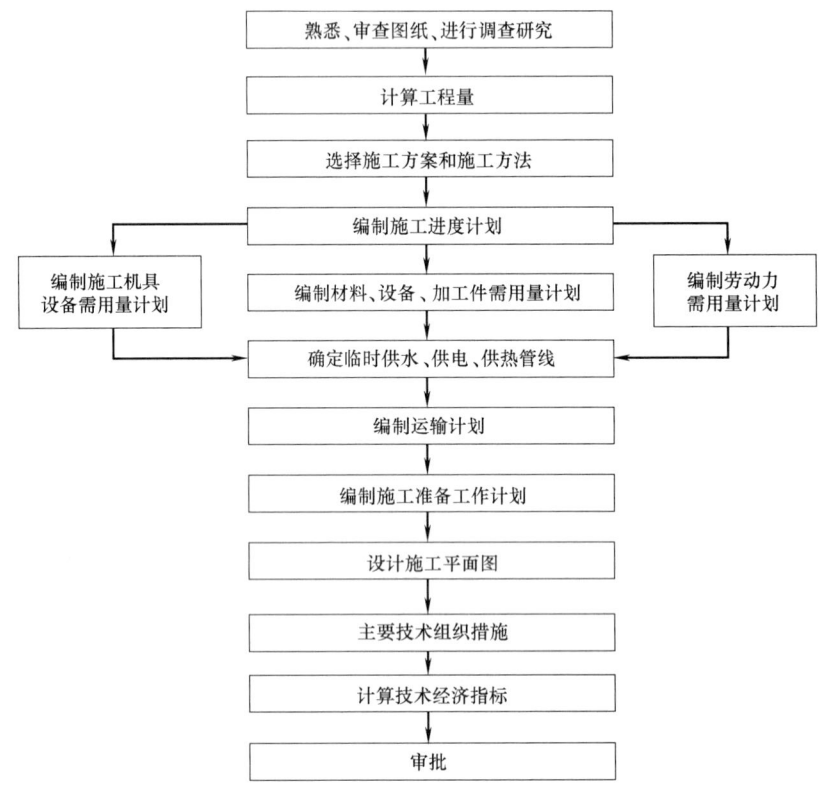

图 9-12 建筑安装工程施工组织设计编制程序

(2) 施工方案

施工方案是单位工程施工组织设计的核心，主要内容包括施工流向、施工顺序、施工段划分、施工方法和施工机械选择等。施工方案选择时，应预先制定几个可行的方案，对它们进行技术经济分析比较，选择其中最优的作为实施方案。

① 确定施工流向

施工流向是指工程在水平面（线）上或竖向上开始施工的起点和进展方向。确定施工流向时应综合考虑各种因素。

(a) 建设单位的要求：对生产和使用要求在先的部分优先施工；

(b) 施工工艺的要求：对影响其他后续施工的部分先开工；

(c) 各分项工程的繁简要求：对技术复杂、施工难度大、工期长的分项工程优先开工；

(d) 施工机械运作、材料搬运方向要求；

(e) 施工质量和安全要求等。

② 确定施工程序

施工程序是指单位工程中各分项工程或工序施工的先后次序。它是根据各分项工程或工序之间的工艺制约关系，解决工序时间搭接问题。确定施工程序主要遵循以下原则：

(a) 先地下、后地上。在地上工程开始之前，应尽量完成地线管道、沟槽、基础等的施工，以免影响地上施工的正常进行。

(b) 先土建、后安装、再装饰。在土建主体施工后,建筑设备安装施工才能进行。

(c) 对有些大型专用设备的安装,可采用开敞式施工顺序,即先进行设备基础施工,再安装设备,最后进行建筑土建施工。

(d) 尽量采用交叉施工,及时、充分利用土建施工为设备安装提供的施工条件。

(e) 建筑设备安装施工中应先主干、后分支;先主要设备、后系统管路、再末端设备。

(f) 建筑设备安装施工的各分项工程或工序施工顺序应符合施工工艺和施工流向要求。

③ 划分施工段

施工段划分的原则参见本章第二节中有关内容。其划分应以满足施工工艺和施工顺序要求,方便进行流水施工作业。

④ 施工方法和施工机械选择

建筑物中有给排水、供暖空调、电气照明等多种系统和设备,不同建筑物之间的设备系统各有特点。由于施工对象具有多样性、地域性及施工队伍、施工条件的不同,施工方法和施工机械的选择也不相同。合理地选择施工方法和施工机械能加快施工进度、提高工程质量、保证施工安全、降低工程成本。在建筑安装施工中,施工方法和施工机械的选择主要与工程种类、系统特点、工程量大小、工期要求、资源供应条件、现场条件、施工企业技术装备水平等因素有关。由于不同施工方法要求有相应施工机械配合,施工方法和施工机械的选择应保持协调一致。

施工方法和施工设备选择的基本原则:

(a) 满足施工组织总设计要求和有关规范、标准要求;

(b) 满足工期、质量、成本和安全要求;

(c) 满足经济上合理、技术上可行,还要适合当前工程实际情况;

(d) 满足施工工艺要求,尽量选用先进施工方法,保证施工机械之间协调配套,充分发挥主要施工机械效率;

(e) 对工程量大、技术复杂或采用新工艺、新技术的重要分部分项工程及对工程质量起关键作用的分部分项工程的施工方法应详细具体。

⑤ 施工方案的技术经济分析

每个工程的施工过程都可以用不同施工方法和施工机械的组合完成,因此一个单位工程会有许多个施工方案,各方案也互有优缺点。确定施工方案时,首先要拟选几个在经济上合理、质量上可靠、技术上可行的方案,对它们进行技术经济分析比较后,选择最优的作为实施方案。

施工方案的技术经济分析有定性分析和定量分析两种。定性分析是根据以往经验对施工方案的一般优缺点进行分析比较,主要包括以下方面:方案的复杂程度和技术先进性;是否发挥现有机械设备的作用;对劳动力、物资供应的要求;是否有利于文明施工、安全施工;能否保证施工质量;对后续施工的影响等。

定量分析是对施工方案的一些技术经济指标进行计算,通过比较这些指标来确定方案的优劣。这些指标包括工期指标、劳动消耗指标和成本指标等。

(a) 工期指标

工期指标是指从工程开工到竣工工程实际施工的日历天数,它是施工方案分析比较的首要指标。方案比较时,在保证工程质量和安全施工的条件下,将各方案的施工工期比较,以确定实施方案工期。

(b) 劳动消耗指标

劳动消耗指标反映施工的机械化程度、劳动生产率水平和劳动消耗量。机械化程度是指机械施工完成的工程量占所有工程量的比率。劳动生产率是指施工人员在一定的时间内所能够完成的施工量。劳动消耗量指完成某工程所需要的全部劳动工日数。在方案比较中应采用机械化程度高,劳动消耗量低,劳动生产率高的方案。

$$机械化程度 = \frac{机械完成的实物量}{全部实物量} \times 100\% \tag{9-15}$$

$$劳动生产率 = \frac{完成工作量}{平均作业人数} \tag{9-16}$$

$$单位产品劳动消耗量 = \frac{完成某工程的全部劳动工日数}{工程总量} \tag{9-17}$$

(c) 成本指标

成本是指工程的全部直接费和间接费。成本可由施工人员的工资、工程所需的材料费和机械费,按照一定的取费系数计算出来。在保证工程质量和安全施工的条件下,降低成本是施工企业赢利的保证。

$$成本 = 基本工资 \times (1+K_1) + (材料费 + 机械费) \times (1+K_2) \tag{9-18}$$

式中 K_1、K_2——取费系数。

施工方案的定量分析评定方法有单指标法、多指标法。单指标法是在工期、成本或劳动消耗等指标中选择一个主要指标,或当其他指标相同的条件下,比较一个有差别的指标。多指标法是对方案的多项技术经济指标进行综合比较。当某一方案的各项指标都优于其他方案时,该方案为最佳方案;当几个方案的指标各有优劣时,应根据工程要求给定各指标权重值,对每个方案的各个指标按照满足程度打分,根据各个指标的权重和分值计算出每个方案的综合分值,确定分值高者为优。

(3) 施工进度计划

建筑设备安装工程施工进度计划与其他单位工程施工进度计划一样,也是在施工方案的基础上,根据工期要求、工艺要求及劳动力、物料和机械供应条件,对工程开、竣工时间及各分部分项工程的施工持续时间、施工顺序、搭接关系的具体安排。其作用在于控制施工进度和竣工期限,保证工程按期、按质、按量完工。

单位工程施工进度计划是编制施工准备计划、劳动力需用计划、各项资源需用量计划、分部工程施工计划和编制施工月计划、旬计划的基础。

建筑设备安装工程施工进度计划的主要依据有:施工组织总设计和建设单位对工期的要求;单位工程的全套设计图纸、标准图等文件资料;施工方案;施工预算和有关定额;施工现场条件和资源供应情况;施工单位的技术水平和管理水平等。

编制建筑设备安装工程施工进度计划的主要工作内容和编制程序见图 9-13。

① 划分施工项目

施工项目是包括一定内容的施工过程的组合,是构成进度计划的基本施工单元。划分施工项目就是根据施工图纸和施工顺序把单位工程的各施工过程列出,然后结合施工方案把这些施工过程进行整理合并,方便编制施工进度计划的需要。

9.4 建筑设备安装工程施工组织设计

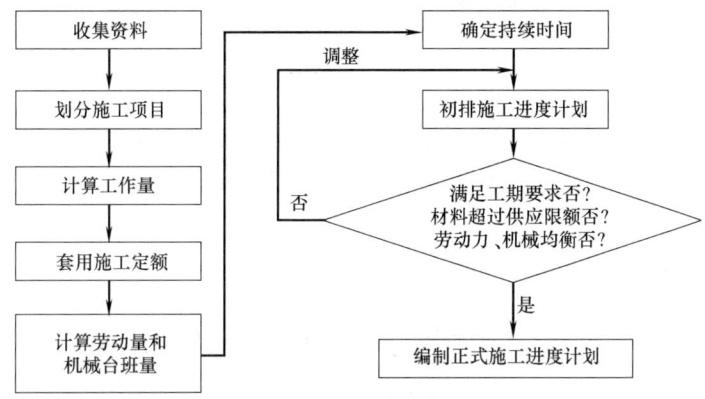

图 9-13 施工进度计划编制程序

施工项目划分的内容一般包括直接在单位工程工地上进行施工的分部分项工程、现场预制加工或与分部分项工程配合紧密的运输过程等,不包括场外加工预制和运输过程。项目划分时应明确每个施工项目包括的施工内容和范围。

单位工程施工项目应按照施工方法、工艺流程及工程特点划分。编制实施性进度计划时,一般要求划分到分项工程或者更具体一些,以满足指导施工作业的要求。对于主导施工内容和工程量大、工期长、施工复杂的施工内容应划分到施工过程单独列项;对于一些次要的、工程量不大或关系密切不易区分的施工过程应合并处理。对划分的施工项目按施工顺序列表、编号,方便复查,防止漏项。

施工项目的划分应与施工方法协调,能合并的就合并,力求简明、清晰。一般将同一时期可由同一个施工班组完成的施工项目合并,将工程量不大的零星分项工程统一合并为"其他工程",插入施工。

② 计算工程量、机械台班量和劳动量

(a) 计算工程量

工程量应根据预算定额或劳动定额计算。在编制施工进度计划之前,若施工图预算已编制,可将预算中统计的工程量折算成劳动定额的工程量;若无施工图预算,要根据施工图纸、工程量计算规则,按照划分的施工项目,套用预算定额或劳动定额计算工程量。计算时要结合采用的施工方法、施工机械、安全技术要求和施工组织分段、分层要求。工程量的计算单位应与现行的定额单位一致。

(b) 计算机械台班量

以机械施工为主的施工项目,可根据前述计算出的工程量计算机械需用量:

$$P = \frac{Q}{S} = Q \times H \tag{9-19}$$

式中　P——某施工项目需要的机械台班量(台班);

　　　Q——机械完成的工程量(m^3、m、t、件等);

　　　S——该机械的产量定额(m^3/台班、m/台班、t/台班、件/台班等);

　　　H——该机械的时间定额(台班/m^3、台班/m、台班/t、台班/件等)。

(c) 计算劳动量

以手工操作完成的施工项目,劳动量按下式计算:

$$P'=\frac{Q'}{S'}=Q'\times H' \tag{9-20}$$

式中　P'——某施工项目需要的劳动量（工日）；

　　　Q'——该施工项目的工程量（m^3、m、t、件等）；

　　　S'——该施工项目采用的产量定额（m^3/工日、m/工日、t/工日、件/工日等）；

　　　H'——该施工项目采用的时间定额（工日/m^3、工日/m、工日/t、工日/件等）。

在计算中，当一个施工项目是由几个不同的施工过程合并而成时，应先计算各施工过程的劳动量，施工项目劳动总量为该项目包括的各施工过程劳动量之和，即 $p'=\sum_{i=1}^{n}P'i$。有些新技术或特殊施工方法，定额中尚未编入，可参考类似项目的定额或实验数据估算。对前述项目划分中的"其他工程"所需的劳动量，可不细算，而根据其内容和数量按总劳动量的 10％～20％取值。

③ 计算施工时间，确定机械台数和劳动力数量

施工项目的施工时间是指在正常情况下，施工项目的持续施工时间。在施工项目的劳动量和机械台班数确定后，劳动力人数和机械台数与施工时间有如下关系：

$$T=\frac{P}{R\times b} \text{ 或 } T=\frac{P'}{R'\times b} \tag{9-21}$$

式中　T——某项施工项目的施工时间（天）；

　　　R、R'——该施工项目所配的机械台数、劳动力人数（台、人）；

　　　b——每天的工作班制。

当劳动量和机械台班数确定后，施工时间、机械台数和劳动力数量的确定有两种形式：一种是根据施工工期的要求，先确定施工项目的施工时间和工作班制，然后利用上式计算施工班组人数或机械台数；另一种是先根据现有的施工机械、施工班组人数及工作面大小确定工作班组人数、机械台数和工作班制，再利用上式计算施工时间。

在一般情况下，工作班制多采用一班制，在赶工期、抢进度等特殊情况下可采用两班制，对于有些工艺有连续施工要求的项目才采用三班制。两班制和三班制因技术、组织、安全、照明等原因会增加工程成本。

在确定施工班组人数时，应注意最小劳动组合、最小工作面和可能安排人数等的要求或限制。最小劳动组合是指某一施工过程正常施工所必需最低限度的班组劳动人数及其合理组合。施工人数低于最低限度的人数或人员搭配不合理，都会引起劳动效率和劳动质量下降。最小工作面是为了保证安全生产和有效操作，施工班组必需的最小操作对象的数量。在一定的操作对象上投入的施工人员过多，不能保证每个班组施工最小工作面的要求，会造成工作面不足而窝工，减低工作效率，甚至可能引发事故。可能安排人数是指施工企业所能配置的施工人员的能力。

机械台数要根据施工企业能提供的机械台数、机械的操作面、机械正常使用中的停歇、维修、保养时间和机械的生产效率综合分析确定。

④ 施工进度计划编制

单位工程施工进度计划有两种形式：横道图计划和网络图计划。其编制过程见本章第三节有关内容。

(4) 施工准备计划、劳动力及物资需用量计划

施工准备计划、劳动力及物资需用量计划是保证施工进度计划能够顺利实施及施工企业安排施工准备、施工过程各种资源供应的依据。

① 施工准备计划

单位工程施工准备计划是为了保证满足在工程开工前和施工过程中各阶段施工要求的开工条件所编制的准备工作内容和安排。主要包括以下内容：(a) 技术准备：熟悉、会审施工图纸，收集分析有关资料，编制施工组织设计和施工预算。(b) 劳动组织准备：建立组织机构，组织劳动力，技术、计划交底。(c) 物资资源准备：组织安排材料、机具、设备和加工预制件的订购和储运。(d) 现场准备：场地平整，障碍物拆除，临时水、电、路接通，搭建临时设施，材料机械进场等。

表 9-4 为常用的单位工程施工准备计划表。

单位工程施工准备计划　　　　　　　　　　　　　　　表 9-4

序号	准备工作项目	简要内容	负责单位	负责人	起止日期		备注
					日/月	日/月	

② 劳动力需用量计划

劳动力需用量计划反映在施工过程中对各工种劳动力的需要安排，是调配劳动力、安排福利的依据。劳动力需用量计划是根据施工进度计划、施工预算及劳动定额的要求编制的。具体编制方法是：先将施工进度计划中各施工项目每日所需的各工种的工人人数统计汇总；再将每日需求汇总成周、旬、月的需求，将汇总结果填入表 9-5 中。

单位工程劳动力需用量计划　　　　　　　　　　　　　表 9-5

序号	工种名称	总工日数	人数	月			月			月			备注
				上旬	中旬	下旬	上旬	中旬	下旬	上旬	中旬	下旬	

③ 主要材料需用量计划

单位工程主要材料需用量计划根据施工进度计划、施工预算及材料消耗定额的要求编制。它主要为材料的储备、进料，仓库、堆放场面积，组织运输等提供依据。各种材料的需用量及需要时间可以从施工预算和施工进度计划中计算汇总得出。常用单位工程主要材料需用量计划表格见表 9-6。

④ 施工机械需用量计划

施工机械需用量计划是根据施工方案和施工进度计划编制的，反映施工过程中各种施工机械的需用数量、类型、来源和使用时间安排，形式见表 9-7。

单位工程主要材料需用量计划 表 9-6

序号	材料名称	规格	需用量		供应时间	备注
			单位	数量		

单位工程施工机械需用量计划 表 9-7

序号	机械名称	规格型号	需用量		来源	使用起止日期	备注
			单位	数量			

⑤ 加工件、预制件需用量计划

根据设计文件和施工进度进划统计加工件、预制件的需用量和需用时间，结合其需要的加工时间，安排定货、运输、堆放，见表 9-8。

单位工程加工件、预制件需用量计划 表 9-8

序号	名称	规格型号	需用量		加工单位	供应时间	备注
			单位	数量			

⑥ 运输计划

根据施工进度计划，主要材料和加工、预制件的需用计划编制。针对货物种类、运输量、运输距离组织运输力量、安排运输时间，见表 9-9。

单位工程运输计划 表 9-9

序号	货名	单位	数量	货源	运距(km)	运输量(t·km)	运输工具			需用起止日期
							名称	吨位	台班	

(5) 主要技术组织措施

技术组织措施是从技术方面所采取的确保工程质量、安全、节约和季节性施工等的组织措施。

① 质量保证措施

质量保证措施应根据工程性质、要求、特点以及施工方法、现场条件等具体情况提出。主要措施有：

（a）制定完整质量保证制度，将施工过程各环节的质量保证措施落实到具体负责人；
（b）严格地按照国家颁发的施工验收规范和标准施工；
（c）针对施工中易出现质量问题的环节，制定相应的防治措施；
（d）对施工过程采用的新技术、新工艺、新材料、新机具和新结构应采取措施熟悉并掌握；
（e）对采用的设备、材料、成品和半成品应按照有关规定严格验收，确保质量合格；
（f）加强工程检查、验收管理工作，做到施工过程有自检、互检并做记录，发现问题应及时返工或补救等。

② 安全保证措施

为确保安全施工，应严格按照有关施工操作规范施工。以预防为主，并制定切实可行的应急措施。主要措施如下：

（a）加强安全施工宣传、教育、培训，尤其对新工人要进行培训后才能上岗；
（b）对新技术、新工艺、新材料、新机具和新结构要制定专门的安全技术措施；
（c）对高空、交叉作业，应制定防护和保护措施；
（d）对从事有毒、有害和有尘作业的操作人员要采取必要的劳动保护和安全措施；
（e）针对工程施工工艺要求，应制定消防、灭火措施；
（f）对各种施工机械要制定安全操作制度等。

③ 降低成本措施

降低成本是一项综合任务，在保证工程质量、工期和施工安全的前提下，工程管理过程的各个环节都应注意成本的控制。主要措施有：

（a）合理进行施工组织设计，充分利用现有的机具、劳动力和材料；
（b）积极采用新技术、新工艺提高劳动生产率；
（c）提高管理工作效率，组织精练高效的管理机构；
（d）在保证质量的前提下，采取有效措施控制材料采购成本；
（e）编制降低成本计划表，并进行综合评价分析。

④ 雨季、冬季施工措施

雨季施工措施主要包括根据施工当地的雨季时间，合理安排施工任务；在雨季到来时制定防淋、防潮、防泡、防淹、防风、防雷和道路畅通等措施。冬季施工措施包括制定防寒、防冻、防滑和保证施工工艺要求等措施。

（6）技术经济指标

单位工程施工进度计划常用的评价指标有以下几个：

① 工期

$$提前工期 = 合同工期 - 计划工期 \tag{9-22}$$

$$节约时间 = 定额工期 - 计划工期 \tag{9-23}$$

② 劳动力均衡系数

$$K = \frac{最高峰施工期间工人人数}{放工期间每日平均工人人数} \tag{9-24}$$

③ 工日节约率

$$总工日节约数 = \frac{施工预算用工(工日) - 计划用工(工日)}{施工预算用工(工日)} \quad (9\text{-}25)$$

④ 节奏流水均衡性系数

$$节奏流水均衡性系数 = \frac{施工段数 - 施工队数 + 1}{施工段数 + 施工队数 - 1} \quad (9\text{-}26)$$

⑤ 非节奏流水资源消耗均衡性系数

$$非节奏流水资源消耗均衡性系数 = \frac{施工队数}{施工段数 + 施工队数 - 1} \quad (9\text{-}27)$$

⑥ 安装工人日产值

$$安装工人日产值 = \frac{计划施工工程量(元)}{进度计划日期 + 每日平均人数(工日)} \quad (9\text{-}28)$$

(7) 施工平面图设计

单位工程施工平面图是一个单位工程施工现场的布置图，图中表示施工现场的临时设施、加工厂、材料仓库、大型施工机械、交通运输和临时供水供电管线等的规划和布置。它是以总平面图为基础，单位工程施工方案在现场空间的体现，反映施工现场各种已建、待建的建筑物、构筑物和临时设施等之间的空间关系。

① 设计依据

(a) 施工设计图纸及有关施工现场现状资料和图纸。主要包括建筑总平面图、施工现场地形图、地下管线图和竖向设计资料等。

(b) 现场自然条件和技术经济条件。工程当地的气象、地形、水文、地质条件，交通运输、供水供电等。

(c) 施工方案、施工进度计划。施工不同阶段对各种机械设备、运输工具和材料、加工预制件、施工人数的要求。

(d) 各种临时生产、生活设施要求情况。

② 设计原则

(a) 在保证现场施工及安全要求的条件下，要布置紧凑，减少施工占地。

(b) 临时设施的设置要便于生产、管理；材料堆放和仓库布置应靠近材料使用地点，减少场内运输距离，尽量避免二次搬运。

(c) 在满足施工需要的情况下，尽量减少临时设施，充分利用已有或拟建的永久性建筑和管线，或者采用可拆移式临时房屋。

(d) 施工场地布置应符合劳动保护、技术安全和消防、环保、卫生等规定。

③ 设计内容

施工平面图的内容与工程性质、现场条件有关，以满足工程施工需要为原则。一般按 1∶200～1∶500 绘制在 2～3 号图上。图纸上除了应包括以下基本内容外，还应有图例、风玫图及如下必要的文字解释：

(a) 建筑总平面图上已建和拟建的地上和地下的一切建筑物、构筑物、道路、河流等的位置和尺寸，地形等高线和测量放线标桩。

(b) 工程施工的各种机械的运行路线和处置运输设施的位置和尺寸。

(c) 材料、成品、半成品堆放场，加工厂，办公室、宿舍等临时生产、生活和管理设施的位置。

(d) 临时供水、供电、供暖管网及泵站、变压站等。

9.5 建筑设备安装工程施工组织设计示例

××大厦空调系统安装施工组织设计

9.5.1 工程概况

(1) 工程简介与施工范围

本工程位于××市××路南段，南临××大厦，北临××；建筑面积 $28000m^2$，框架结构，主楼 24 层、楼高 95m；裙房 4 层、一至三层层高 6m，四层层高 4.5m，为营业大厅和会议用房；地下一层，层高 5.4m，为车库和机房；裙房以上为办公室，标准层层高 3.3m，十三、二十四层层高 4.5m；建筑平面尺寸 66.35m×42.6m；楼内设上人电梯一部、客货电梯三部、防火楼梯七部。

施工范围包括空调系统、排风系统、防烟排烟系统和冷热水系统安装。

① 空调系统

一至四层的营业厅、会议室、多功能厅、计算机主机房和终端室设 $K_1 \sim K_8$ 八个集中空调系统，一～二十四层其他房间为 470 套风机盘管系统，新风系统 24 套；系统热媒为 60℃热水，由两台热水锅炉提供 95℃/70℃热水，经两台板式换热器获得；系统冷媒由两台离心冷水机组提供，计算机主机房和终端室由两台风冷空调机提供冷媒。

② 排风系统

排风共有八个系统，$P_1 \sim P_5$ 为地下车库、仓库、制冷机房、锅炉房、泵房和营业厅、会议室排风；P_6、P_7 为高层卫生间排风；P_8 为多功能厅排风。

③ 防烟排烟系统

地下车库、制冷机房、锅炉房，高层走廊，裙房和会议室分别设置 $PY_1 \sim PY_3$ 三套排烟系统；裙房两部楼梯间和高层部分楼梯间前室设置五套正压送风系统 $S_1 \sim S_5$；地下人防设置一套送风系统 S_6。

④ 冷热水系统

冷热水管道为共用管道，冬季送热水、夏季送冷水。

(2) 工程特点

① 本工程为高层建筑，施工面狭小，安装工程量大，需考虑各安装工种的配合问题；

② 施工现场面临闹市、场地狭窄，需充分合理地利用有限场地；

③ 管道竖井内安装难度大、工作量多，应注意质量控制；

④ 土建、安装多工种、多层次交叉作业，需要精心组织，既要保证工程进度、又要确保施工安全。

9.5.2 编制依据

(1) 与建设单位签订的施工合同；

(2) 设计图纸和与设计有关的标准图等资料；

(3) 现行的通风空调工程安装施工规范和验收规范；

(4) 现行建筑安装工程质量检验评定标准；

(5) 现行建筑安装统一劳动定额、工期定额和安装工程全国统一预算定额。

9.5.3 施工技术方案

(1) 施工流向和施工顺序

根据本工程特点和通风空调安装工程施工工艺要求，整个工程施工流向为由低向高逐层向上施工，每层流向为由主要设备向末端施工。施工制定以下施工顺序（图9-14）：

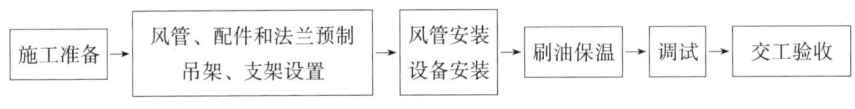

图9-14 施工顺序图

(2) 流水段划分、施工方法和施工机械选择

以建筑层和各空调、防排烟分区系统为流水段，由低层向高层组织流水施工；设置临时加工厂现场加工主要非标管道、部件；标准构件、部件和材料外购；主要施工机械有套丝机、通风咬口机、折方机和卷扬机等。

(3) 施工技术措施及要求

① 本工程要严格按设计要求施工，设计无要求时严格按国家规范执行，如发现设计与施工有问题时应及时和设计院联系解决。

② 施工前要对施工人员进行质量技术交底，施工中加强质量检查，发现质量问题及时返修。

③ 施工前要对设备及主要材料及半成品、成品进行检查，必须有厂家合格证明，并作好检查记录，发现质量问题及时向甲方或材料部门反映。

④ 风道制作全部采用机械加工，制作尺寸要正确，咬口要平整，如风管需加固，应采用对角线凸棱加固。

⑤ 风道安装应根据现场实况，在总送回风始末端和干管的分支处设置测量孔。

⑥ 穿过沉降缝和变形缝处的风道不得变径，两侧风道应由软接头严密牢固相连。

⑦ 保温风道的支、吊、托架应安装在保温层的外面，在风道与支架之间应衬垫木。

⑧ 防水阀安装位置和方向要正确，保持阀片水平，气流方向与阀体上所标的箭头方向一致，严禁逆向，并应单独设置吊支架。

⑨ 薄钢板风道及其配件、吊支架应除锈后涂两道防锈漆，如不保温应涂两道面漆。

⑩ 空调送回风管及新风系统送风管均保温，材料为玻璃棉板，厚度40mm，保护层为玻璃纤维铝箔。机房风管保温保护层用0.3～0.35mm镀锌钢板。

⑪ 风口及散流器安装应牢固、整齐、美观、位置应正确。

⑫ 风机盘管安装支架应牢固，各吊杆受力要均匀、平衡，以防风机盘管受力不均匀而扭曲，造成风机叶轮碰壳。风机盘管排水坡度应正确，不得倒坡，凝结水应畅通地流到指定位置，避免滴水盘积水太多而往下滴水。

⑬ 冷热水系统最高点应设放气装置，最低点应设排水装置。

⑭ 冷热水系统安装前先清洗管内污物；支、吊、托架不允许有气割孔、气切割型钢现象，支、吊、托架必须除锈后再涂两道红丹防锈漆和两道面漆。

⑮ 管道安装完后应做水压试验，试验合格后应对管道进行冲洗（冲洗前须将所有过滤器网卸下），然后进行保温，保温材料为阻燃性聚乙烯保温管壳，保护层为玻璃纤维铝箔。

⑯ 冷水管的支吊架必须安装在保温层外部，在通过支吊架处应设置垫木。

⑰ 冷热水管道（包括送回水），应有3‰的坡度，管道严禁倒坡。

⑱ 无缝钢管焊接要求焊口宽度均匀，无咬肉、焊瘤、夹渣及气孔等缺陷。

⑲ 管井内主干管安装，固定应牢靠，支托应有足够的承重能力，大口径管道吊装时，宜有起重工参加。

⑳ 管路上的阀门应尽可能保证阀杆垂直向上（蝶阀应保持水平），位置应在便于操作的地方。

㉑ 安装完毕后应进行调试，测定风机风量风压，调整风量分配，测定加热器表冷器喷水室加湿器、热交换器、制冷机等的能力，调整室内温度、湿度，最后使各项指标符合设计要求。

9.5.4 施工组织及施工进度计划

（1）施工组织

为加强施工管理，保证施工质量和施工安全、按期完成施工任务，特成立项目经理部，实施项目部管理。

经理部成员：项目经理一人：×××，专业工长一人：×××，质量员一人：×××，安全保卫一人：×××，材料员一人：×××，其他管理人员由分公司××工程处管理人员兼任。

（2）施工进度计划

工程量、劳动量、施工时间、机械台班按照现行定额标准计算，计算过程略。

本施工进度计划以土建"统筹施工图"为基础、按照通风空调安装工程施工特点编制，为保证工程按期竣工，希望土建和其他安装工程相互配合，作好现场协调，以便进行交叉施工。

工程安装施工进度分为三个阶段。第一阶段从2017年3月到2017年7月，为安装配合阶段；第二阶段从2017年8月到2018年2月，为安装高峰阶段；第三阶段从2018年3月到2018年6月，进入调试、收尾阶段。

工程量见工程施工图预算，安装总工日数为27069工日，工期461天，平均安装人数59人/日。施工进度计划安排见表9-10。

9.5.5 施工准备计划、劳动力及物资计划

（1）技术准备

① 熟悉施工图，学习有关施工及验收规范、标准，会同甲方、现场监理、设计和主要设备厂家进行图纸会审。

② 编制详细、切实可行的技术保证措施，从技术上保证工程工期和质量要求。

③ 编制施工图预算和施工预算。

④ 编制施工组织设计。

（2）物资准备、施工现场材料管理计划

① 主要材料需用量见表9-11。现场材料供应按照与甲方签订的有关协议执行。

② 根据工程进度，由现场施工人员及时提出材料需要计划，报现场材料员准备实施。需外购材料报分公司材料科。对于一般常用材料应尽可能就地采购，减少运输费用。

③ 为了确保工程质量和进度的正常进行，材料员对进入现场的材料、设备都要严格检查，不合格者均不准用于工程中。一切材料、部件，都应有产品质量合格证书，并保管好技术资料。

第9章 建筑设备安装工程施工组织设计

××大厦空调系统安装施工进度计划表

表 9-10

序号	项 目		进度计划 2017年 3月-2018年 7月
1	风管预制		
2	地下室空调、排风、防排烟风管安装	设备安装	
		支吊架安装	
		风管安装	
3	裙房空调、排风、防排烟风管安装	设备安装	
		支吊架安装	
		风管安装	
4	新风机组安装		
5	新风系统	支吊架安装	
		风管安装	
6	风机盘管安装		
7	水系统管道安装	地下室	
		裙房	
		主楼	
8	油漆、保温		
9	试压		
10	风口安装		
11	系统调试		

注:1. 计划总工日数为 27069 工日,工程日历天数 461 天;
2. 本计划安排根据承包合同工期及土建施工建设计划进行设计,若因其他原因造成土建进度节点推后,则本计划顺延,若因其他原因造成土建进度节点提前,则本计划的进度应尽量提前。
3. 冷冻机房、锅炉房、电气安装和给排水等制约空调系统施工的进度应尽量提前。

主要材料需用量表

表 9-11

序号	名 称	规 格	单 位	数量	备注
1	薄钢板	0.5～1.5mm	m²	7900	
2	镀锌薄钢板	0.3mm	m²	650	(机房保温)
3	排烟钢管		m	740	
4	蝶阀		个	367	
5	风管止回阀		个	4	
6	多叶调节阀		个	94	
7	电动调节阀		个	5	
8	防火调节阀		个	77	
9	排烟防火阀		个	30	
10	方形活动百叶风口		个	1	
11	方形散流器		个	400	
12	消声百叶风口		个	3	
13	双层百叶风口		个	472	
14	圆管插板风口		个	4	
15	135 双层风口		个	23	
16	单面送吸风口		个	9	
17	格栅壁式风口		个	417	
18	防火风口		个	9	
19	多叶送风口		个	60	
20	消声器		个	41	
21	散流器静压箱		个	181	
22	手动密封阀		个	8	
23	自动排气活门		个	3	
24	风机减振器		个	24	
25	玻璃棉保温板		m³	324	
26	镀锌钢管		m	10500	
27	无缝钢管		m	1160	
28	平衡阀		个	6	
29	单流蝶阀		个	5	
30	电动阀		个	504	
31	闸阀		个	23	
32	中线阀		个	196	
33	减振喉		个	10	
34	水位控制阀		个	1	
35	滤水器		个	5	
36	自动放气阀		个	12	
37	波纹补偿器		个	5	
38	温度计		个	24	
39	压力表		个	22	
40	聚乙烯保温管壳		m³	22	
41	玻璃纤维铝箔		m²	16300	

④ 材料保管：对已到达现场的材料，按"施工现场平面布置图"安排、计划堆放整齐，并有防护措施。易燃易爆物品应隔离堆放，并有防火措施。

⑤ 凡代用材料，应经设计单位或建设单位认可并签证，方可使用，不得擅自改变设计。

⑥ 建立和健全材料明细账，按制度现场发料，并做到账、物、卡相符。

⑦ 当施工进度达到80%左右时，材料员应对现场料具进行一次盘点，对剩余工程用料数量做好预测，防止积压，做到工完场清，努力降低材料消耗。

（3）机具、计量器具计划

① 机械设备：大型运输、吊装机械由分公司配备或于当地租赁。现场施工材料吊运作业与土建协商，使用土建单位的吊运机械。施工中常用的机具如：试压泵、套丝机、电焊机、电钻、冲击钻、切割机、卷扬机等，由分公司统一调配。对损坏和不安全的机具及时更换和维修，禁止带病运转。现场设备要有专人负责，应悬挂三牌：操作名牌、设备铭牌、岗位责任制标牌。使用时要严格遵守操作规程。在室外放置的机械设备，应有防护措施，避免锈蚀、损坏。

② 施工机具：安装用工具要根据施工需要和工种进行配备，尽量配备一些先进的便于操作的工具，以减轻劳动强度，并提高工效。

③ 为确保本工程质量，必须使用经检查合格并在允许使用期内的计量器具。施工班组必须按照"施工工艺计量检测网络图"配备计量器具，严禁使用不合格或超期未检定的计量器具。计量器具使用人员必须训练掌握所使用的计量器具性能、原理、操作程序、测量方法，保证测试结果准确。使用前认真检查是否处于良好技术状态，使用后做好经常性的维护保养工作。主要机具和计量器具需要量见表9-12。

主要机具和计量器具需用计划表 表9-12

序号	名称	规格型号	单位	数量	备注	序号	名称	规格型号	单位	数量	备注
1	电焊机	交流	台	3		14	捯链	2~10t	台	3	
2	冲击钻	TE22、52、72	台	5		15	汽车	5t	台	1	
3	套丝机	QT-A1/2-4	台	1		16	汽车吊	5t	台	1	
4	套丝机	QT-B1/2-6	台	1		17	铁水平尺	300mm	把	2	
5	砂轮切割切	φ400	台	2		18	铁直角尺	150mm、300mm	把	2	
6	台钻	φ13	台	2		19	塞尺	2号	把	1	
7	手电钻	φ6	台	2		20	钢卷尺	2m、3m	把	4	
8	台式砂轮机	φ150	台	2		21	焊接检查尺	0~40mm	把	2	
9	液压开孔机	YL-120	台	3		22	水准仪	Ds1	架	1	
10	通风咬口机	YZL、YZA、YZA、YW1/ZL	台	5	一套	23	压力表	0~1.6MPa 0~0.6MPa	个	4	
11	折方机	WS-12	台	1		24	万用表	MF	块	2	
12	试压泵		台	1		25	氧气表	0~0.25MPa	块	2	
13	卷扬机	5t	台	1		26	乙炔表	0~0.25MPa	块	2	

(4) 劳动力计划

工程安装总工日数为 27069 工日，平均安装人数 59 人/日。工程主要工种为管道工、通风工、电工、起重工、油漆工、电焊工、气焊工和调试人员，见劳动力需用表 9-13。其中大多数由分公司调配，少量技术要求不高的普工在当地招聘。表中人数是从配合阶段到工程竣工期间的平均工人数，配合阶段人数应减少，安装高峰期人数应增加。

劳动力需用计划表　　　　　　　表 9-13

序号	工种	需用人数	备注	序号	工种	需用人数	备注
1	管道工	37	配合阶段 2~5 人/日	5	油漆工	4	配合阶段 1 人/日
2	通风工	12	配合阶段 2 人/日	6	电焊工	5	配合阶段 2 人/日
3	电工	8	配合阶段 2~4 人/日	7	气焊工	3	配合阶段 1 人/日
4	超重工	4	设备、管道安装	8	调度	4	

9.5.6 施工组织措施

(1) 质量保证措施

① 严格工程质量控制，一切为用户着想。将该工程列为"创优"项目，密切与土建公司等单位配合，争创"样板工程"。

② 为实现上述目标，施工现场特成立质量管理领导小组，组长：×××；副组长：×××；组员：×××、×××、×××等。领导小组接受分公司主任工程师的领导和技术质量科的监督。

③ 质量责任制落实：按公司统一制定管理办法，落实各级质量责任制，分头负责，层层把关，强化现场质量管理，坚持"百年大计，质量第一"的方针，把质量作为施工过程的主题。

④ 保证措施

(a) 按照材料、工艺、人员等主要环节进行安装质量程序控制，见图 9-15。

(b) 材料：材料出库依据用料计划，按规格、型号核实并应附有产品合格证。当材

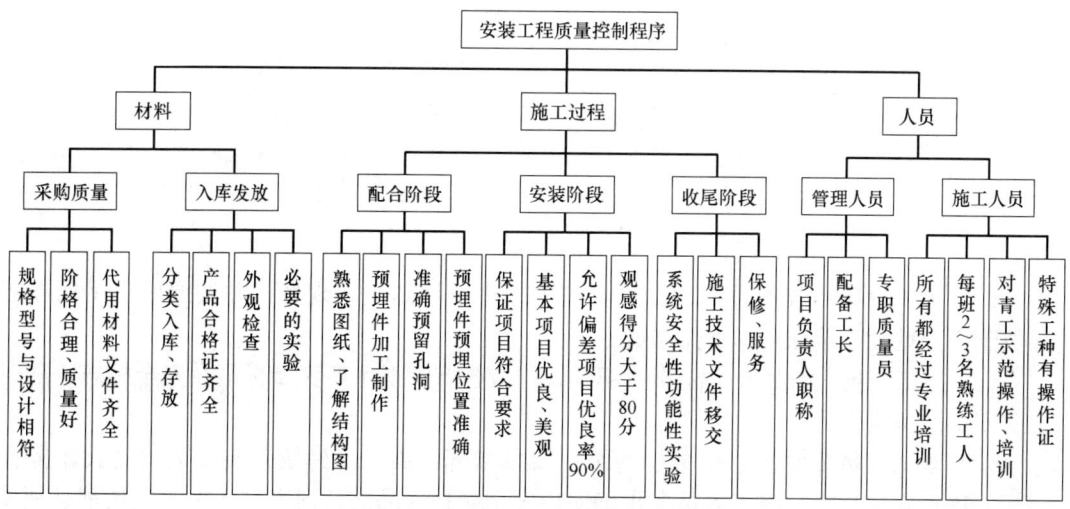

图 9-15　安装工程质量控制程序图

质或规格不符合要求时，班组有权拒绝领用；施工中使用材料应按工艺、规格要求，合理配料，保证产品质量。如遇不能处置的质量问题时，应及时向上级反映请求解决。

(c) 施工：施工过程中除应遵守设计、规范、标准等技术文件外，还应依据本施工组织设计进行分项工程质量控制。质量检验要坚持"自检、互检、专检"相结合的三检制；班组每星期一上午为质量安全会，班长应向组员做一周的质量工作小结；班组施工任务书结算实行质量认定，即任务书验收结算必须有专职质量员的签字，否则劳资员不予以结算。

(d) 消除质量通病：施工中必须消除公司在管道、电气、通风（空调）、设备等专业方面总结出的25条质量通病。对出现质量通病，采取严管重罚办法，即：每出现一项（处）质量通病，罚款××～××元，同时必须限期整改。

(e) 整改措施：凡出现不合格项，班组任务书暂停结算，同时填写"不合格项处理报告书"，班组一周内必须整改完毕，将整改结果返回质保部门。待整改全部确认后，再作任务书结算。

(f) 为了树立企业信誉，按公司规定，工程质量实行"三级检验一级评定"制，即施工队、工程处、公司三级质量部门检验，公司质量科最后评定质量等级。

⑤ 施工技术资料管理：各专业施工技术资料（技术资料、评定资料、竣工图、其他）必须随工程同步填写，以确保其真实性和完整性。

⑥ 质量回访及保修：按施工合同及有关规定，对保修期内出现的安装质量问题，应及时进行处理，保证设计使用功能，做好质量回访工作，虚心听取用户意见，处理存在问题，做到用户满意。

(2) 安全、消防及保卫措施

① 施工安全措施

(a) 参加施工人员要经过安全教育和岗位安全操作技术教育，熟记安全技术操作规程。各级领导要做好安全生产的宣传教育，抓好各项安全生产措施的落实，建立安全生产网络，见图9-16。

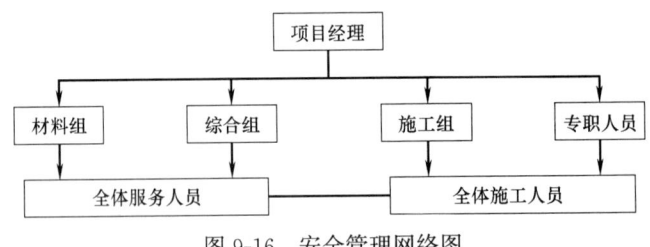

图9-16 安全管理网络图

(b) 施工现场的各种设备、材料应按工期进度计划进入现场，并按照施工平面布置堆放于安全地段，保证场内道路畅通、平整。

(c) 施工现场入口处及危险作业部位，均应挂有安全生产大型标语和安全标志，随时提醒职工注意安全生产。

(d) 施工人员要服从总包单位的统一安排指挥，遵照《建筑安装工人安全技术操作规程》进行安全生产。施工人员要正确使用安全防护用品。任何人进入施工区域都必须戴好安全帽，高空作业必须挂好安全带，禁止穿拖鞋、高跟鞋进入施工现场。

(e) 施工现场临时用电应遵照《施工现场临时用电安全技术规范》的有关规定执行。

(f) 电动机具的金属外壳必须接地或接零，所用保险丝的额定电源应与其负荷容量相适应，禁止用其他金属代替。

(g) 文明施工，自觉遵守现场管理制度，保护产品安全，防止污染。

② 消防措施

(a) 对职工进行消防宣传教育，提高职工灭火、防火意识。建立消防管理制度及网络。

(b) 施工现场设消火栓，在消火栓周围 5m 内不准堆放物料。

(c) 施工现场要备有足够的灭火器材，随着施工进展应分层设置消防器材。

(d) 施工现场设置明显的消防标志，特别在装修工程交叉施工阶段，应严格执行动火证制度，提高防火意识。在有易燃物周围动火，应有人监护。

③ 保卫措施

(a) 遵守国家治安管理条例，加强现场保卫工作，建立现场保卫管理网络。

(b) 建立施工人员出入证制度，凭证出入施工现场，严防不法分子偷盗破坏。

(c) 夜间必须设立保卫值班人员，搞好现场治安保卫工作，严厉打击各种犯罪活动。

④ 降低成本措施

(a) 合理使用机械，提高机械综合使用率。

(b) 合理安排现场材料堆放，减少二次搬运费用。

(c) 对施工班组实行经济承包制，降低材料损耗。

(d) 编制降低成本计划表，并进行综合评价分析。

9.5.7 主要经济技术指标测算

1. 每平方米产值 $=\dfrac{工程预算造价}{建筑面积}=\dfrac{6188000}{28000}=221$ 元$/m^2$

2. 单位产品劳动力消耗 $=\dfrac{计划总工日}{建筑面积}=\dfrac{27069}{28000}=0.96$ 工日$/m^2$

3. 安全、质量指标：确保不发生重大事故，一般事故率控制在 1‰ 以下，工程合格率 100%，工程质量优良率达到 95% 以上。

9.5.8 临时设施及总平面布置

该工程场地狭小，安装工程的现场加工及材料堆放场地需另行考虑。现场平面图布置如图所示（略），生活设施占地 15m×25m；消防采用泡沫灭火器、消防桶等措施；生活、生产用水接总承包单位布置的临时水源，引入管径为 $DN50$；电源由现场变压器配电室引入。

电子课件说明

有关第9章"建筑设备安装工程施工组织设计"的内容，编写制作了"PPT9-1 安装工程施工组织设计引论"、"PPT9-2 安装工程流水施工技术"和"PPT9-3 安装工程网络计划技术"三个电子课件，每个电子课件均有"知识演示与互动学习"两大部分。在"知识演示"的第一部分中，在 PPT9-1 课件中，主要涉及施工组织设计概览、建筑设备安装工程施工组织设计内容；在 PPT9-2 课件中，主要涉及建筑设备安装工程施工组织基本方式、流水施工的主要参数以及流水施工的组织形式；在PPT9-3课件中，主要涉及施工进度计划编制方法、网络计划的绘制方法、网络计划的参数计算以及网络计划的优化技术。在"互动学习"的第二部分中，根据有关第9章的"知识演示"所呈现内容的层次与水平，将问题分为三类：基础性问题、系统性问题、挑战性问题，在这三类问题中包括：概述题、填空题、选择题、计算题、网络编制题、思考题等，并给出了相应的参考答案要点。

思考题与习题

1. 施工组织设计编制的依据是什么？如何编制好一份施工组织设计？
2. 已知某工程逻辑关系如表9-14所示，试绘制双代号网络图和单代号网络图。

逻辑关系　　　　　　　　　　　　　　　　　　　　　　表 9-14

工作	A	B	C	D	E	G	H
紧前工作	C,D	E,H	—	—	—	D,H	—

3. 已知某工程逻辑关系如表9-15所示，试绘制双代号网络图和单代号网络图。

逻辑关系　　　　　　　　　　　　　　　　　　　　　　表 9-15

工作	A	B	C	D	E	G
紧前工作	—	—	—	—	B,C,D	A、B、C

4. 已知网络计划如图9-17所示，箭线下方括号外数字为工作的正常持续时间，括号内数字为工作的最短持续时间；箭线上方括号内数字为优选系数。要求工期为12天，试对其进行工期优化。

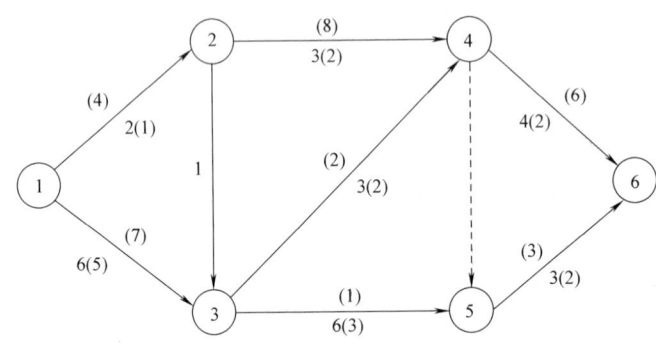

图 9-17 网络计划工期优化

5. 某工程逻辑关系如表9-16所示，试绘制单代号网络图，并在图中标出各项工作的六个时间参数及相邻两项工作之间的时间间隔。最后，用双箭线标明关键线路。

逻辑关系　　　　　　　　　　　　　　　　　　　　　　表 9-16

工作	A	B	C	D	E	G
持续时间	12	10	5	7	6	4
紧前工作	—	—	B	B	B	B,D

6. 某网络计划的有关资料如表9-17所示，试绘制双代号时标网络计划。

逻辑关系   表9-17

工作	A	B	C	D	E	G	H	I	J	K
持续时间	2	3	5	2	3	3	2	3	6	2
紧前工作	—	A	A	B	B	D	G	E、C	C、E、C	H、I

第10章　建筑设备安装工程项目管理

10.1　建筑安装工程项目管理概述

项目管理是有计划有步骤地对项目或一次性任务进行高效率的计划、组织、指导和控制过程，其本质是一个对项目实施过程中各管理阶层所给予的责任和权力完整的制度。

施工项目管理是以工程建设项目为对象，项目经理责任制为基础，施工图预算为依据，承包合同为纽带，最佳效益为目的，从工程的投标、开工到验收交付使用的一次性整个过程中项目的工期、质量、成本、安全等进行系统计划、组织、协调、控制的管理方法。

受工程项目自身特点决定，施工项目管理是一次性内部施工任务承包管理方式，管理过程是以达到施工合同中规定的施工任务、工期、质量等为目标，对涉及的人、财、物、空间、时间、信息等各种因素综合考虑。

10.1.1　项目管理的基本职能

（1）计划职能：对项目全过程、全部目标和全部活动编制计划，用一个动态的计划系统来协调控制整个项目，以便提前预见问题，使项目协调有序地达到预期目标。

（2）组织职能：通过职责划分、授权、合同的签订与执行和运用各种规章制度等方式，建立一个高效率的组织保证系统，以确保项目目标的实现。

（3）协调职能：项目不同阶段、不同部门、不同层次之间存在着大量结合部，这些结合部的协调与沟通是项目管理的重要职能。

（4）控制职能：按照项目计划对目标进行分解，提出阶段性目标和各种指标定额，检查执行情况，以及对实施中的信息反馈、决策和调整来实现目标。工程项目的控制往往以质量控制、工期控制和成本控制为中心内容。

10.1.2　施工企业项目管理的工作内容

施工企业项目管理的工作内容主要包括以下三方面内容：

（1）资源管理：基本内容是确定施工方案，做好施工准备。具体包括施工方案的经济比较，选定最佳施工方案；选择适用的施工机械；设计施工平面图，确定各种临时设施的数量和位置；确定各工种人工，机具和材料的需要量等工作内容。

（2）施工管理：基本任务是编制施工进度计划，在施工中检查执行情况，并及时调整，以确保工程按期竣工。主要内容有编制施工进度计划；建立检查进度计划的报表制度和信息处理程序；施工图纸供应情况的监督检查；物资供应情况的监督检查；劳动力调配情况的监督检查；工程质量管理。

（3）合同与造价管理：基本任务是投标报价，签订合同，结算工程款，控制成本等。

主要内容包括制定投标报价方案；与发包单位、分包单位和供货单位签订合同；检查合同执行情况，处理索赔事项；工程中间验收及竣工验收、结算工程款；控制工程成本；月度结算和竣工决算及损益计算。

10.2 建筑安装工程项目计划管理

10.2.1 工程项目计划管理的概念

工程项目计划是对工程项目预期目标进行筹划安排等一系列活动的总称。项目计划是工程项目的决策过程，工程项目计划规定了项目实施的目标和实施方案，是工程项目实施的指导文件。工程项目计划管理是通过搜集、整理和分析项目相关信息，分析项目的可行性、规划预期目标及安排实施方案，使人力、材料、机械、资金等各种资源在工程项目实施的全过程得到充分运用，实现预期目标的规划、组织、指导和控制过程。

工程项目计划管理可概括成计划编制（P）、计划实施（D）、计划检查（C）和采取措施（A）四个过程。计划编制指通过编制计划，落实有关方面的工作和责任，协调内部和外部的活动，作好综合平衡和优化组合。计划实施指有关方面按计划组织实施，根据计划相互配合协作。计划检查是检查计划实施过程中出现的偏差，分析偏差产生原因。采取措施是在发现偏差后，根据偏差产生的原因。采取措施进行补救，并对计划进行调整的过程。计划管理过程如图10-1所示。

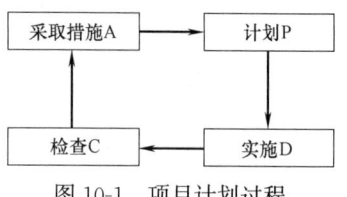

图 10-1 项目计划过程

大型工程项目计划一般要根据项目实施的进度分成若干个阶段的计划，近期计划要求具体、中期简要一些、远期更简要。计划管理过程不但要对本期计划进行编制、实施、检查和调整，还要根据本期计划的实施情况，对以后的计划进行检查、修订和调整，所以工程项目计划管理是一个滚动前进过程。

10.2.2 工程项目计划的内容

（1）项目计划系统

项目计划系统是项目计划编制的纲要，包括项目计划规格和管理计划两部分。项目计划规格是在编制计划前，对项目的设计、设备材料的采购、施工等的技术要求，如使用的规范、标准等。项目管理计划是对项目中各项工作进行计划、组织、协调、控制的计划文件，这些文件中包括各项工作的目标、任务、要求和相应的安排、组织和控制方法等内容。项目计划系统如图10-2所示。

（2）工程项目计划的编制程序和内容

① 工程项目计划编制的程序

项目计划编制的程序如图10-3所示。

② 工程项目的总体计划内容

工程项目的总体计划包括以下基本内容：

（a）总则：对项目的总体介绍，包括工程项目概况，项目各方的责、权、利，项目管理机构，项目规格标准等。

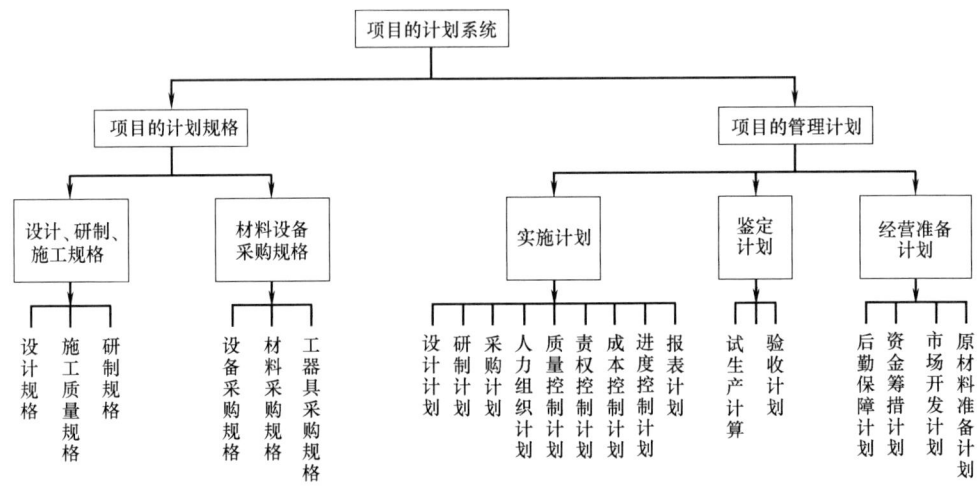

图 10-2 项目计划系统图

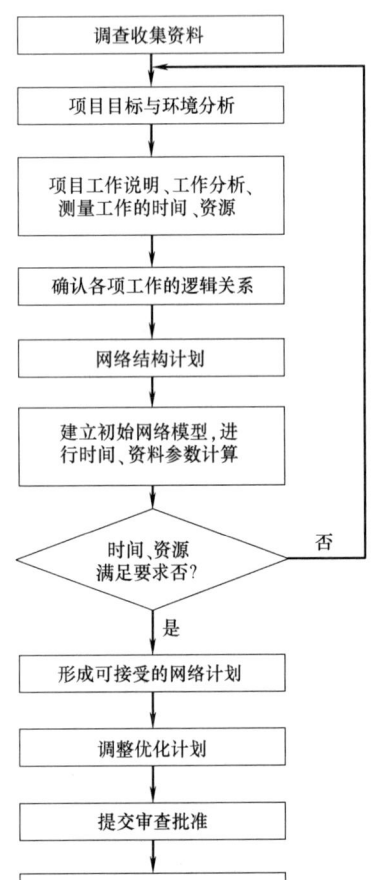

图 10-3 项目计划编制的程序

(b) 项目的目标和基本原则：项目总目标详细说明，项目组织形式，各方关系和一些特殊规定。

(c) 项目实施总方案：包括技术方案和管理方案。

(d) 合同形式：项目合同类型和主要内容要求。

(e) 进度计划：总进度计划和各项工作进度安排。

(f) 资源使用：资金、人力、设备、材料等的使用估算、监督、控制的方法和程序。

(g) 人事安排和组织机构：人事制度、安全保障，人员的安排、补充调配和培训等。

(h) 监督、控制与评价：监督控制的内容范围，评价的方法和指标等。

(i) 潜在问题：对可能发生的意外事故分析和应急计划。

③ 工程项目的分项计划内容

(a) 组织计划

组织计划包括组织机构设置计划、生产人员组织计划、协作计划、章程制度计划和信息管理系统计划等，其目的是建立一个稳定的、健全的、责权明晰的管理机构。

(b) 综合进度计划

包括总进度计划、设计进度计划、设备供应进度计划、施工进度计划、竣工验收和试生产计划等内容。通过各项进度计划，对各单位的工作进行统一安排和部署，确保长期计划和短期计划、局部计划与整体计划能协调统一。

（c）经济计划

包括劳动力工资计划、材料计划、构件及加工半成品需用量计划、施工机具需用量计划、项目成本降低计划、资金使用利润计划等。

（d）物资供应和设备采购计划

确定物资供应和设备采购的方针、策略、数量、顺序、到货时间和地点等，满足工程施工需要。

（e）施工总进度计划和单位工程进度计划

根据综合进度计划的要求，编制施工总进度计划和单位工程进度计划，合理安排各施工项目的先后顺序、开竣工时间和搭接关系，平衡各施工阶段的资源需用量和投资分配。

（f）项目质量计划

根据工程要求、施工技术和管理水平确定质量目标和各阶段的质量管理要求。

（g）报表计划

规定报表内容和信息范围，报表时间，报表填写负责人和接受对象。

（h）应变计划

"意外需要"的储备，当产生意外情况时，"意外需要"的使用的规定和计划。

（i）竣工验收计划

明确工程验收的时间、依据、标准、程序和工程移交时间等。

10.3　建筑安装工程项目组织

10.3.1　组织机构

（1）项目组织机构设置原则

① 项目组织机构在保证满足必要职能的前提下，要精简机构、提高效率，以求高效精干。

② 适当划分管理层次，保证管理跨度的科学性，使各级管理人员在一定的工作范围能集中精力实施有效管理。

③ 组织管理机构形成一个完整系统的机构体系。各职能部门之间形成一个相互制约、相互协调的封闭性有机整体。

④ 因事定岗、按岗定人、以责授权，保证人负其责，事不落空。

⑤ 适应工程项目变化需要，实行弹性组织机构和管理人员流动制度。

（2）项目组织机构的形式

建设单位的项目管理组织机构形式有指挥部制、工程监理代理制、交钥匙管理制和建设单位自组织等方式。

指挥部制是由建设单位、设计单位、施工单位及有关主管部门联合组成指挥部，实行指挥部首长负责制。统一指挥施工、设计、物资供应等工作。指挥部制有现场指挥部、常设指挥部和工程联合指挥部等形式。

工程监理代理制是建设单位与施工单位和监理单位分别签订合同，由监理单位代表建设单位对项目实施管理，对施工单位进行监督。项目拥有权和管理权分离，由专业监理机构对项目进行管理、监督、控制、协调。工程监理代理制是国际通行的工程管理方式,我国正大力推广。

交钥匙管理制,由建设单位提出项目使用要求,将项目从设计、设备选型、工程施工验收等全部委托给一家承包公司,工程完成后,即可使用。

建设单位自组织主要适用于建设单位自身有一定工程管理能力,在工程不复杂的中小型项目中有时采用。

工程承包单位的项目管理组织机构受其企业管理组织机构设置方式制约。组织机构的主要形式有:直线职能式、事业部式、混合工程队式、矩阵式等。

① 直线职能式

直线职能式是一种集权式组织形式。这种方式吸收了直线式命令畅通和职能式专业分工强的特点,一方面权力从企业负责人到施工队自上而下形成直线控制,下级对上级负责,企业负责人通过其下各级负责人下达命令,实行纵向管理;另一方面,通过下属各职能部门对各专业分工进行横向领导。管理领导线路有两条:

主线(纵向):总经理→职能部门经理→工程处→工区→施工队

辅线(横线):总经理→职能部门→专业施工队

直线职能式管理模式见图10-4,管理过程要求主线和辅线的命令相互协调统一。

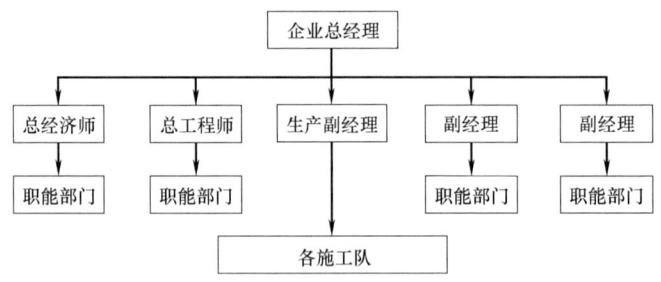

图 10-4 直线职能式管理结构

② 事业部式

对于有些大型综合性企业,由于企业业务范围广,采用直线职能式组织方式权力过分集中,不利于各部门充分发挥作用,可采用事业部式管理方式。这种方式将企业划分成若干个相对独立的职能部门,对各部门职能范围内给予较大的管理权力,由各部门对现场施工直接指挥。其特点是由专业职能部门直接管理、分工明确,保证决策正确;命令统一,执行畅通;但每个工程项目需要一套管理机构、人力资源需要量大;各职能部门横向联系不便。管理组织结构如图10-5所示。

③ 混合工程队式

按照对象原则组成管理机构,企业职能部门配合工程对象,处于服从地位。由企业任命项目经理,项目经理从企业各部门抽调或聘用各专业人员组成项目管理班子,抽调施工队组成混合施工队。管理人员和施工队在项目进行期间,与原部门脱离管理关系,重新组成新的项目管理经济实体,只对项目负责。项目完成后,人员返回原部门。这种管理方式的特点是对象明确、权力集中;各专业现场配合管理、决策及时、工作效率高。适用于大型项目或工期要求紧的项目。混合工程队式管理组织结构如图10-6所示。

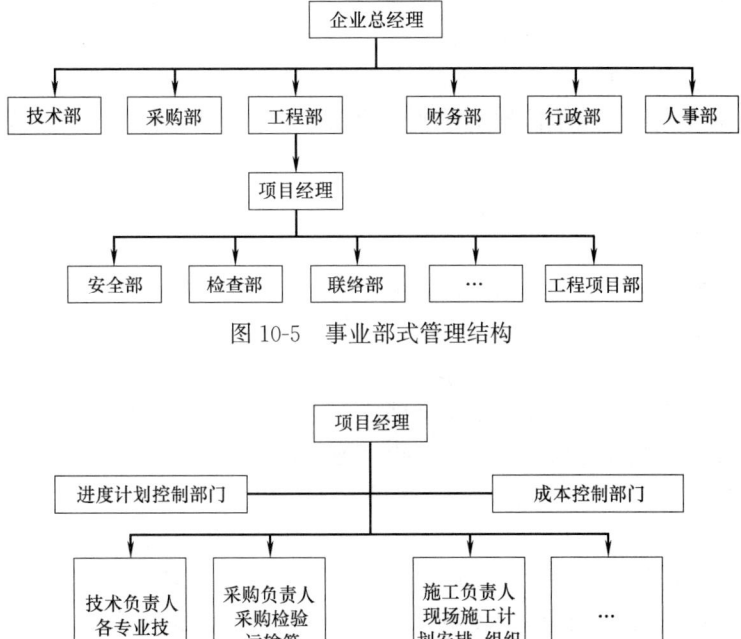

图 10-5 事业部式管理结构

图 10-6 混合工程队式管理结构

④ 矩阵式

矩阵式管理方式综合了事业部式和混合工程队式管理的优点,一方面要求工程队专业分工长期稳定,另一方面要求项目组织有较强的综合性。把职能原则、对象原则结合起来,发挥项目管理组织的纵向优势和企业职能部门的横向优势。图 10-7 为矩阵式管理的结构图。图中纵向表示不同的职能部门,负责对项目的监督、考察管理,部门人员不抽调到各项目中;横向表示项目,设项目经理,领导各专业人员的工作。矩阵式管理方式对项目双向领导,要求管理水平高,项目经理责任大于权力,可利用尽可能少的人力实现多项目管理。这种方法适用于大型复杂的项目和企业同时承担多个项目的管理。

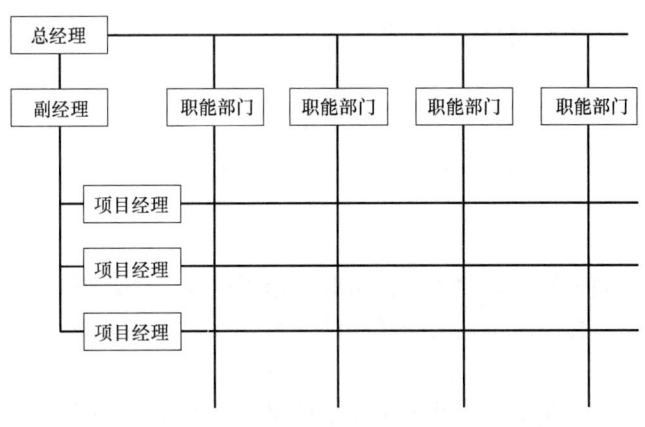

图 10-7 矩阵式管理结构

10.3.2 组织方式

项目管理的组织方式有平行承发包方式、总分包方式、全包方式和承包联营方式等。

(1) 平行承发包方式

平行承发包方式是建设单位把工程项目的施工任务分别发包给不同的施工单位，各施工单位之间的关系平行。这种组织方式可以加快工程进度、提高工程质量，但需要较多的协调工作。

(2) 总分包方式

是指建设单位把工程的全部施工任务承包给一个施工单位，该施工单位再将其中的任务分解承包给其他施工单位。

(3) 全包方式

建设单位把一个工程的设计、施工全部承包给一个单位。承包单位可以独立完成整个设计、施工任务，也可以将某一部分分包给其他单位。

(4) 承包联营方式

若干企业为完成某一工程项目临时组成一个联营机构，选出项目总负责人，统一指挥、协调，联营机构与建设单位签订承包合同，组织施工，当项目完成后联营机构解散。这种方式建设单位与承包单位结构关系简单，但联营机构内部各承包单位之间应做好协调工作。承包联营方式是国际上流行的工程承包组织方式，特别适合在大型工程中采用。

10.4 建筑安装工程项目控制及协调

工程项目的实施是一个动态的、随机、多方的过程。为了实现工程项目管理目标，工程项目的参与者必须以工程承包合同、工程项目计划和有关规范标准等为依据，围绕项目的工期、成本和质量，对工程的实施过程进行全面、周密的监控，对项目实施过程中涉及的各方进行协调。

10.4.1 工程项目控制的依据、原理及各方关系

工程项目的控制是指在实现工程项目目标的过程中，项目管理机构依据事先拟定或认可的计划、原则、标准和措施等，及时检查、搜集项目实施状态的信息，并将之与原定计划或标准进行比较，发现偏差，分析偏差产生的原因，然后采取措施纠正偏差，保证施工计划正常进行，实现工程预定目标的过程。

(1) 控制依据

工程项目控制的主要依据有合同文件、计划文件、工程实施中有关信息、项目的总进度计划、总预算、设计依据或设计图纸资料、有关标准、规范、编码、手续步骤及项目主要参与人员的名单和通信地址等。

(2) 控制原理

工程项目的控制通过检查、比较、分析和纠错等过程实现，整个控制过程是一个信息的采集、反馈及根据信息调节工程实施状态的过程，控制系统原理见图10-8。

(3) 各方关系

工程项目的控制是由业主、设计单位、监理单位和工程承包商共同协作完成的，各方在项目控制中的关系如图10-9所示。

10.4 建筑安装工程项目控制及协调

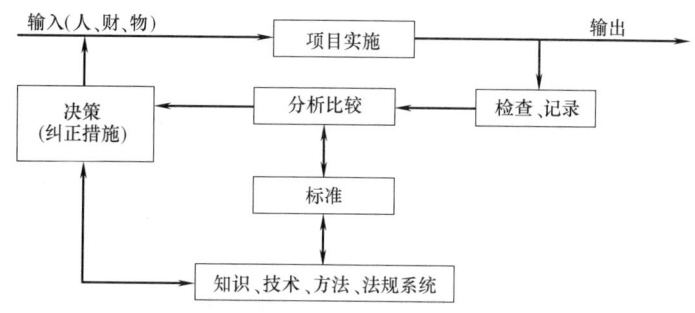

图 10-8 工程项目控制系统

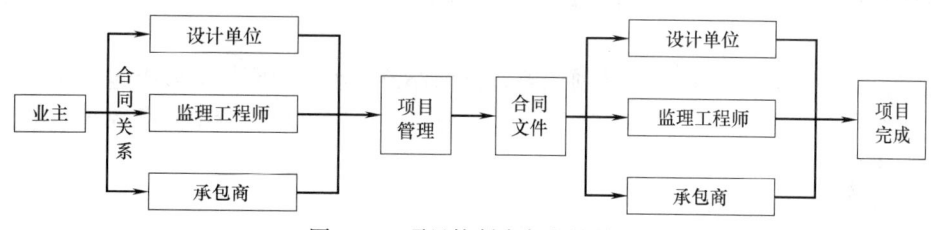

图 10-9 项目控制中各方的关系

10.4.2 工程项目成本控制

项目成本控制是针对施工单位而言的，对于建设单位，与之对应的是项目投资控制。

项目投资控制是在不影响工程进度、质量和生产安全的前提下，将项目实际支出控制在预算范围之内。控制过程是首先将计划投资额作为投资控制目标，再与工程项目实施过程的实际支出比较，找出偏差，并采取有效调整措施进行控制。

建设单位通过编制投资使用计划控制投资，投资计划可以用文字文件的形式说明投资总限额和分阶段分项工程投资限额，也可以用"时间—投资分配图"或"时间—投资累计图"进行分析控制。

项目成本是指项目进行过程中发生的费用的总和，包括人工费、材料费、机械使用费、其他直接费和管理费用。项目的施工成本是项目成本的主要部分，工程项目成本控制主要是指对施工成本的控制。工程项目成本控制是指在施工过程中，对各项生产费用的开支进行监督，及时纠正发生的偏差，把各项费用支出控制在计划成本规定的范围之内，以保证成本计划的实现。

(1) 项目成本控制的内容

① 事前控制

包括进行成本预测、参与经营决策、编制成本计划、确定成本目标、规定成本限额以及建立健全成本管理责任制、实行成本归口管理等内容。

② 成本计划执行中的控制

包括对生产资料消耗的控制、人工费的控制和费用开支的控制等。在计划执行过程中，按照成本计划人力、工料和机械设备的消耗定额、费用开支标准等对实际成本发生的时间、数量作用等进行检查、分析、调整，确保达到成本控制目标。

③ 事后控制

对项目成本形成以后的分析和考核，查明差异形成的原因，明确责任，考核有关人员和部门的业绩。

(2) 项目施工成本控制方法

项目施工成本控制方法很多，这里介绍四种方法：偏差控制法、成本分析表法、进度成本同步控制和施工图预算控制法。

① 偏差控制法

施工过程中进行成本控制的偏差有三种：一是实际偏差，即项目的预算成本与实际成本之间的差异；二是计划偏差，即项目的计划成本（目标成本）与预算成本之间的差异；三是目标偏差，即项目的实际成本与计划成本之间的差异。施工成本控制中的偏差控制法是在制定出计划成本的基础上，通过采用成本分析方法找出目标偏差并分析产生偏差的原因与变化发展趋势，进而采取措施以减少或消除偏差，实现目标成本的一种科学管理方法。

由于目标偏差＝实际偏差＋计划偏差，目标偏差越小，说明控制效果越好。计划偏差一经计划制定，一般在执行过程中不再改变，所以在施工成本控制中应采取措施尽量减少施工中发生的成本实际偏差。

② 成本分析表法

施工成本控制的成本分析表包括成本日报、周报、月报表，分析表和成本预测报表等。成本分析表法是利用表格的形式调查、分析、研究施工成本的一种方法。成本分析表要简要、迅速、正确。

③ 进度——成本同步控制法

进度——成本同步控制法是运用成本与进度同步跟踪的方法控制工程的施工成本。成本控制与计划管理，成本与进度之间有必然的同步关系。计划进度与计划成本（目标成本）对应，实际进度与实际成本对应，即施工到什么阶段，就应该发生相应的成本费用。以计划进度控制实际进度，以计划成本控制实际成本，随着每道工序进度的提前或延期，对每个分项工程的成本实行动态控制，以保证项目成本目标的实现。如果成本与进度不对应，就要作为"不正常"现象进行分析，找出原因，并加以纠正。

④ 预算控制法

采用量入为出的原则，根据施工图预算中人工费、材料费、机械使用费和管理费的指标和费用控制施工过程费用。在工程项目施工过程中应综合考虑正常人工费用、定额外人工费用和奖励费用，合理安排工程用工，要减少窝工或突击赶工造成的人工费用增加，将工程实际发生的人工费控制在施工合同规定的预算人工费以下。材料费的控制包括材料的消耗控制和采购成本控制两方面。材料的消耗可采用"限量领料单"控制；采购成本控制要求实际采购单价不大于预算材料单价，为此，材料采购管理人员应掌握市场材料价格变化信息，如遇材料价格大幅上升，应向定额管理部门反映，并争取甲方补贴。机械使用费控制要求合理安排施工机械的使用，提高机械的使用率，由于工程施工的特殊性，当实际发生的机械使用费用明显大于预算费用时，可争取机械使用费补贴，将实际机械费支出控制在预算机械使用费和机械使用费补贴之内。在工程项目实施过程精简管理机构、减少管理层次、提高工作质量和效率是降低工程管理费用的主要途径。

10.4.3 工程项目进度控制

施工项目进度控制是指在既定的工期内，按照事先编制的进度计划实施，并在执行过程中不断地检查实施情况，与原计划比较，找出偏差，分析偏差产生原因和对工期的影响，提出必要的调整措施，直至工程竣工验收。进度控制的目的是确保项目按既定工期目标实现，或在保证工程质量和不增加实际成本的前提下，适当缩短工期。项目进度控制主要通过规划、控制和协调完成，控制措施包括组织措施、技术措施、合同措施、经济措施和信息管理措施等。建设项目进度控制实施系统如图10-10所示。

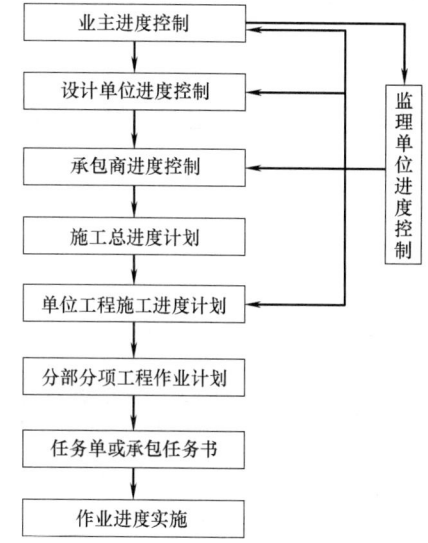

图 10-10 建设项目进度控制实施系统

（1）进度控制的内容

进度控制的实施分为项目施工阶段进度目标的分解、各施工阶段进度目标的确定和施工阶段进度控制。施工阶段进度控制包括以下内容：

① 事前控制

包括编制施工进度控制工作细则，编制和审核施工总进度计划、单位工程施工进度计划和年度、季度、月度工程进度计划等。

② 进度计划执行中的控制

现场跟踪检查工程进展情况，搜集、审核进度数据资料，分析偏差产生的原因，采取措施并调整进度计划等。

③ 事后控制

包括归类整理工程进度资料并建档，修改、调整验收阶段进度计划，组织验收等。

（2）进度控制的方法和措施

① 进度控制的方法

进度控制的方法主要有规划、控制和协调。所谓规划，就是确定项目总进度目标和分进度目标；所谓控制，就是在项目进展的全过程中，进行计划进度与实际进度的比较，发现偏离，及时采取措施纠正；所谓协调，就是协调参加单位之间的进度关系。

② 进度控制的措施

包括组织措施、技术措施、合同措施、经济措施和信息管理措施。

组织措施主要有：落实项目经理班子中进度控制部门的人员及个体控制任务和管理职能分工；进行项目结构分解（WBS），并建立编码体系；确定进度协调工作制度；对影响进度目标实现的干扰和风险因素进行分析。技术措施则是采用各种先进的施工方法以加快施工进度。合同措施主要有分别发包、提前施工，以及各合同的合同期与进度计划的协调等。经济措施主要是保证资金供应。信息管理措施主要是通过计划进度与实际进度的动态比较，定期地向建设单位提供比较报告等。

10.4.4 工程项目质量控制

工程项目质量控制是工程项目各项管理工作的重要组成部分。它是工程项目从实施准备到交付使用全过程中，为保证和提高工程质量所进行的各项组织控制、管理工作。保证和提高工程质量，是工程项目经理、各有关职能部门和全体职工的共同责任。工程项目质量控制系统如图 10-11 所示。

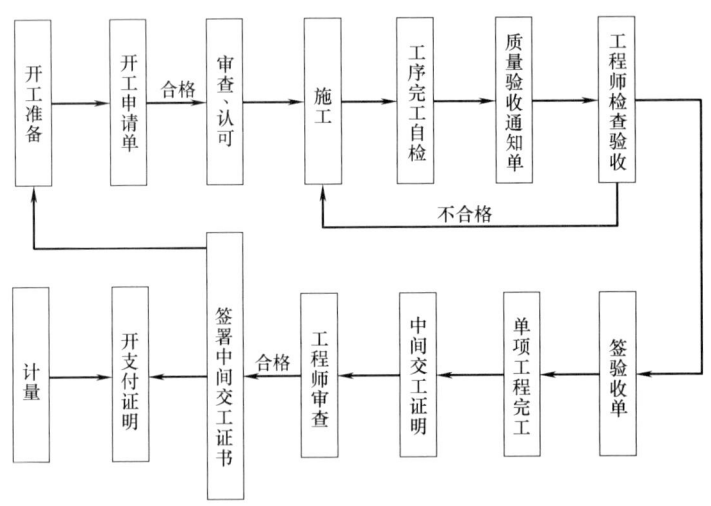

图 10-11 工程项目质量控制系统

工程项目质量控制工作主要包括以下内容：

① 贯彻国家和上级有关质量管理方针政策、标准、规范、规程和制度，制订本工程质量计划和工艺标准。

② 编制并组织实施工程项目质量计划。

③ 运用全面质量管理的思想和方法，实行工程质量控制。

④ 进行工程质量检查。

⑤ 组织工程质量的检验评定工作。

⑥ 工程质量的回访。

我国已在各行业内展开 ISO 9000 系列质量认证，ISO 9000 族质量认证体系对于质量管理有一整套的模式。关于 ISO 9000 族质量认证体系的介绍见第 11 章第 5 节有关内容。

10.4.5 工程项目协调

施工项目一般实施周期长、涉及方面多，只有协调好涉及和参加项目建设的各个单位、各个部门及各方人员的工作，才能调动工作人员的积极性，保证项目顺畅运行，提高组织管理效率，确保项目目标的实现。项目的协调包括项目内部的协调和项目外部的协调。

(1) 项目内部的协调主要有人际关系的协调、组织关系的协调和供求关系的协调等。

① 人际关系的协调包括项目组织内部的人际关系，项目组织与关联单位的人际关系。人际关系的协调主要解决人员之间在工作中的联系和矛盾。

② 组织关系的协调主要是解决项目组织内部的分工与配合问题。

③ 供求关系的协调包括项目实施中所需的人力、资金、设备、材料、技术、信息的供应，主要通过协调解决供求平衡问题。

(2) 对项目外部的协调主要有配合关系的协调和约束关系的协调两方面。

① 配合关系的协调包括施工公司、建设单位、设计单位、分包单位、供应单位、监理单位之间在配合关系上的协调和步调一致，以达到同心协力之目的。

② 约束关系的协调主要是为了解和遵守国家及地方在政策、法规、制度等方面的制约，求得执法部门的指导和许可。

项目协调的方法有激励、交际、批评、会议、会谈、报表计划和报告等。

电子课件说明

有关第 10 章"建筑设备安装工程项目管理"的内容，编写制作了"PPT10-1 安装工程项目管理引论"、"PPT10-2 安装工程项目管理实施方法"两个电子课件，每个电子课件均有"知识演示与互动学习"两大部分。在"知识演示"的第一部分中，在 PPT10-1 课件中，主要涉及项目管理的产生与发展（潜意识的项目管理阶段、国外项目管理的产生和发展、国内项目管理的产生与发展），项目管理的内涵（项目管理基本概念、安装工程项目管理概念），项目管理知识体系（项目管理理论框架、项目管理相关基础理论等）三大部分；在 PPT10-2 课件中，主要涉及项目过程管理方法，项目管理模型（"三管四控一协调"），项目保障性管理（组织管理、合同管理、信息管理），项目要素化管理（进度控制、成本控制、质量控制），项目目标管理方法五大部分。在"互动学习"的第二部分中，根据有关第 10 章的"知识演示"所呈现内容的层次与水平，将问题分为三类：基础性问题、系统性问题、挑战性问题，在这三类问题中包括：概述题、填空题、单选题、多选题、计算题、思考题等，并给出了相应的参考答案要点。

思考题与习题

1. 对某一个具体的工程项目而言，如何做一个全项目的计划报告？
2. 在我国现行的施工企业中，安装工程项目管理常用的结构组织形式以及各组织结构形式的优缺点有哪些？
3. 在进行安装项目管理承包的招投标中，往往出现承包肢解，那么，承包组织方式有哪些？何谓承包肢解？如何在承包过程中避免肢解？
4. 在进行项目控制时，控制的分类、依据和方法有哪些？
5. 项目施工组织的成本控制的方法以及各自优缺点有哪些？
6. 在施工企业中，由于某个安装环节没有控制到位，致使施工费用超支，那么乙方如何在进行施工项目管理中做好费用控制环节，同时，乙方如何向甲方索取合理赔款？
7. 项目经理在进行项目管理中，如何做好计划、组织、控制和协调？

第 11 章 建筑设备安装企业管理

11.1 安装企业管理概述

11.1.1 企业管理的特点

企业是从事生产、流通或服务性经济活动的赢利性经济组织。建筑设备安装企业属于施工企业，施工企业是从事建筑工程项目物质产品生产经营的企业。施工企业具有以下区别于一般工业企业的特点：

(1) 产品的固定性和多样性

建筑产品必须在固定地点施工建造，建成后不能移动，因此不能像其他工业产品一样在移动的生产线生产。建筑产品是典型的单件施工，每个建筑产品都有特有的设计图纸，各自的功能、规模、内容、构造、材料和环境也都不相同。

(2) 施工的流动性和综合性

由于产品的单件性，施工企业没有固定、稳定的生产条件，生产人员要按照一定工序，随着建筑产品生产需要不断地转移生产位置，当一个建筑产品完成后，进入另一个生产环境中重新安排生产。生产过程涉及企业与外部以及企业内部多个工种、部门在时间上和空间上的配合。

(3) 施工周期长、变数多、生产均衡性差

相对于一般产品的生产，工程项目具有投资大、工作量大、施工周期长、生产均衡性差的特点。因为施工工序多、周期长、涉及关系复杂，且多数是露天作业，施工过程很难完全按照预定的计划执行，在施工中需要根据出现的新情况不断调整计划。

(4) 先确定施工任务再施工

由于产品的单件性和投资较大，建筑产品的生产多是经过招投标，在签订施工合同之后以承包形式进行施工。产品的价格是根据施工工作量，按照统一的定额，通过预算、决算方式确定。

施工企业的生产、经营管理都要与其生产过程和产品的特点相适应，因而具有以下特点：

(1) 施工过程必须根据不同的生产对象制定不同的施工方案、施工方法，组织多部门、多工种协调配合。

(2) 在施工过程中要根据施工的自然条件、技术条件和社会经济条件，解决好施工企业内部关系和施工企业与外部的关系。

(3) 企业管理体制要求既有企业整体经营发展的机构和计划，也有满足工程项目管理的机构和计划。企业的管理层次和机构要求能根据施工对象的变化做出及时的调整。

(4) 由于生产的均衡性差，要求在施工管理中，对于人力、机械、资金等能灵活调

配，既要满足生产要求，又不能在施工任务少时增加企业负担。

11.1.2 企业管理原理

（1）系统原理

系统是指各个相联系的要素之间所构成具有特定功能的有机整体。要素既是构成系统的基本成分，同时又是下一级要素的系统。系统各要素之间、系统与要素之间、系统与环境之间相互联系，形成多层次、多种结构形式的关系。通过这些联系，系统在一定的环境条件下能产生其特有的功能。企业管理中应用系统的原理是因为在企业活动中，企业的各个管理职能、企业各要素存在多层次的联系，是一种系统性的活动。

在企业管理中应用系统原理，首先要建立系统的管理观念，如整体性观念、层次性观念、目的性观念和环境适应性观念。其次要在企业管理过程中运用系统分析的方法，了解企业管理系统的要素、分析研究管理组织结构和各职能部门之间的联系、掌握管理系统的功能和发展。

（2）人本原理

人本原理是指在企业管理活动中应以调动人的积极性、主观能动性和创造性为根本，并设法满足人的物质需要与文化素质、精神追求。人本原理要求在管理活动中重视人的因素的重要作用，通过调动人的积极性、主观能动性和创造性来提高管理效率和效益。

（3）权变原理

企业管理的权变原理是指在管理组织活动的环境和条件不断变动的前提下，管理应因人、事、时、地而权宜应变，采取与具体情况相适应的管理对策，以达到管理目标。权变原理要求在管理过程中做到灵活适应、注意反馈、弹性观点、适度管理。

（4）效益原理

效益原理包含企业管理的目标是追求效益；组织或其活动的效益首先要通过提高管理水平获得；管理活动要注意其工作的有效性；影响效益的因素可从多个角度分析；管理对效益的追求是多方面的内容。

11.1.3 企业管理职能

施工企业的管理职能主要包括计划职能、组织职能、指挥职能、控制职能、激励职能和创新职能。与项目管理不同，施工企业的管理职能主要是针对企业生产、经营过程而言。其任务是把握、调整企业的发展方向；协调整个企业内部、企业与外部环境之间的关系；保证企业正常生产、经营活动，是企业宏观管理职能。项目管理的计划、组织、协调和控制职能主要是针对工程项目而言，其任务是充分发挥项目经理部内部管理能力和施工能力，保证项目能完成成本、质量、工期等指标，达到一定的经济效益和社会效益，是施工企业对于项目的微观管理职能。

（1）计划职能

计划职能是企业在对生产经营环境调查预测的基础上，根据客观需要和主观条件确定企业生产经营目标和实现目标的行动方案、方针等。计划职能是企业管理的首要职能，企业的一切管理活动都始于计划职能并为之服务。计划职能的基本工作内容包括：确定目标、制定行动方案、预算资源投入和规定企业行为准则。

（2）组织职能

组织职能是为了实现企业生产经营目标和计划，对企业系统的各种构成要素和生产过程中各个环节在时间和空间上的组织，协调统一各部门、各工种、各工序，使企业各要素得到最优结合和充分利用，保证企业生产经营活动能顺利进行。组织职能包括合理的设置管理机构、明确各职能机构的职责和权限、规定各级主管人员的权力和责任等。

（3）指挥职能

指挥是指管理者对下级各类人员发布命令、指派任务、提出要求并限期完成的过程。指挥职能是保证生产经营过程各部门和个人步调一致，在企业运行中保持平衡的重要手段，是有效实施组织职能的关键。

（4）控制职能

控制职能是指在计划执行过程中，通过检查、考核、测定、评估等形式和手段，掌握管理对象的实际情况和有关指标，并与计划对比，找出差异，及时采取纠正措施的过程。控制包括预先控制、过程控制和反馈控制，分别针对生产经营计划实施之前的准备、实施过程中的检查、纠偏和计划周期结束后的总结。控制职能由三个要素组成：控制标准的制定，控制对象实际状态的测定，采取纠正措施。控制标准包括各种技术标准、管理标准、工作标准和制度等；控制对象实际状态的测定包括对工期、成本、质量、库存、财务等的测定、考核等；纠正措施是将控制对象实际状态的测定结果与控制标准比较，找出差距，分析原因，采取针对性措施。

（5）协调职能

企业与外部之间的关系不能完全用计划解决，更不能采用指挥职能；即使在企业内部，仅靠计划、组织、指挥和控制职能也难以达到保证生产经营完全按照计划进行。企业管理的协调职能是通过联系、磋商和调度等方式，以求企业与外部及企业内部各职能部门之间在生产经营各环节上能良好配合，减少脱节，实现计划目标。

（6）激励职能

利用精神激励和物质激励，调动职工的积极性、主动性和创造性。

（7）创新职能

施工企业通过创新职能可以提高施工企业的施工技术水平，每当在施工过程中遇到技术难题时，要发挥创新职能，克服施工技术难题，提高企业的施工质量，提高竞争力。

11.1.4 企业管理系统

（1）企业管理系统的要素

企业的管理系统是由人、财、物、信息和任务五个基本要素构成，见图11-1。

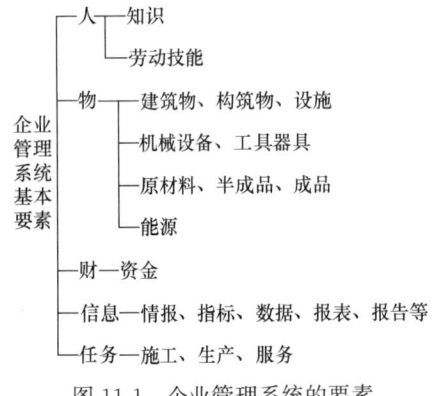

图 11-1 企业管理系统的要素

各种要素中，人既是管理的实施者，是管理的主体，也是管理的对象。因为人具有能动性，企业的管理水平关键在于发挥人的能动性，所以人是企业管理系统第一要素。构成管理系统的五个基本要素是不断流通的，企业管理的任务就是掌握流通的条件，保障流通，特别是人流、物流和信息流的顺畅。

（2）企业管理系统的结构

根据管理职能专业划分，施工管理系统由八个主要的子系统构成。分别是经营计划子系统、施工管理子系统、技术管理子系统、质量管理子系统、劳动人事管理子系统、机械设备管理子系统、物资供应管理子系统和财务管理子系统,各子系统的功能见表11-1。这些子系统作为一个职能部门,管理职能由上而下贯通。对于较大的管理系统,为了使各子系统协调统一的运作,还需要合理划分管理层次、建立等级结构、分解管理目标。管理层次一般可划分为决策层、管理层和务实层。

施工企业管理系统的功能　　　　　　　　表11-1

子　系　统	功　　　能
经营计划系统	经营预测、经营分析、综合计划、综合协调、合同预算
施工管理系统	编制施工作业计划和综合进度计划、施工准备、施工组织、施工核算、施工生产调度
技术管理系统	研究开发、新技术推广应用、项目施工计划、技术监督、技术保证
质量管理系统	制定质量管理目标和控制方法、质量检查、质量检验评定
劳动人事管理系统	定额、定员,人员招聘、培训、调配、考核,工资,奖金分配
机械设备管理系统	机械设备的保管、使用、养护、维修或更新改造
物资供应管理系统	物资供应计划、物资订购、供应、管理
财务管理系统	资金的筹措、运用、费用、成本利润核算等

(3) 企业管理系统运作程序

企业管理包括计划、实施和控制三个基本活动。计划活动是根据企业内、外部环境条件和企业目标,以及以往管理活动的反馈信息,制定企业经营发展和具体施工项目的各种计划。实施活动是根据制定的计划和企业外部环境条件进行开拓市场、承包工程和工程项目管理。控制活动包括对实施过程的检查、纠偏、测定和评价等,考核计划实施和效果,为以后的管理提供经验。由此可见,完整企业管理系统除了包含企业管理活动外,还要将企业的内、外部环境和企业目标纳入其运作过程,企业管理系统运作程序见图11-2。

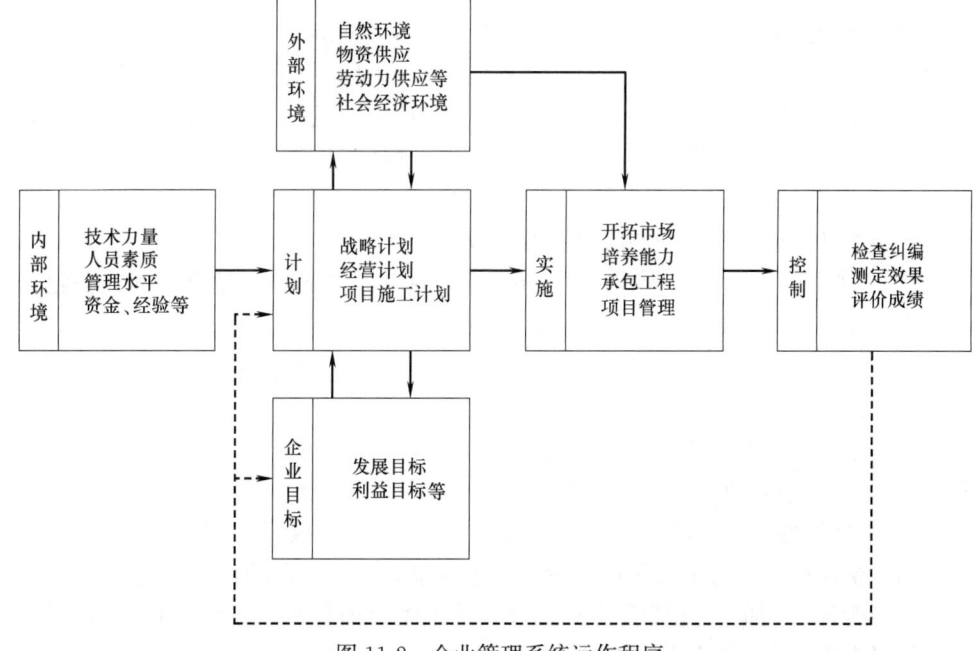

图11-2　企业管理系统运作程序

11.2 企业管理理论的发展

11.2.1 传统管理阶段

从工业革命初期小规模的工厂开始出现，直到19世纪末、20世纪初，虽然社会生产力有了迅速发展，但企业管理还没有形成系统、科学的理论。管理方式仍主要沿用小生产管理习惯。企业由企业主亲自管理，管理水平受企业主个人的经验和能力的限制，无统一的操作规程、标准，工人根据经验操作。这一阶段也叫经验管理阶段，是管理理论产生前的萌芽期。

11.2.2 古典管理理论阶段

古典管理理论从19世纪末、20世纪初开始形成，到20世纪40年代被行为科学管理理论替代。这一期间的理论包括美国人泰罗所创的科学管理理论、法国人法约尔的一般管理理论、德国人韦伯的行政组织理论等。

（1）科学管理理论

科学管理理论有三个理论基础：一是科学管理的根本目的是谋求最高工作效率，二是实现最高工作效率的手段是用科学管理代替传统的经验管理，三是科学管理的核心是要求管理人员和工人双方实行重大的精神变革。基于此，该理论从作业管理和组织管理两个方面提出了六项科学管理原理，以及相应的具体制度和方法。

① 科学作业原理：将作业方法、作业所需的各种工具、作业环境和单位工日的工作量标准化，替代依靠经验进行作业和管理。

② 计件付酬原理：通过工时分析和研究，制定工作定额的标准，根据实际工作表现，支付工资，采用"差别计件制"付酬制度，对超定额的按正常工资率的125%付酬，对没有完成定额的按正常工资率的80%付酬。

③ 计划与作业分离原理：计划职能（管理）与执行职能（工人的实际操作）分开，设立专业的计划部门，形成专业的人员，按科学的规律制定计划去管理。

④ 职能组织原理：用多个工长代替原来一个工长的职能工长制，将管理工作细分为许多范围较小的管理职能，使所用的管理人员尽量分担范围较小的管理职能。

⑤ 例外管理原理：高层管理人员把一些日常事务授权给下级管理人员去处理，自己保留对例外事项（或重要事项）的决策和监督权。

⑥ 人事管理原理：核心就是形成第一流工人，每项工作都由最适合它的人去做。

科学管理理论是上世纪初在西方工业国家影响最大，推广最普遍的管理理论。由于泰罗对管理理论所做的杰出贡献，他被誉为"科学管理之父"，其理论也被称为"泰罗制"。

（2）一般管理理论

一般管理理论以大企业的整体为研究对象，更具有一般的性质，主要包括以下两方面的内容：

① 经营和管理的概念。理论认为经营包括技术、商业、财务、安全、会计和管理6种职能活动。企业组织中各级人员都多少不同地从事着这6种活动，只是由于企业大小和职位高低不同而各有侧重。管理活动又包含5种因素，即计划、组织、指挥、协调和控制，这5种因素构成了整个管理过程。

② 管理原则。一般管理理论提出 14 项原则：（a）分工；（b）权力责任；（c）纪律；（d）命令的统一性；（e）指挥的统一性；（f）个人利益服从整体利益；（g）职工的报酬；（h）集权化；（i）等级系列；（j）秩序；（k）亲切、友好、公正的态度；（1）人员稳定；（m）主动性；（n）集体精神。并且认为，这些原则只是照亮了通向管理理论和实践道路的"灯塔"，如何使这些原则灵活地适应各种环境和特殊情况，需要管理人员的管理艺术。

（3）行政组织理论

该理论认为采用一种高度结构的、正式的、非人格化的理想行政组织体系，能提高工作效率。理想的行政组织体系应存在明确的分工；各组织职位按等级原则，依据明文规定和章程进行安排；管理成员之间是一种职位关系，不受个人情绪影响；成员的任命通过公开、严格的选拔产生。该组织体系在精确性、稳定性、纪律性和可靠性方面均优于其他组织体系。

此外，还有厄威克提出的统一管理理论，该理论把科学管理理论与古典组织理论结合起来，提出适用于一切组织的 8 项原则：目标原则、相符原则、责任原则、组织阶层原则、控制广度原则、专业化原则、协调原则和明确性原则。古利克提出了管理的 7 项职能：计划、组织、人事、指挥、协调、报告和预算。

11.2.3　行为科学管理理论阶段

古典管理理论的共同点是把人视作经济人，忽略了人的主动性和社会性。随社会生活水平不断提高，工人的觉悟也在提高，继续把工人等同于机器的古典管理理论受到挑战。从 20 世纪 20 年代末社会学、心理学原理逐渐被引入管理理论中，从而形成行为科学。行为科学是对人的行为，以及产生这些行为的原因进行分析研究的科学。

行为科学经历了早期的人际关系学说和后期的行为科学。

人际关系学说主要包括以下原理：

（1）工人是社会人，他们不但追求金钱收入，还有社会、心理方面的追求。管理过程必须从各方面鼓励工人，以提高劳动生产率。

（2）企业中存在两种组织，正式组织是由规章、制度、方针、政策等规定的成员之间关系和职责范围，有一定的目标性；非正式组织是由于共同情感而自然形成的规范和惯例。非正式组织与正式组织相互依存，对生产率都有很大影响。

（3）领导通过提高职工在金钱、情感、安全感、归属感等的满足度来激励职工的工作态度。

后期的行为科学主要研究以下四个方面的问题：

（1）有关人的需要、动机和激励问题；

（2）企业管理中的人性问题；

（3）企业中的非正式组织和人际关系问题；

（4）企业管理中的领导方式问题。

11.2.4　现代管理理论阶段

在古典学派和行为学派出现以后，特别是在第一次世界大战以后，出现了社会系统学派，决策理论学派，系统管理学派，经验主义学派，权变理论学派和管理科学学派等许多管理学派，管理理论发展到现代管理理论阶段。

（1）社会系统学派

该学派认为社会的各级组织都是一个协作系统,即由相互进行协作的个人组成的系统。这些协作系统是正式组织,都包含有三个要素:协作的意愿、共同的目标、信息联系。非正式组织也起着重要的作用,它同正式组织互相创造条件,在某些方面对正式组织产生积极的影响。组织中管理人员的作用就是对协作系统进行协调,以便组织能够维持运转。

(2) 决策理论学派

这个学派是吸收了行为科学、系统理论、运筹学和计算机程序等学科的内容而发展起来的。它认为决策贯穿于管理的全过程,组织是由作为决策者的个人所组成的系统。该理论对决策、决策的准则、程序化的决策和非程序化的决策、组织机构的建立与决策过程的联系等作了很好的分析。

(3) 系统管理学派

这一学说的主要内容是以普通系统理论为基础,包括系统哲学、系统管理、系统分析三个方面。认为从系统的观点来考察和管理企业,有助于提高企业的效率,使各个系统和有关部门的相互联系网络更清楚,更好地实现企业的总目标。系统管理学派理论中的许多内容有助于自动化、控制论、管理信息系统、权变理论的发展。

(4) 经验主义学派

该学派是以向大企业的经理提供企业管理的成功经验和科学方法为目标。认为有关企业管理的科学应从企业管理的实际出发,以大企业的管理经验为主要研究对象,通过分析成功实例与失败实例,研究在类似的情况下如何采用有效的策略和技能来达到自己的目标。

(5) 权变理论学派

权变理论学派认为,在企业管理中没有什么一成不变、普遍适用的"最好的"管理理论和方法,而应当根据企业所处的内外条件随机应变。他们强调企业组织内外环境对组织活动的影响,针对不同的具体条件探求不同的最适合管理方案、模式和方法。因此,权变理论学派企图通过对大量事例的研究和概括,把各种情况归纳为几种类型,并给每种类型找一种模式。他们认为,权变关系是两个或更多变数间的函数关系,可以依据环境自变数和管理思想、管理技术因变数间函数关系来确定某种有效管理方式。

(6) 管理科学学派

管理科学学派实际是泰罗的"科学管理"的继续发展。该学派认为,管理就是用数学模型与程序来表示计划、组织、控制、决策等合理逻辑的程序,求出最优的解答,以达到企业的目标。管理科学就是制定用管理决策的数学模型与程序的系统,并把它们通过电子计算机应用于企业管理。概括地说,其基本特征就是系统的观点,数学的方法,电子计算机的技术,决策的目的。

此外,还有组织行为学派、社会技术系统学派、经理角色学派、经营管理理论学派和管理过程学派等。

11.3 企业管理现代化

11.3.1 现代企业制度

现代企业制度是指能够适应社会化大生产和市场经济运行的各种企业财产组合形式和

经营管理方式的总和。现代企业制度具有以下基本特征：

（1）产权关系明晰化

所谓产权，是指社会经济主体对财产的所有、占有、使用、处分和收益的权利。在市场经济体制下，企业具有明晰的产权关系，才能够主动地去适应市场经济运行的变化，从而在这种不断地适应过程中达到资源的优化配置。

（2）企业经营独立化

在市场经济中，企业经营既存在风险也存在机遇。企业有了经营上的独立性和自主权，才能及时抓住各种市场运行机遇，避开市场运行风险。

（3）企业地位法人化

现代企业制度必须是真正的企业法人制度。企业应当是人格化的经济组织，成为独立的商品生产者和经营者，能够独立地从事法律行为，承担法律责任，而不能作为行政机构的附属物。

（4）经营目标逐利化

企业要以利润最大化为其首要目标。这不仅是建立市场经济的重要条件，也是企业区别于其他社会组织的主要特征。

（5）竞争条件平等化

平等竞争就是要消除地区差别、部门限制、等级差别和所有制歧视，使企业在平等地位上进行公平竞争，在市场竞争的客观权威面前经受优胜劣汰选择。平等竞争是市场经济的基本功能和突出特点。

（6）政企关系规范化

政府真正成为宏观调控的主体，从政策、法规、经济杠杆上引导企业的发展方向；企业真正成为微观经济的运行主体，自主地进行人、财、物、产、供、销活动。

（7）组织形式公司化

在现代市场经济中，所有者和经营者之间存在制衡关系的法人治理结构的公司是最完备的企业组织形态。作为公司，必须至少具备以下条件：①具有独立的法人地位，具有与自然人相同的民事行为能力，可以以自己的名义起诉和应诉；②自负盈亏，以由股东出资形成的公司法人财产独立承担民事责任；③完整纳税的独立经济实体；④采用规范的成本会计和财务会计制度；⑤股东自主地聘任称职的经营管理干部（经理），不再由政府任命（初期可由政府推荐，股东大会选举）。

（8）机构设置合理化

机构设置的合理化，作为现代企业制度的一个重要特征，至少包括以下基本要求：①管理核心唯一化，力戒"两驾马车"或"多驾马车"而造成内耗；②机构设置效能化，要消除机构臃肿、人浮于事的现象；③权益结构制衡权分立，并使制衡界限明确化、制衡工作程序化；④职、权、责、利对称化，这是机构设置合理化的重要标志。

（9）企业领导专家化

实行资产所有权与经营权分离，让那些有技术、懂经营、善管理的经营管理专家来领导企业。

（10）收益分配法制化

企业必须在界定不同经济利益主体利益界限的基础上，依据一定的法律，按照合理的比例，采取适当的方法，将企业盈利在各经济利益主体之间进行合理分配，建立起利益刺激和利益约束相对称的利益均衡机制，从而建立起各利益主体的当前利益和长期利益相兼顾的经济利益格局。

11.3.2 现代企业管理内容

企业经营管理现代化，是从企业经营管理的整体来说的。这个整体包括经营管理思想、经营管理组织、经营管理方法、经营管理手段的现代化四个方面。

(1) 企业经营管理思想的现代化

是指企业经营管理的指导思想要符合现代化经济功能赋予的经营观念。现代企业的经营观念主要有：

① 战略观念

战略观念最重要的有两点，一是全面系统的观点：要全面系统地看待包括企业内部和企业与外部的各种关系。二是面向企业未来的发展观点：面向企业的未来，包括市场的未来、产品的未来、技术的未来、企业组织的未来、企业人员的未来，在此基础上制订相应的目标与对策。

② 市场观念

市场是企业存在的前提，企业必须根据社会及用户的需要来组织生产经营活动。要具有市场观念，首先要求企业了解市场。其次要正确确定对策去占有市场，赢得市场。

③ 用户观念

市场是由实行交换的供需双方构成的，用户是构成市场的主要一方。所谓用户观念，就是企业要树立一切为了用户的观念，全心全意为用户服务，把对国家的责任建立在对用户负责的基础上。企业的信誉也正是来源于对用户的高度负责。

④ 效益观念

讲求经济效益与社会效益统一，在保证宏观经济效益的前提下，企业还要提高社会效益。在经济效益上要注意微观经济效益服从宏观经济效益。企业要获得经济上的收益，关键在于对外如何赢得市场，多承包工程，多完成工程任务；对内如何降低成本，经济效益与社会效益统一。

⑤ 竞争观念

竞争主要表现在：质量以优取胜，价格以廉取胜，服务以好取胜。为适应竞争的要求，企业要改善经营管理，提高产品质量，降低成本，缩短工期，提高企业的经济效益，适应社会的需要。

⑥ 时间观念

树立"时间就是金钱"的观念。企业赢得了时间，就赢得了效益。为此，首先企业经营决策要把握时机。其次，要努力缩短施工或生产周期，加快资金周转，减少资金占用和利息支出。此外，在企业的一切生产经营活动中要讲求效率，也是为企业赢得时间的重要途径。

⑦ 变革观念

变革观念就是要求企业保持对外部环境的适应性。企业的经营和管理没有固定的和一成不变的模式。企业在管理中采用的方针、策略、组织形式、制度措施和方法，都需要根据外部环境和变化适时地调整和变革。

⑧ 创新观念

变革观念的发展和深化就是创新观念。企业要在竞争中取胜，就要在市场努力发现新的需求、新的用户、新的机会；在生产上要广泛采用新工艺、新技术、新材料、新设备；在经营管理上要出新点子、新路子，反对因循守旧，努力开创经营管理新局面。

(2) 企业经营管理组织的现代化

经营管理组织是指从事经营管理活动的人们之间的协作体系。企业经营管理组织现代化的主要标志是企业管理工作的高效率。经营管理组织的现代化主要体现在：

① 管理体制方面

要处理好集权和分权的关系及责、权、利的关系，使各级管理机构能充分发挥各自的能动性。

② 企业的生产组织形式方面

企业生产组织应能适应外部环境的需要，具有不同程度的专业化和联合化形式。

③ 企业的组织结构方面

根据系统性和灵活性结合的原则采用不同的组织结构形式。如二级管理或三级管理，采取项目法施工，直线职能组织结构或矩阵制组织结构等，以保证管理工作的高效率。

(3) 企业经营管理方法的现代化

在管理方法中应用现代科学技术成果，包括技术科学和社会科学的研究成果。经营管理方法现代化要求：

① 标准化：指管理上工作的内容、程序做到条理化和规范化。

② 定量化：指管理方法从定性发展到定量，从单凭经验发展到"让数据说话"。

③ 系统化：指各项管理方法综合作用，以获得综合效应。

④ 民主化：指在管理中运用群众路线的方法，实行专家与群众相结合、全员参与的管理方法等。

(4) 企业经营管理手段的现代化：指为适应经营管理工作高效率要求而采用现代化的技术手段。如信息传输、收集和处理手段的现代化。

11.4 安装企业管理内容

企业管理是指企业为了实现生产经营目标，对生产经营活动进行计划、组织和控制的过程。建筑安装企业的管理可分为生产管理和经营管理两部分。生产管理指对安装生产过程的管理。生产过程包括基本生产过程、辅助生产过程、施工准备和技术准备过程、生产所需的服务过程等。生产管理是企业的内部管理。经营管理是指对安装企业与企业外部的流通、分配、消费等的管理，包括安装工程承包、物质资料的供应、劳动力和施工设备的调配、企业外部环境的调查研究等与外部的经济关系的处理协调。生产管理和经营管理是施工企业管理的密不可分的两个部分。良好的经营管理为企业提供充足的生产任务，并为生产过程提供有利的条件；生产管理是经营管理的基础，合理组织生产过程，提高劳动生产率，降低生产成本才能保证企业在经营管理过程中获得竞争优势。

11.4.1 经营管理的内容

(1) 根据企业外部环境和内部条件制定企业在生产、技术、经济等方面的发展目标和中长期计划、年度、季度计划,并为实现目标制定行动的基本方针、措施和步骤。

(2)协调生产力诸要素和生产要求的关系,合理组织生产力,全面做好生产计划、生产准备、生产调度、设备维修、原材料供应、劳动力组织、经济核算和技术工作,保证生产顺利进行。

(3)调整企业内部的组织、经济关系,健全、完善企业制度和管理机构等,协调企业与企业之间的经济关系。

11.4.2 生产管理的内容

(1)计划管理

根据经营管理的中长期计划、年度、季度计划,结合施工项目制定综合进度计划、项目施工中的各项组织设计,具体见第10章第2节有关内容。

(2)项目施工管理

项目施工现场的管理,合理组织人力、财力和物力,保证按期、按质、安全、经济地完成施工任务。包括施工计划、施工准备、作业管理和交工验收等,施工管理的内容见图11-3。

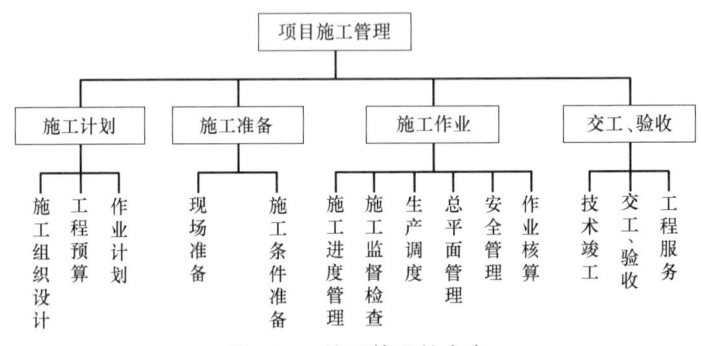

图 11-3 施工管理的内容

(3)科技管理

科技管理分为技术基础工作、施工技术管理和技术开发管理三方面内容。技术基础工作包括制定和贯彻技术标准和技术规程、技术档案管理、技术情报管理等工作;施工技术管理包括图纸会审、技术交底、五新(新技术、新工艺、新材料、新机具和新结构)实验和培训、技术复核、技术检验、技术核定、技术组织措施等工作;技术开发管理包括技术开发规划、新科技成果推广应用、合理化建议和技术改进等工作。

(4)质量管理

包括对勘测、设计文件质量的管理;施工组织设计或施工作业设计的管理;物资供应质量和保管的管理;施工现场准备质量的管理;工艺过程管理;竣工验收时的检查等。

(5)劳动人事管理

劳动人事管理的主要工作内容有劳动定额的编制与管理、编制定员、人员招聘、人员使用与考核、劳动报酬分配等。

(6)财务管理

财务管理可分为资金、成本和利润管理三部分。资金管理的主要工作内容是对固定资产、流动资产、无形资产和其他资产的筹集、运用、分配、核算等。成本管理包括成本预测、计划、核算、控制、分析和考核等工作。利润管理包括利润总额的组成计算、增加利润的途径、利润计划和利润分配等。

（7）材料和机械设备管理

材料管理包括材料定额管理；材料供应计划的编制和实施管理；材料现场的运输、库存、发放、回收管理；材料的集中加工和配置管理等。机械设备管理包括机械设备的调配、使用、维护和修理管理；机械设备的更新和改造管理等。

11.5 安装企业管理的国际化

11.5.1 安装企业管理国际认证

在国际建筑市场上，由于项目业主的要求越来越高，不少西方国家把是否具备 ISO 9000 质量认证和 ISO 14000 环保认证作为获取工程承包资质的重要条件。所以，当前进行 GB/T 19000—ISO 9000 质量标准和 ISO 14000 环境标准认证，成了建筑安装企业约定俗成的要求。

（1）ISO 9000 质量标准族认证

① ISO 9000 质量标准族简介

ISO 是 International Organization for Standardization（国际标准化组织）的缩写。该组织成立于 1947 年，是非政府性组织，目前已有 100 多个成员国。ISO 9000 质量管理和质量保证系列标准是由 ISO 下属的 TC176 技术委员会（质量管理和质量保证技术委员会）于 1987 年发布的质量标准。该系列标准是质量管理和质量保证标准中的主体标准，共包括"标准选用、质量保证和质量管理"三类五项标准。随着国际贸易发展的需要和标准实施中出现的问题，ISO 于 1994 年对系列标准进行了全面修订，并于当年 7 月 1 日正式发布实施。此外 TC176 委员会还颁布了 ISO 8402—1994《质量管理和质量保证—术语》标准。随后 ISO 9000 标准发展成 ISO 9000—1、ISO 9000—2、ISO 9000—3 和 ISO 9000—4；ISO 9004 发展成 ISO 9004—1、ISO 9004—2、ISO 9004—3 和 ISO 9004—4 等项标准。2000 年 TC176 委员会颁布了 ISO 9000 更新标准，一般称为 ISO 9000：2000 版，其中 ISO 9000：2000 作为选用标准，同时也是名词术语标准，即 94 版 ISO 9000—1 标准与 ISO 8402 的结合；ISO 9001：2000 代替 94 版三个质量保证模式；ISO 9004 标准代替 94 版 ISO 9004—1 等多项分标准。跟随 ISO/TC176/SC2（国际标准化组织/质量管理和质量保证技术委员会/质量体系分委员会）的工作规划，ISO 9001：2008 版标准于 2008 年 10 月 31 日正式发布实施。2008 版 ISO 9000 族标准包括：四个核心标准、一个支持性标准、若干个技术报告和宣传性小册子。我国依据 ISO 9000 国际标准，制定了 GB/T 19000 标准，GB/T 19000 标准与 ISO 9000 国际标准完全相同。

我国于 1988 年等效采用 ISO 9000 系列标准。经批准后于当年 12 月 10 日发布国标 GB/T 10300 质量管理和质量保证系列标准，并于 1989 年组织 116 个企业试点贯彻实施。于 1992 年 10 月 13 日发布了国标 GB/T 19000—1992—ISO 9000：1987 质量管理和质量保证系列标准。将等效采用 ISO 9000 系列标准改为等同采用。1994 年根据 ISO 9000：1994 版标准对国标 1992 版标准进行修订，经批准于 1994 年 12 月 24 日发布了 GB/T 19000—1994—ISO 9000：1994 质量管理和质量保证标准，并于 1995 年 6 月 30 日实施。2000年至2003年我国陆续发布了等同采用2000版ISO 9000族标准的国家标准，包括：GB/T 19000、GB/T 19001、GB/T 19004和GB/T19011标准。2008年我国根据ISO 9000：2005、ISO 9001：2008版的发布，同时也修订发布了GB/T 19000—2008、GB/T 19001—2008标准。

ISO 9000族标准的核心标准可分为四个部分：质量管理体系-基础和术语；质量管理体系-要求；质量管理体系-业绩改进指南；审核管理系统的指南。

质量管理体系-基础和术语标准编号为ISO 9000，主要有8项质量管理原则，12项质量管理体系基础，术语和定义，8个部分，80个词条；质量管理体系-要求标准编号为ISO 9001，主要用于证实组织具有提供满足顾客要求和适用法律法规要求的产品的能力，目的在于增进顾客满意；质量管理体系-业绩改进指南编号为ISO 9004，目的是促进组织业绩改进和使顾客及其他相关方满意；审核管理系统的指南编号为ISO 19011，主要提供审核体系的指南。

支持性标准和文件主要有ISO 10012测量控制系统；ISO/TR10006质量管理-项目管理质量指南；ISO/TR10007质量管理-技术状态管理指南；ISO/TR10013质量管理体系文件指南；ISO/TR10014质量经济性管理指南；ISO/TR10015质量管理培训指南；ISO/TR10017统计技术指南；质量管理原则；选择和使用指南；小型企业的应用等。

实施ISO 9000族标准具有很重要的意义，它是在总结了世界经济发达国家的质量管理实践经验的基础上制订的具有通用性和指导性的国际标准。实施ISO 9000族标准，可以促进组织质量管理体系的改进和完善，对促进国际经济贸易活动、消除贸易技术壁垒、提高组织的管理水平都能起到良好的作用。概括来说，实施ISO 9000族标准有利于提高产品质量，保护消费者利益，可以为提高组织的运作能力提供了有效的方法，有利于组织的持续改进和持续满足顾客的需求和期望。

② ISO 9000标准族的特点和作用

（a）ISO 9000的特点和作用

ISO 9000主要描述了质量管理的基本概念和原则，主要适用于：通过实施质量管理体系寻求持续成功的组织；寻求对持续提供符合其要求的产品和服务能力有信心的客户；对供应链有信心的组织，可以满足他们的产品和服务需求；对质量管理中使用的词汇进行解释来改善沟通；提供质量管理方面的培训、评估或建议，也可以对相关标准的开发人员提供帮助。

（b）ISO 9001的特点和作用

ISO 9001主要给出了一个质量管理体系，以帮助组织培养提供符合客户和适用法律法规要求的产品和服务的能力，并且通过质量管理体系的有效应用提高客户满意度，包括体系的改进过程，以及确保符合客户和适用的法律法规要求。使企业内部各类人员的职责明确，避免推诿扯皮，减少领导的麻烦。可以降低企业的各种管理成本和损失成本，提高效益。

（c）ISO 9004的特点和作用

ISO 9004为提高组织实现持续成功的能力提供了指南，也提供了一个自我评估的工具，以审查组织在多大程度上符合了本标准中的要求，指导组织建立更加全面和更趋成熟的质量管理体系。运用ISO 9004将使组织的所有相关方都能从中获益。识别并满足其顾客和其他相关方（组织内人员、供方、所有者、社会）的需求和期望，以获得竞争效益，并以有效和高效的方式实现。

(d) ISO 19011 的特点和作用

ISO 19011 就审计管理制度提供指导，包括审计原则、管理审计方案和进行管理制度审计，以及就评价参与审计过程的个人能力提供指导。这些活动包括管理审计方案的个人、审计员和审计小组。它适用于所有需要计划和进行管理系统内部或外部审计或管理审计方案的组织。在符合使用条件的情况下，也可运用于其他情况的审计。

③ ISO 9000 质量体系认证程序

我国质量体系认证的程序分为以下四个阶段：

(a) 提出申请

申请者（例如企业）按照规定的内容和格式向体系认证机构提出书面申请，并提交质量手册和其他必要的信息。质量手册内容应能证实其质量体系满足所申请的质量保证标准（GB/T 19001）的要求。认证机构在收到认证申请之日起 60 天内做出是否受理申请的决定，并书面通知申请者；如果不受理申请应说明理由。

(b) 体系审核

体系认证机构指派审核组对申请的质量体系进行文件审查和现场审核。文件审查的目的主要是审查申请者提交的质量手册的规定是否满足所申请的质量保证标准的要求；如果不能满足，审核组需向申请者提出，由申请者澄清、补充或修改。只有当文件审查通过后方可进行现场审核。现场审核的主要目的是通过收集客观证据检查评定质量体系的运行与质量手册的规定是否一致，证实其符合质量保证标准要求的程度，做出审核结论，向体系认证机构提交审核报告。审核组的正式成员应为注册审核员，其中至少应有一名注册主任审核员；必要时可聘请技术专家协助审核工作。

(c) 审批发证

体系认证机构审查审核组提交的审核报告，对符合规定要求的批准认证，向申请者颁发认证证书，证书有效期三年；对不符合规定要求的亦应书面通知申请者。体系认证机构应公布证书持有者的注册名录，其内容应包括注册的质量保证标准的编号及其年代号和所覆盖的产品范围。通过注册名录向注册单位的潜在顾客和社会有关方面提供对注册单位质量保证能力的信任，使注册单位获得更多的订单。

(d) 监督管理

对获准认证后的监督管理有以下几项规定：

标志的使用规定：体系认证证书的持有者应按体系认证机构的规定使用其专用的标志，不得将标志使用在产品上，防止顾客误认为产品获准认证。通报方面规定：证书的持有者改变其认证审核时的质量体系，应及时将更改情况报体系认证机构。体系认证机构根据具体情况决定是否需要重新评定。监督审核规定：体系认证机构对证书持有者的质量体系每年至少进行一次监督审核，以使其质量体系继续保持。监督后的处置规定：通过对证书持有者的质量体系的监督审核，如果证实其体系继续符合规定要求时，则保持其认证资格。如果证实其体系不符合规定要求时，则视其不符合的严重程度，由体系认证机构决定暂停使用认证证书和标志或撤销认证资格，收回其体系认证证书。换发证书规定：在证书有效期内，如果遇到质量体系标准变更，或者体系认证的范围变更，或者证书的持有者变更时,证书持有者可以申请换发证书,认证机构决定作必要的补充审核。注销证书规定:在证书有效期内,由于体系认证规则或体系标准变更或其他原因,证书的持有者不愿保持其认证资格的,体系认证机构应收回其认证证书,并注销认证资格。

(2) ISO 14001 环境管理体系认证

ISO 14000 环境管理系列标准是国际标准化组织继 ISO 9000 系列标准之后推出的又一管理体系标准。主要目的是通过国际标准来规范组织的环境管理行为,改善组织的环境绩效。随着世界经济的高速发展,环境保护问题日益为各国所重视,"绿色经济"渐入人心。为了适应这一趋势,ISO 第 207 技术委员会(TC207)从 1993 年起开始制订环境管理体系 ISO 14000 国际标准。现行内容包括环境管理体系、环境管理体系审核、环境标志、生命周期评估和环境行为评价等统一标准,旨在减少人类活动对环境造成的污染和破坏,实现可持续发展。其中 ISO 14001 是环境管理体系标准的主干标准,它是企业建立和实施环境管理体系并通过认证的依据 ISO 14000 环境管理体系的国际标准,目的是规范企业和社会团体等所有组织的环境行为,以达到节省资源、减少环境污染、改善环境质量、促进经济持续、健康发展的目的。

① ISO 14001 环境管理体系标准的基本内容

(a) 环境方针。主要陈述组织的环境工作的宗旨和原则,为制定环境目标、指标和方案提供框架(依据)。包括确定适合组织的特点、规模及其活动、产品、服务的环境因素;法律和其他要求以及对持续改进、污染预防的承诺;文件化、要让全体员工了解并公之于众等内容。

(b) 规划(策划)。为实现环境方针而确定环境目标、指标、工作重点、资源、措施和时间表。包括依据组织的活动、产品和服务所表现的环境因素和环境影响;依据法律和其他要求以及持续发展的要求;依据组织的环境方针。

(c) 实施与运行。执行环境规划,使环境管理体系正常运作。要求明确全体有关人员的任务、责任、权限,并文件化;对环境产生重要影响的工作人员进行培训,并建立程序;针对组织活动所发生的重大环境影响进行内、外交流;建立描述环境管理体系要素及其相互关系的文件;建立文件化控制程序,对文件实行有效控制;建立常规运行的控制程序,使之与方针、目标始终一致;建立针对事故和紧急情况作出反应的程序,阻止或缓和环境影响。

(d) 检查和纠正措施。指检查运行中出现的问题并加以纠正。要求对可能造成重大影响的过程,建立监控测量程序,并进行追踪;建立反映环境管理体系运行状态的记录程序,对记录进行有效管理;建立对不符合事件进行调查的程序,以便采取措施,防止再发生;建立环境管理体系审核程序,考核其是否符合要求、是否有效。

(e) 管理评审。依据对环境管理体系审核的结果以及承担的改变环境状况的任务,提出方针、目标、程序变动的要求,以求持续改进。

② ISO 14001 认证的作用

(a) ISO 14001 是一个具有灵活性的环境管理体系标准。它除了要求企业在其环境方针中对遵守有关法律、法规和持续改进做出承诺外,并不规定环境绩效的绝对要求,因此两个从事类似活动但具有不同环境绩效的企业,可能都达到 ISO 14000 的要求。同时,ISO 14000 强调根据本国本地区的环境状况,符合本国本地区而非出口市场所在国的环保法律法规。这就体现了贸易的对等原则,有助于消除技术性贸易壁垒。

(b)提高企业管理水平、增强企业竞争力。对于企业组织增强环境管理意识,改善企业形象,减少了由于环境问题而产生的事故、摩擦或法律诉讼的风险等。对企业经营减少清洁工作的费用,提高技术水平,节能降耗,降低成本,减少废物处置成本。

ISO 14001 环境管理体系认证程序与 ISO 9000 质量体系认证程序基本相同。

11.5.2 工程咨询

(1)工程咨询简介

工程咨询作为一种针对工程建设而提供的服务,其实质是智力、知识和技术的转让。在工程建设中,咨询服务独立于设计、制造、施工安装。有效的工程咨询对于合理配置资源和资金,有效采用先进技术和成功经验,确保工程的成本效益,及提高和保证工程质量、加快建设进度,都有十分明显的作用。

工程咨询能够根据项目业主的不同需要,提供多种类别和形式的服务。由于建设领域各种不同专业不同技术的工程种类繁多,所以工程咨询的专业技术越来越细。就大的类别来讲,除了工程技术服务以外,还有经济服务、管理服务、培训服务等等。工程咨询的业务范围包括为国家、行业、地区、城镇、工业区等的经济发展提供规划和政策咨询或专题咨询;为国内外各类工程项目提供全过程或分阶段的咨询;为现有企业的技术改造和管理提供咨询;为国内外客户提供投资选择、市场调查、概预算审查和资产评估等咨询服务等四个方面。

根据自身差异和提供服务范围的不同,工程咨询企业主要有专门的工程咨询公司,工程咨询和工程设计二者兼管的咨询设计公司,集咨询、设计、采购、建设于一体的工程公司三种类型。

独立的工程咨询公司主要承担政府和业主委托项目建设的前期工作:包括资源和建设条件调研评价,建设方案选择和技术经济评估论证,提出完整的项目可行性研究报告;有的还承担项目招标文件的编制和协助配合招标,以及充任业主的项目监理等。

工程咨询和工程设计二者兼管的咨询设计公司既承担项目前期工作,又承担项目设计和有关技术文件的编制,包括完整的分段深度设计图纸和相应的方案资料,还可提供现场设计服务和项目监理。

集咨询、设计、采购、建设于一体的工程公司从项目投资前期工作开始直至建成投产(或交付使用)为止全程运作。这类公司大多为实力雄厚且最具竞争力的跨国公司。

FIDIC 和 ISO 是咨询业关系最直接最密切的两个国际性组织。FIDIC 和 ISO 是进入国际工程咨询市场的两把"钥匙"。掌握 FIDIC 和 ISO 及其技术业务规则,是从事国际工程咨询业务的基础。ISO 发布的技术标准和相关规定,已经成为各国实施工程建设保证工作质量和产品质量的重要依据。有关 ISO 和其制定的 ISO 9000、ISO 14000 系列的标准和认证在前面已经介绍,不再赘述。

"FIDIC"是国际咨询工程师协会的简称。该协会于 1913 年由欧洲的独立咨询工程师的 5 个国家协会发起创立,二战结束后开始扩大,到 20 世纪 80 年代末期 FIDIC 拥有 50 个国家的会员。FIDIC 十分注重提供服务的客观公正性和工作质量,承诺严格保证其所属协会成员提供的服务标准,这也是 FIDIC 在世界上备受业主欢迎,事业不断发展的根本所在。随着近些年来 FIDIC 不断举办各类研讨会、会议及其他活动,渐渐实现其行业目标：坚持高水平的道德和职业标准；交流观点和信息；讨论成员协会和国际金融机构代表共同关心的问题，以及促进发展中国家工程咨询业的发展。如今，FIDIC 拥有来自全球不同国家地区的 102 个成员，代表着全世界大多数私营的咨询工程师。FIDIC 下设许多专业委员会制订了许多建设项目管理规范与合同文本，已被联合国有关组织和世行、亚行等国际金融组织以及许多国家普遍承认和广泛采用。

在国际建筑市场上，FIDIC 制订的在世界范围内通行的《业主—咨询工程师标准服务协议》被推荐用于项目投资机会研究、可行性研究、设计、监理（施工管理）和项目管理；《土木工程建造合同》包括《土木工程合同条款》（红皮书）和《电气和机械工程工作合同条件》（黄皮书），是通用的权威性文件，被广泛应用于招标、投标、咨询、监理、设计和施工。

（2）中国工程咨询业的发展

① 中国的工程咨询业起步

20 世纪 80 年代初期，随着外资的进入，尤其是利用世行、亚行和其他国际金融组织贷款的项目，规定必须经过有资格的工程咨询机构评审、认可，才能签订贷款协议；同时为了推行建筑业和基本建设管理体制改革，为了加强项目前期工作提高投资效益；中国开始允许国际工程咨询机构进入，并着手组建中国自己的工程咨询机构，担负国家重点工程项目的建设方案论证、技术经济评估和其他前期工作。1984 年中国首次确定了工程咨询是智力型服务行业，并允许有条件的勘察设计单位开展工程咨询业务，鼓励和支持组建专门的工程咨询公司和以其他形式作为独立主体经营。随着对外开放的扩大，中外合作的工程咨询机构在国内出现。从 20 世纪 80 年代中后期开始，中国的工程咨询业以对外承包工程与劳务合作以及其他方式进入国际市场，但在国际市场中占有的份额很小。进入 20 世纪 90 年代特别是 1992 年底，成立了全国工程咨询的行业组织——中国工程咨询协会，标志着我国工程咨询业的正式形成，开始启动行业的自律性管理。进入 20 世纪 90 年代后半期及 21 世纪初期，随着政府机构的改革、科研设计单位的全面转制及一些综合性工程咨询单位脱钩改革，我国加入 WTO 带来的工程咨询市场的进一步开放，使我国工程咨询业的发展逐步进入一个全面迎接国际竞争的时代。

② 中国工程咨询业的现状

近三十年的发展，我国工程咨询行业的队伍已颇具规模。目前全国具有工程咨询相关资质的单位超过 2 万家，从业人员已超 250 万人，其中国家注册执业人员超 50 万余人。从工程咨询队伍的知识结构看，智力服务的工作性质决定了工程咨询类单位，特别是从事前期咨询和勘察设计的特点，高学历、高职称的专业技术人员所占比例较大；从单位性质来看，勘察设计单位已改制为企业；工程监理、招标代理单位一起步就是企业性质；以前期咨询为主业的综合性工程咨询单位，有的是事业性质、有的是企业性质，正在进一步深化改革。近年来工程咨询单位为政府部门和其他各类业主提供内在的广泛咨询服务，做了大量卓有成效的工作，取得了较好的收益。然而，我国的咨询行业与发达国家相比，仍存在明显的差距。目前大多数工程咨询单位主要是立足于国内市场，只有极少数单位"走出去"。目前我国的工程咨询管理体制和机制还不完全适应形势发展的需要，工程咨询队伍的知识结构还存在缺陷，咨询的理念、理论和方法还不够先进，咨询的深度和质量还存在一些不足。

③ 中国工程咨询业的展望

当前我国正处于全面建设小康社会的关键时期，社会主义新农村建设稳步推进，工业化、信息化、城镇化、市场化、国际化加速发展，投资体制、行政管理体制等的改革逐步深化，对外开放的广度和深度日益扩展，国际竞争向更高层次迈进。在新世纪中，我国的工程咨询业面临着更好的发展机会，同时也将迎来更激烈的竞争。

我国未来工程咨询的展望主要有：

1) 树立符合科学发展观的工程咨询理念。工程咨询工作在继续重视提高投资效益，规避投资风险，保障工程质量的同时，还必须全面关注经济社会的可持续发展，更加注重投资建设中资源、能源的节约与综合利用，以及生态环境承载能力等，促进循环经济的发展。

2) 加快开展工程咨询理论方法与技术创新研究。在借鉴国际工程咨询理论方法研究成果的基础上，认真总结我国投资建设和工程咨询实践经验，加快组织开展我国工程咨询理论方法创新研究，建立具有中国特色的符合国际惯例的工程咨询理论方法创新体系，对投资建设各方面工作内容进行深度规范研究，形成国家行业法规、标准、方法指南等规范性文件。

3) 促进工程咨询工作的全面协调发展。适应国内外工程咨询市场需求的发展趋势，扩大和创新服务供给能力，加快推进工程项目全过程管理，依据"独立、公正、科学"的服务宗旨，提供政策、规划、信息和工程项目建设全方位的咨询服务。

电子课件说明

有关第 11 章"建筑设备安装企业管理"的内容，编写制作了"PPT11-1 安装企业管理引论"和"PPT11-2 安装企业管理实施方法"两个电子课件，每个电子课件均有"知识演示与互动学习"两大部分。在"知识演示"的第一部分中，在 PPT11-1 课件中，主要涉及企业的产生与发展、管理理论的形成与演进（早期的管理思想与实践、古典管理理论、行为科学管理理论、现代管理理论）、企业管理概述；在 PPT11-2 课件中，主要涉及安装企业管理的特点与内容、安装企业经营战略管理、安装企业生产经营管理。在"互动学习"的第二部分中，根据有关第 11 章的"知识演示"所呈现内容的层次与水平，将问题分为三类：基础性问题、系统性问题、挑战性问题，在这三类问题中包括：选择题、名词解释、判断题、简答题、案例题、论述题等，并给出了相应的参考答案要点。

思考题与习题

1. 比较建筑设备安装企业管理与其他类型的企业管理有何不同？
2. 简述企业管理的原理。
3. 简述企业管理系统的要素、结构以及运作程序。
4. 概述企业管理理论的发展史。
5. 什么是现代企业制度？其基本特征有哪些？
6. 针对安装企业管理新形势，如何进行安装企业的管理，以及应注意的事项是什么？

附 录

附录1 房屋建筑和市政基础设施工程招标投标管理办法
附录2 中华人民共和国招标投标法
附录3 建筑设备安装工程招标文件范本
附录4 工程招标文件格式
附录5 中华人民共和国合同法
附录6 建设工程施工合同（示范文本）

以上内容可扫描封底上的二维码浏览查阅。

参 考 文 献

1. 刘耀华编. 安装工程经济与管理. 北京：中国建筑工业出版社，1998.
2. 罗福周主编. 建设工程造价与计价实务全书. 北京：中国建材工业出版社，1999.
3. 余辉主编. 建筑工程预算编制入门. 北京：中国计划出版社，2001.
4. 尹贻林主编. 厦门市工程造价管理的改革实践. 天津：南开大学出版社，2002.
5. 唐连珏编著. 工程造价的确定与控制. 北京：中国建材工业出版社，2001.
6. 徐伟，李建伟主编. 土木工程项目管理. 上海：同济大学出版社，2000.
7. 岳云明主编. 全国统一安装工程预算定额（上卷、中卷、下卷）. 北京：中国计量出版社，2000.
8. 陕西省建设厅主编. 全国统一安装工程预算定额陕西省价目表（第一册～第十三册）. 陕西：陕西科学技术出版社，2001.
9. 陕西省建设厅主编. 陕西省安装工程消耗量定额（第一册～第十四册）. 陕西：陕西科学技术出版社，2004.
10. 陕西省建设厅陕西省建筑经济定额办公室. 陕西省安装工程价目表（第一册～第十四册）. 甘肃：甘肃民族出版社，2006.
11. 建设部标准定额司. 中国工程建设标准定额大事记. 北京：中国建筑工业出版社，2007.
12. 中华人民共和国建设部主编. 建设工程工程量清单计价规范（GB 50500—2003）. 北京：中国计划出版社，2006.
13. 刘庆山主编. 建筑安装工程预算：给排水、电气安装、通风空调、室内供暖. 北京：机械工业出版社，1999.
14. 马克忠，张健主编. 建筑安装工程预算与施工组织. 重庆：重庆大学出版社，1997.
15. 王和平编. 给水排水工程概预算. 北京：中国建筑工业出版社，1999.
16. 周国藩编. 工程概预算编制典型实例手册. 北京：机械工业出版社，2001.
17. 潘全祥主编. 水电安装概预算手册. 北京：中国建筑工业出版社，1999.
18. 胡忆沩等编. 实用管工手册. 北京：化学工业出版社，2000.
19. 高继伟主编. 安装工程工程量清单计价编制实例. 郑州：黄河水利出版社，2008.
20. 刘耀华主编. 施工技术及组织. 北京：中国建筑工业出版社，1988.
21. 李公藩编著. 塑料管道施工. 北京：中国建材出版社，2001.
22. 许富昌编. 暖通工程施工技术. 北京：中国建材出版社，1997.
23. 何履祥编. 管道安装. 北京：测绘出版社，1987.
24. 陈慧玲等编著. 建筑工程招标投标指南. 江苏：江苏科学技术出版社，2001.
25. 佘立中编著. 建筑工程合同管理. 广东：华南理工大学出版社，2001.
26. 邵全编. 建筑施工组织. 重庆：重庆大学出版社，1998.
27. 张金锁主编. 工程项目管理学. 北京：科学出版社，2000.
28. 全国建筑业企业项目经理培训教材编写委员会. 施工组织设计与进度管理. 北京：中国建筑工业出版社，2007.
29. 刘晓君，李玲燕，技术经济学. 北京：科学出版社，2017.
30. 祝爱民，侯强，于丽娟. 技术经济学. 北京：机械工业出版社，2017.
31. 李忠福，杨晓冬. 工程经济学. 北京：科学出版社，2016.
32. 胡斌主编. 工程经济学. 北京：清华大学出版社，2016.

高校建筑环境与能源应用工程学科专业指导委员会规划推荐教材

书名	作者	备注
高等学校建筑环境与能源应用工程本科指导性专业规范(2013年版)	本专业指导委员会	2013年3月出版
建筑环境与能源应用工程专业概论	本专业指导委员会	
工程热力学(第六版)	谭羽非 等	国家级"十二五"规划教材（可免费索取电子素材）
传热学(第六版)	章熙民 等	国家级"十二五"规划教材（可免费索取电子素材）
流体力学(第三版)	龙天渝 等	国家级"十二五"规划教材（附网络下载）
建筑环境学(第四版)	朱颖心 等	国家级"十二五"规划教材（可免费索取电子素材）
流体输配管网(第四版)	付祥钊 等	国家级"十二五"规划教材（可免费索取电子素材）
热质交换原理与设备(第四版)	连之伟 等	国家级"十二五"规划教材（可免费索取电子素材）
建筑环境测试技术(第三版)	方修睦 等	国家级"十二五"规划教材（可免费索取电子素材）
自动控制原理	任庆昌 等	土建学科"十一五"规划教材（可免费索取电子素材）
建筑设备自动化(第二版)	江亿 等	国家级"十二五"规划教材（附网络下载）
暖通空调系统自动化	安大伟 等	国家级"十二五"规划教材（可免费索取电子素材）
暖通空调(第三版)	陆亚俊 等	国家级"十二五"规划教材（可免费索取电子素材）
建筑冷热源(第二版)	陆亚俊 等	国家级"十二五"规划教材（可免费索取电子素材）
燃气输配(第五版)	段常贵 等	国家级"十二五"规划教材（可免费索取电子素材）
空气调节用制冷技术(第五版)	石文星 等	国家级"十二五"规划教材（可免费索取电子素材）
供热工程(第二版)	李德英 等	国家级"十二五"规划教材（可免费索取电子素材）
人工环境学(第二版)	李先庭 等	国家级"十二五"规划教材（可免费索取电子素材）
暖通空调工程设计方法与系统分析	杨昌智 等	国家级"十二五"规划教材
燃气供应(第二版)	詹淑慧 等	国家级"十二五"规划教材
建筑设备安装工程经济与管理(第三版)	王智伟 等	国家级"十二五"规划教材
建筑设备工程施工技术与管理(第二版)	丁云飞 等	国家级"十二五"规划教材（可免费索取电子素材）
燃气燃烧与应用(第四版)	同济大学 等	土建学科"十一五"规划教材（可免费索取电子素材）
锅炉与锅炉房工艺	同济大学 等	土建学科"十一五"规划教材

欲了解更多信息，请登录中国建筑工业出版社网站：www.cabp.com.cn 查询。在使用本套教材的过程中，若有何意见或建议以及免费索取备注中提到的电子素材，可发 Email 至：jiangongshe@163.com。